海洋机器人科学与技术丛书

封锡盛 李 硕 主编

水面机器人航行控制技术

廖煜雷 等 著

科学出版社
龙门书局
北京

内 容 简 介

本书系统深入地总结作者近年来在水面机器人航行控制技术领域的主要研究成果与工程实践经验,凝练并探索水面机器人航迹规划、运动控制等基础性技术问题。本书内容主要包括水面机器人航行控制技术的研究进展、水面机器人的运动建模与辨识、无模型自适应控制理论、无模型自适应运动控制、无模型自适应舱向控制、航迹规划、回收 UUV 制导与控制、实船试验研究。

本书可供船舶与海洋工程、机器人、控制科学与工程等专业的高年级本科生、研究生,以及海洋机器人技术领域相关研究人员阅读参考。

图书在版编目(CIP)数据

水面机器人航行控制技术 / 廖煜雷等著. —北京:龙门书局,2020.11

(海洋机器人科学与技术丛书/封锡盛,李硕主编)

国家出版基金项目

ISBN 978-7-5088-5868-5

Ⅰ. ①水… Ⅱ. ①廖… Ⅲ. ①水下作业机器人-水下航行-控制系统 Ⅳ. ①TP242.2

中国版本图书馆 CIP 数据核字(2020)第 225169 号

责任编辑:姜 红 常友丽 张 震 / 责任校对:樊雅琼
责任印制:师艳茹 / 封面设计:无极书装

科 学 出 版 社 出版
龙 门 书 局
北京东黄城根北街 16 号
邮政编码:100717
http://www.sciencep.com

中国科学院印刷厂 印刷
科学出版社发行 各地新华书店经销

*

2020 年 11 月第 一 版   开本:720 × 1000 1/16
2020 年 11 月第一次印刷   印张:16 1/2 插页:6
字数:333 000

定价:128.00 元
(如有印装质量问题,我社负责调换)

丛书前言一

浩瀚的海洋蕴藏着人类社会发展所需的各种资源，向海洋拓展是我们的必然选择。海洋作为地球上最大的生态系统不仅调节着全球气候变化，而且为人类提供蛋白质、水和能源等生产资料支撑全球的经济发展。我们曾经认为海洋在维持地球生态系统平衡方面具备无限的潜力，能够修复人类发展对环境造成的伤害。但是，近年来的研究表明，人类社会的生产和生活会造成海洋健康状况的退化。因此，我们需要更多地了解和认识海洋，评估海洋的健康状况，避免对海洋的再生能力造成破坏性影响。

我国既是幅员辽阔的陆地国家，也是广袤的海洋国家，大陆海岸线约 1.8 万千米，内海和边海水域面积约 470 万平方千米。深邃宽阔的海域内潜含着的丰富资源为中华民族的生存和发展提供了必要的物质基础。我国的洪涝、干旱、台风等灾害天气的发生与海洋密切相关，海洋与我国的生存和发展密不可分。党的十八大报告明确提出："提高海洋资源开发能力，发展海洋经济，保护海洋生态环境，坚决维护国家海洋权益，建设海洋强国。"[①]党的十九大报告明确提出："坚持陆海统筹，加快建设海洋强国。"[②]认识海洋、开发海洋需要包括海洋机器人在内的各种高新技术和装备，海洋机器人一直为世界各海洋强国所关注。

关于机器人，蒋新松院士有一段精彩的诠释：机器人不是人，是机器，它能代替人完成很多需要人类完成的工作。机器人是拟人的机械电子装置，具有机器和拟人的双重属性。海洋机器人是机器人的分支，它还多了一重海洋属性，是人类进入海洋空间的替身。

海洋机器人可定义为在水面和水下移动，具有视觉等感知系统，通过遥控或自主操作方式，使用机械手或其他工具，代替或辅助人去完成某些水面和水下作业的装置。海洋机器人分为水面和水下两大类，在机器人学领域属于服务机器人中的特种机器人类别。根据作业载体上有无操作人员可分为载人和无人两大类，其中无人类又包含遥控、自主和混合三种作业模式，对应的水下机器人分别称为无人遥控水下机器人、无人自主水下机器人和无人混合水下机器人。

[①] 胡锦涛在中国共产党第十八次全国代表大会上的报告. 人民网，http://cpc.people.com.cn/n/2012/1118/c64094-19612151.html

[②] 习近平在中国共产党第十九次全国代表大会上的报告. 人民网，http://cpc.people.com.cn/n1/2017/1028/c64094-29613660.html

　　无人水下机器人也称无人潜水器，相应有无人遥控潜水器、无人自主潜水器和无人混合潜水器。通常在不产生混淆的情况下省略"无人"二字，如无人遥控潜水器可以称为遥控水下机器人或遥控潜水器等。

　　世界海洋机器人发展的历史大约有 70 年，经历了从载人到无人，从直接操作、遥控、自主到混合的主要阶段。加拿大国际潜艇工程公司创始人麦克法兰，将水下机器人的发展历史总结为四次革命：第一次革命出现在 20 世纪 60 年代，以潜水员潜水和载人潜水器的应用为主要标志；第二次革命出现在 70 年代，以遥控水下机器人迅速发展成为一个产业为标志；第三次革命发生在 90 年代，以自主水下机器人走向成熟为标志；第四次革命发生在 21 世纪，进入了各种类型水下机器人混合的发展阶段。

　　我国海洋机器人发展的历程也大致如此，但是我国的科研人员走过上述历程只用了一半多一点的时间。20 世纪 70 年代，中国船舶重工集团公司第七〇一研究所研制了用于打捞水下沉物的"鱼鹰"号载人潜水器，这是我国载人潜水器的开端。1986 年，中国科学院沈阳自动化研究所和上海交通大学合作，研制成功我国第一台遥控水下机器人"海人一号"。90 年代我国开始研制自主水下机器人，"探索者"、CR-01、CR-02、"智水"系列等先后完成研制任务。目前，上海交通大学研制的"海马"号遥控水下机器人工作水深已经达到 4500 米，中国科学院沈阳自动化研究所联合中国科学院海洋研究所共同研制的深海科考型 ROV 系统最大下潜深度达到 5611 米。近年来，我国海洋机器人更是经历了跨越式的发展。其中，"海翼"号深海滑翔机完成深海观测；有标志意义的"蛟龙"号载人潜水器将进入业务化运行；"海斗"号混合型水下机器人已经多次成功到达万米水深；"十三五"国家重点研发计划中全海深载人潜水器及全海深无人潜水器已陆续立项研制。海洋机器人的蓬勃发展正推动中国海洋研究进入"万米时代"。

　　水下机器人的作业模式各有长短。遥控模式需要操作者与水下载体之间存在脐带电缆，电缆可以源源不断地提供能源动力，但也限制了遥控水下机器人的活动范围；由计算机操作的自主水下机器人代替人工操作的遥控水下机器人虽然解决了作业范围受限的缺陷，但是计算机的自主感知和决策能力还无法与人相比。在这种情形下，综合了遥控和自主两种作业模式的混合型水下机器人应运而生。另外，水面机器人的引入还促成了水面与水下混合作业的新模式，水面机器人成为沟通水下机器人与空中、地面机器人的通信中继，操作者可以在更远的地方对水下机器人实施监控。

　　与水下机器人和潜水器对应的英文分别为 underwater robot 和 underwater vehicle，前者强调仿人行为，后者意在水下运载或潜水，分别视为"人"和"器"，海洋机器人是在海洋环境中运载功能与仿人功能的结合体。应用需求的多样性使得运载与仿人功能的体现程度不尽相同，由此产生了各种功能型的海洋机器人，如观察型、作业型、巡航型和海底型等。如今，在海洋机器人领域 robot 和 vehicle 两词的内涵逐渐趋同。

信息技术、人工智能技术特别是其分支机器智能技术的快速发展，正在推动海洋机器人以新技术革命的形式进入"智能海洋机器人"时代。严格地说，前述自主水下机器人的"自主"行为已具备某种智能的基本内涵。但是，其"自主"行为泛化能力非常低，属弱智能；新一代人工智能相关技术，如互联网、物联网、云计算、大数据、深度学习、迁移学习、边缘计算、自主计算和水下传感网等技术将大幅度提升海洋机器人的智能化水平。而且，新理念、新材料、新部件、新动力源、新工艺、新型仪器仪表和传感器还会使智能海洋机器人以各种形态呈现，如海陆空一体化、全海深、超长航程、超高速度、核动力、跨介质、集群作业等。

海洋机器人的理念正在使大型有人平台向大型无人平台转化，推动少人化和无人化的浪潮滚滚向前，无人商船、无人游艇、无人渔船、无人潜艇、无人战舰以及与此关联的无人码头、无人港口、无人商船队的出现已不是遥远的神话，有些已经成为现实。无人化的势头将冲破现有行业、领域和部门的界限，其影响深远。需要说明的是，这里"无人"的含义是人干预的程度、时机和方式与有人模式不同。无人系统绝非无人监管、独立自由运行的系统，仍是有人监管或操控的系统。

研发海洋机器人装备属于工程科学范畴。由于技术体系的复杂性、海洋环境的不确定性和用户需求的多样性，目前海洋机器人装备尚未被打造成大规模的产业和产业链，也还没有形成规范的通用设计程序。科研人员在海洋机器人相关研究开发中主要采用先验模型法和试错法，通过多次试验和改进才能达到预期设计目标。因此，研究经验就显得尤为重要。总结经验、利于来者是本丛书作者的共同愿望，他们都是在海洋机器人领域拥有长时间研究工作经历的专家，他们奉献的知识和经验成为本丛书的一个特色。

海洋机器人涉及的学科领域很宽，内容十分丰富，我国学者和工程师已经撰写了大量的著作，但是仍不能覆盖全部领域。"海洋机器人科学与技术丛书"集合了我国海洋机器人领域的有关研究团队，阐述我国在海洋机器人基础理论、工程技术和应用技术方面取得的最新研究成果，是对现有著作的系统补充。

"海洋机器人科学与技术丛书"内容主要涵盖基础理论研究、工程设计、产品开发和应用等，囊括多种类型的海洋机器人，如水面、水下、浮游以及用于深水、极地等特殊环境的各类机器人，涉及机械、液压、控制、导航、电气、动力、能源、流体动力学、声学工程、材料和部件等多学科，对于正在发展的新技术以及有关海洋机器人的伦理道德社会属性等内容也有专门阐述。

海洋是生命的摇篮、资源的宝库、风雨的温床、贸易的通道以及国防的屏障，海洋机器人是摇篮中的新生命、资源开发者、新领域开拓者、奥秘探索者和国门守卫者。为它"著书立传"，让它为我们实现海洋强国梦的夙愿服务，意义重大。

本丛书全体作者奉献了他们的学识和经验，编委会成员为本丛书出版做了组织和审校工作，在此一并表示深深的谢意。

本丛书的作者承担着多项重大的科研任务和繁重的教学任务，精力和学识所限，书中难免会存在疏漏之处，敬请广大读者批评指正。

中国工程院院士 封锡盛

2018 年 6 月 28 日

丛书前言二

改革开放以来，我国海洋机器人事业发展迅速，在国家有关部门的支持下，一批标志性的平台诞生，取得了一系列具有世界级水平的科研成果，海洋机器人已经在海洋经济、海洋资源开发和利用、海洋科学研究和国家安全等方面发挥重要作用。众多科研机构和高等院校从不同层面及角度共同参与该领域，其研究成果推动了海洋机器人的健康、可持续发展。我们注意到一批相关企业正迅速成长，这意味着我国的海洋机器人产业正在形成，与此同时一批记载这些研究成果的中文著作诞生，呈现了一派繁荣景象。

在此背景下"海洋机器人科学与技术丛书"出版，共有数十分册，是目前本领域中规模最大的一套丛书。这套丛书是对现有海洋机器人著作的补充，基本覆盖海洋机器人科学、技术与应用工程的各个领域。

"海洋机器人科学与技术丛书"内容包括海洋机器人的科学原理、研究方法、系统技术、工程实践和应用技术，涵盖水面、水下、遥控、自主和混合等类型海洋机器人及由它们构成的复杂系统，反映了本领域的最新技术成果。中国科学院沈阳自动化研究所、哈尔滨工程大学、中国科学院声学研究所、中国科学院深海科学与工程研究所、浙江大学、华侨大学、东华理工大学等十余家科研机构和高等院校的教学与科研人员参加了丛书的撰写，他们理论水平高且科研经验丰富，还有一批有影响力的学者组成了编辑委员会负责书稿审校。相信丛书出版后将对本领域的教师、科研人员、工程师、管理人员、学生和爱好者有所裨益，为海洋机器人知识的传播和传承贡献一份力量。

本丛书得到 2018 年度国家出版基金的资助，丛书编辑委员会和全体作者对此表示衷心的感谢。

"海洋机器人科学与技术丛书"编辑委员会

2018 年 6 月 27 日

前　言

　　水面机器人诞生至今已逾80年，受到计算机、自动化、人工智能、材料、通信、传感器等高新技术的推动，近30年来发展迅猛。水面机器人凭借自主航行、人员无危险、经济性、部署便捷等优势，已在海洋科学、海洋工程及海洋军事等领域获得成功应用，近年来水面机器人技术日益成为国内外研究热点。

　　2007年以来，作者长期致力于水面机器人技术研究；2013年至今，尤其关注基于"数据驱动控制技术"探索水面机器人的辨识、滤波、制导及控制等问题。2016年以来，研究团队已研制出"海豚"系列五型样机，完成数次水池、外场验证试验，并在 *IEEE Transactions on Industrial Electronics*、*IEEE Journal of Oceanic Engineering*、*Applied Ocean Research*、*Control Engineering Practice*、*Journal of Central South University of Technology*、*IEEE Access*、*International Journal of Advanced Robotic Systems*、*Journal of Marine Science and Engineering* 等期刊陆续发表了20余篇SCI/EI学术论文，获授权(受理)30余项发明专利，形成10余份研究报告。本书系统总结、梳理了近5年的相关研究成果，旨在通过专著形式深入凝练、展示水面机器人的研究进展及工程经验，促进与国内外同行的成果交流，以期推进我国相关技术升级及应用落地。

　　由于功能需求、应用场景、船型适应性等差异，水面机器人呈现出平台种类繁多、结构异构、性能差异大等特点。然而常规控制算法对异构平台的适配性差、缺乏自适应性，导致参数调节费时、费力，且难以保障不确定性影响下控制系统的稳定性和鲁棒性。同时，常规航迹规划中常忽略平台的运动学及动力学特性，且很少考虑到节能、拥挤环境、靠泊等特殊航行需求。航行控制属于水面机器人的基础关键性问题，是实现水面机器人稳定安全航行及自主作业的核心。

　　本书的主要特点在于：定位明确——聚焦水面机器人的航行控制技术，在"数据驱动控制"框架下，结合分层递阶的控制思想，系统探讨航速与艏向控制、航迹规划、回收制导与控制等算法，并开展算法物理实现及试验研究，为解决水面机器人的航行控制问题提供一种新颖思路和有效方法；体系完整——叙述结构遵循理论基础、问题描述、理论算法、试验验证的研究脉络，从方法研究、样机构建、数值模拟、实船试验等多个角度，系统地总结最新的研究成果，力图实现体系的完整性。

　　特别感谢国家出版基金(2018T-011)对本书出版的资助。本书研究工作得到了国家自然科学基金(51779052、52071097)、中央军委科技委国防科技创新特区项目(KY70100190012)、黑龙江省科学基金优秀青年项目(YQ2020E026)、中国博士后科学基金(2013M540271)、装备预研重点实验室基金(KY70100180013)、黑龙江省博士后资助经费(LBH-Z13055)和黑龙江省博士后科研启动金(LBH-Q17046)等资助。在此特向资助机构、评审专家致以最诚挚的谢意。没有上述基金的长期、持续资助，就没有本书工作的萌芽、成稿及完善，也没有我职业生涯的稳步成长。

　　本书撰写过程中得到了哈尔滨工程大学水下机器人技术国家级重点实验室的鼎力支持，真诚感谢实验室创建者和我的同事构建的一流创新平台，向已故实验室奠基人徐玉如院士致以最崇高的敬意和深切的怀念。特别感谢万磊、苏玉民、李晔和庞永杰等师长，假如没有你们的倾心指导和支持，难以想象我会一直坚持并专注于水面机器人技术研究。

　　特别感谢机器人技术课题组的研究生，他们在理论完善、样机研制、实践应用过程之中起到了重要作用。已毕业学生有付悦文、张伟斌、李彦莹、贾知浩、陈启贤、张伟、杜廷朋、姜文、王磊峰，在读学生有姜权权、范佳佳、贾琪、李姿科、成昌盛、李志晨、李可、初昀、裴华仁、葛宇、王仔晓等，尤其是杜廷朋、姜权权、贾知浩、范佳佳、王磊峰等为本书成稿提供了部分素材。特别感谢我的家人，家人是我的坚强后盾，是你们给予我无限温暖，是你们成就了我的一切，无以为报。正是大家的勠力同心，推动我们坚定地耕耘这一研究方向。本书定稿时正值"新冠肺炎"疫情肆虐全球，虽不能白衣执甲、逆行战魔，但让我更加坚信保家卫国需要自主、可控的硬核科技支撑，踏实地做好本职工作就是为家、为国贡献绵薄之力。

　　由于作者水平的限制，书中难免存在一些问题和不足，欢迎读者批评指正。

廖煜雷

2020 年 5 月于哈尔滨

目　　录

1

绪　论

本章深入梳理、总结水面机器人（unmanned surface vehicle，USV）技术的研究现状，展望水面机器人的关键技术发展趋势；同时，从水面机器人的运动控制、航迹规划两个视角，简要综述水面机器人航行控制技术的相关问题及研究进展。本章力求把握水面机器人航行控制技术的发展脉络，为后续深化研究指明潜在的技术方向。

1.1　水面机器人技术的发展回顾与分析

本节从水面机器人技术研究背景、技术内涵、研究现状、关键技术发展趋势等角度，梳理、剖析水面机器人技术的研究意义、关键技术和发展脉络，并展望水面机器人关键技术的发展趋势。

水面机器人与空中机器人、地面机器人和水下机器人共同组成四大无人平台，如图 1.1 所示。水面机器人近 30 年来发展十分迅猛，它具有自主航行、人员无危险、经济性好、部署方便等优点，已在海洋科学、工程及军事领域获得了广泛应用，近年来水面机器人技术已成为国内外的研究热点之一[1-5]。

(a)空中机器人　　　(b)地面机器人　　　　　(c)水面机器人　　　　　(d)水下机器人

图 1.1　四大无人平台

2007 年，美国海军制定首个水面机器人总体规划图，并将水面机器人定义为：静止时浮于水面，而在运动时几乎持续地同水面接触，具有不同自动操控能力的无人航行器[1]。它用于环境恶劣、危险、枯燥或其他不适宜人执行的任务，显著特点为：①环境适应性强；②活动范围广、经济性好；③小型轻便、船型丰富；④有多种推进方式；⑤信息化载体；⑥减轻人的负担、无伤亡[2]。目前，水面机器人已被成功应用于环境观测、海底测绘、情报侦察、反水雷等任务[3-4]。

1.1.1 水面机器人的研究背景及意义

随着人口剧增，陆上资源日益匮乏，人们迫切地需要从占地表面积 70%左右的海洋获得资源。近年来海洋环境保护、全球气候变暖等问题越来越受到人们的高度重视。同时，各军事大国历来极为重视经略海洋，未来海上斗争激烈，维护海洋权益任务艰巨。然而，我们对于海洋的了解甚至落后于太空。发展水面机器人对于推动海洋开发、保护海洋环境、保卫海洋安全等具有重要作用。对水面机器人技术的研究与应用需求，主要体现在以下三个方面。

1. 认识海洋的需要

俄国科学家门捷列夫说："科学是从测量开始的。"而"工欲善其事，必先利其器"，任何海上活动都需要可靠、便捷的监测装备来保障。我国海洋科学考察正迈入世界先进行列，考察区域已由近海拓展到三大洋、南北极等远海区域。

随着资源、能源开发进程的逐步深入，以及人们对全球气候变化的重视程度的增加和海洋科学的发展，海洋观测正在发生革命性变化。构建由科考船、卫星、水面/水下/空中机器人、潜/浮标等装备组成的海洋立体监测系统(图 1.2)，将显著提升观测的时间宽度、空间广度，这对有效认识海洋具有深远影响。

图 1.2　欧盟 2020 年海洋立体监测系统想象图

2. 海洋经济的需要

舰船是极其复杂的系统，目前仍配备大量人员以保证在复杂海洋环境中的运行安全。人力成本高涨使其运行经济性较差,人工操纵失误与疲劳等导致事故频发,海上恶劣环境对人员的耐受性要求严重影响了作业时间及范围。

随着通信、计算机、自动化等先进技术的发展,舰船的自动化程度逐渐提高,操控舰船所需的人员变得越来越少。未来船上甚至不再需要配备船员,逐步实现无人化(图1.3),这将显著提高舰船的经济性和适应性。虽然这一天不会很快到来,然而学术界、工业界、贸易界对此充满了期待。

图1.3　未来海上无人运输船队想象图

3. 海洋安全的需要

海军是极其复杂的高技术型军种,21世纪以来海军装备信息化水平得以极大提高,然而最先进的美国海军,一艘驱逐舰仍配备数百名舰员,而一支航母编队则有上万人。生命最为宝贵,然而战争就意味着流血和牺牲,如何减小伤亡并打赢战争极为重要。随着无人系统的出现,各国看到了希望。

随着作战方式变革,无人作战系统成为现代武器装备的发展趋势,得到各国高度重视。主要军事强国正在大力推动有人/无人系统的深度融合,逐步实现智能、协同的海陆空联合作战(图1.4),这是未来战争的一个发展趋势。

图1.4　未来的海陆空联合作战模式想象图

因此，在认识海洋、经略海洋、保护海洋的战略需求驱动下，深入发展水面机器人技术、推动无人装备应用，具有显著的理论意义和现实价值。

1.1.2 系统构成及技术内涵

1. 系统构成

水面机器人架构设计中常将系统划分为监控站(岸基/母舰监控分系统)、水面机器人(本体分系统)两大部分。对本体而言，根据任务、功能的不同，水面机器人的系统构成主要包括载体、动力、操纵、控制、感知、通信、导航、载荷、作业、保障等子系统。基于模块化的设计理念，则将子系统细分为各个功能模块。一种典型的水面机器人系统构成图如图 1.5 所示，为保障有效运行，其包含约 20 个子系统(功能模块)，显然水面机器人是一个复杂的系统。

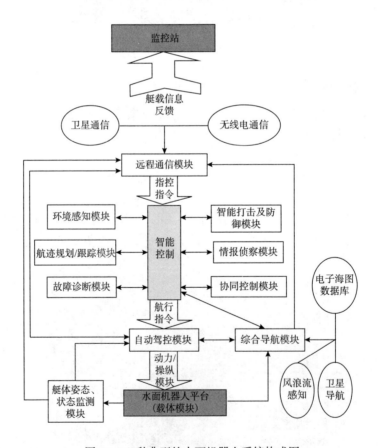

图 1.5　一种典型的水面机器人系统构成图

　　水面机器人的各个子系统(模块)之间紧密联系,相互支撑、缺一不可。水面机器人遂行任务时,通过远程通信模块实现水面机器人与监控站之间的无线信息交互,接收指控指令,并反馈艇载信息(艇体、环境、目标等数据)。水面机器人核心是智能控制分系统,它结合艇体姿态、环境感知模块获得的环境/目标信息及使命任务,进行任务决策、路径规划、障碍规避、航迹跟踪,甚至协同控制。对于一些军用水面机器人,会根据目标感知及态势,启动智能打击及防御模块,对目标进行打击或做自身防御。当水面机器人出现故障后,通过故障诊断模块进行分析、处理,启动相应的安全策略。同时,通过自动驾驶模块切换遥控或自主模式,根据不同任务及需求选择适宜的运行模式。

　　2. 技术内涵

　　水面机器人技术具有多学科交叉融合、集成性和前沿性等特点,涉及船舶与海洋、电子、计算机、信息、自动化、人工智能、通信等学科领域。水面机器人的关键技术包括载体设计、自主控制、环境感知、载荷适配、布放和回收、通信、动力等。部分关键技术的主要功能及技术内涵如表 1.1 所示。

表 1.1　部分关键技术的主要功能及技术内涵

关键技术	主要功能	技术内涵
载体设计	载体系统是水面机器人的"身体",即物理平台基础	载体设计技术包括船型设计、动力学分析与测试、总体设计与集成技术,以及水面机器人的高速航行稳定性、抗倾覆性、浮态自恢复等技术。目前,主要有滑行、排水、多体、水翼、半潜等五类船型,军用常为滑行、半滑行船型,而民用则以排水、多体型为主
自主控制	智能控制系统是水面机器人的"大脑",而自主控制技术则是其核心	自主控制技术能够降低水面机器人对于人员和通信带宽的需求,同时提升航行安全性、扩展任务范围及性能。自主控制技术始终是无人装备的核心研究领域,虽然近年来发展迅速,但是自主等级、可靠性和环境适应性仍有很大提升空间
环境感知	环境感知系统是水面机器人的"眼睛",是实现自主航行和作业的前提	近年来,尽管水面机器人传感器及处理技术方面取得较大发展,但在环境感知技术领域仍存在较多技术问题。比如海上视觉感知算法,当前仍处在初期发展阶段,亟待提高可靠目标检测、跟踪、识别能力[5]
载荷适配	载荷系统是水面机器人的"拳头",是完成使命任务并发挥效能的基础	执行环境监测、海底探测、情报侦察、反水雷、反恐等任务,要求水面机器人能够携载、投送专门的任务载荷(武器)。主要挑战是在各种海况下可靠地跟踪目标并遂行打击;高海况下保证载体稳定性及安全性,降低载体对载荷的扰动,以获得高质量的测量数据
布放和回收	部署系统是水面机器人的"保障",布放和回收技术是水面机器人能否成功运行的关键	主要挑战包括布放和回收作业的安全和可操作性,系统的通用、自主与可移植性,水面机器人与母平台潜在冲突消解等。目前,美国的水面机器人布放和回收技术水平最高、发展最快

1.1.3　水面机器人技术的研究进展

21世纪初至今，随着计算机、信息、控制、导航、通信、新材料等相关技术的进步，水面机器人技术得到了快速发展，其自主等级、性能显著提升，并向智能化方向发展[6-11]。下面从单水面机器人及多水面机器人两个角度，简要回顾国内外近年来的研究进展。

1. 单水面机器人技术进展

美国、以色列、西欧等国家和地区高度重视水面机器人技术发展，在研及现役无人艇已逾百艘，在情报侦察、反水雷、反潜等领域发挥了重要作用，典型代表有"保护者"（Protector）、"斯巴达"（Spartan）、"海上猎手"（Sea Hunter）等。

2003年，美军在"葛底斯堡"号巡洋舰上部署了第一艘"斯巴达"号水面机器人，在波斯湾地区参与执行了"伊拉克自由行动"和"持久自由行动"等任务。2007年，美国发布《海军无人水面艇主计划》[图1.6(a)]，为水面机器人布置了7项任务，并界定了水面机器人的船型、尺寸和标准等要素。

(a)美国《海军无人水面艇主计划》　　(b)美国的"海上猎手"号水面机器人

图1.6　美国的水面机器人规划及典型装备

2010年，美国雷多斯工程公司启动"海上猎手"大型反潜水面机器人项目[图1.6(b)]，2016年命名下水，计划部署100艘。"海上猎手"号是目前全球最先进的水面无人装备，达到以不到建造潜艇1/10的成本消除敌方潜艇威胁的目的。

2014年，哈尔滨工程大学在"863"计划项目资助下研制了"天行一号"多任务高速水面机器人[图1.7(a)]。该艇采用复合推进方式，艇长12m、排水量7.5t、航速50kn、续航力1000km及四级海况适航性，具备自主航行、危险感知与规避功能，以及全自主环境监测、地形探测等多任务能力[11]。

(a)哈尔滨工程大学"天行一号"　　　　　(b)珠海云洲智能有限公司"瞭望者-2"号

图 1.7　国内的两种典型水面机器人

2018 年，珠海云洲智能有限公司展示了"瞭望者-2"号察打一体导弹水面机器人[图 1.7(b)]。在艇艏配备四联装导弹装置，采用图像制导方式，火力覆盖范围为 5km；同时，搭载先进的光电、雷达系统。据报道这是中国第一艘导弹水面机器人，也是全球第二个成功发射导弹的水面机器人。

2. 多水面机器人技术进展

2014 年，美国海军研究办公室(Office Naval Research，ONR)使用 13 艘水面机器人开展"蜂群"战术测试[图 1.8(a)]。测试中个体将各自获得的数据进行共享，并遵循"一致作战"协议，集群拦截潜在敌方舰船。2016 年，美国 ONR 再次进行"蜂群"战术演示验证[图 1.8(b)]。测试中使用 4 艘水面机器人执行港口巡逻警戒任务，新版软件在自主协同、行为引擎和目标识别方面取得了突破进展，使得"蜂群"具有更丰富的行为模式和更高的自主水平。

(a)2014年首次开展"蜂群"测试　　　　(b)2016年再次开展"蜂群"测试

图 1.8　美国 ONR 的水面机器人"蜂群"战术测试

哈尔滨工程大学于 2017 年在山东海域完成 7 艘同构水面机器人的编队海试[图 1.9(a)]；2018～2019 年多次完成 3 艘异构水面机器人的协同编队、目标围捕等外场演示；2020 年，在广东省海域完成水面机器人集群在对抗场景下的智能协同演示试验。2018 年，在万山群岛海域，珠海云洲智能有限公司开展了水面机器人的大规模编队测试[图 1.9(b)]，由 56 艘同构水面机器人组成的多艇编队有序地航行，完成了躲避岛礁、穿越人工设置桥洞等任务。

(a)哈尔滨工程大学USV编队海试　　　(b)珠海云洲智能有限公司USV大规模编队海试

图1.9　国内典型的水面机器人编队技术试验

1.1.4　关键技术的发展趋势

水面机器人技术发展至今已逾80年，伴随着计算机、通信、自动化、信息、动力与能源、材料、人工智能等高新技术的日益发展，其技术不断深化、应用快速拓展。水面机器人发展目标已经由完成某些特定任务，向拥有智能决策、群体协同能力迈进[12-13]。综合国内外水面机器人技术研究现状及未来需求[14-15]，其关键技术发展主要趋势将呈现在四个方面，如表1.2所示。

表1.2　水面机器人关键技术的主要发展趋势

关键技术	主要发展趋势
载体设计	(1)总体采用模块化设计和开放式体系结构，降低研发成本，兼具执行多种任务的能力 (2)任务驱动的高性能、新概念船型设计层出不穷，载体性能得到显著提升，并演变出更多新功能。推动工作空间从单域向多域/跨域、时空从局部短期向广域长航时、环境耐受性从低海况向高海况发展 (3)研发续航持久高效的动力系统，提高水面机器人的活动半径和续航能力，目前研究热点是高性能能源、在线海洋能捕获技术
先进材料	先进或新型材料技术将为水面机器人提供更轻、更坚固、隐身能力更好的基础平台原料。先进材料是指能够提供物理或功能方面高性能、新属性的材料，潜在应用方向为：电磁隐身、船型优化、电子设备小型化
自主控制	自主控制技术一直是核心研究方向，典型例子是以色列"银色马林鱼"号、"黄貂鱼"号搭载的"自动舵手系统"，这是一套具有高度自适应性和决策能力的智能决策系统，能够根据任务种类、所处环境自主完成控制。 (1)高新技术驱动自主等级不断提升，环境适应性更强、支持任务更复杂。水面机器人与不断涌现的博弈论、智能决策、控制论、机器学习、群智能优化等高新技术有效融合，将逐渐突破高级任务决策、快速路径规划、动态危险规避、敏捷运动控制等核心算法，推动自主等级不断提升 (2)面向实战注重多平台、跨平台"组网"，提高协同化作战能力。考虑到未来战争将是海陆空天"多维一体作战"的模式，水面机器人与其他有人或无人平台协同作战是未来发展的重要趋势
环境感知	环境感知技术是实现自主航行、作业的基础，也是其具备智能特征的关键，包括雷达、光视觉、红外、激光以及水声等感知手段。主要发展方向是： (1)多传感器信息融合处理，提供实时精确的环境感知信息 (2)图像的增强复原研究，在复杂恶劣天候下获取低失真度的环境信息 (3)传统感知算法和深度学习等智能感知算法的融合研究

1.2　水面机器人的运动控制技术进展

1.2.1　水面机器人的运动控制问题描述

从物理平台角度来看，水面机器人属于一类特殊水面船舶。水面机器人或船舶的运动控制问题主要包括航速与舵向控制、路径跟随、轨迹跟踪、航迹跟踪等研究内容（控制功能）。本书涉及的主要控制功能的特点与对比如表 1.3 所示。

表 1.3　主要控制功能的特点与对比

控制功能	主要特点描述	对比
航速与舵向控制（speed and heading control，SHC）	常将水面机器人的航速、舵向进行解耦后，单独实施控制。依据控制目标，可分为航速与舵向的镇定或跟踪，以及相关的数据滤波、节能控制等问题	航速与舵向控制问题，是实现其他控制功能的基础
路径跟随（path following，PF）	要求水面机器人跟踪某条期望路径，而不用考虑时间约束，即不必关心时间、航速的问题，只需控制水面机器人航向以达到路径跟随的目的	相比轨迹跟踪问题，路径跟随允许更加光顺地收敛到期望路径，而不易出现控制输入饱和现象
轨迹跟踪（trajectory tracking，TT）	要求水面机器人跟踪某条依赖于时间的期望轨迹，对于全驱动水面机器人可采用非线性控制方法来解决。然而对于欠驱动水面机器人，由于需要用两个自由度的控制输入来跟踪三个自由度的状态变量，轨迹跟踪问题仍是一个值得研究的难题	轨迹跟踪和路径跟随问题都是控制水面机器人按照期望路径航行，两者的显著区别在于轨迹跟踪问题对时间有严格要求，而路径跟随问题对时间没有严格要求[16]
航迹跟踪（path tracking，PT）	要求水面机器人跟踪某条由若干航点组成的期望航迹，若航点是受时空约束期望轨迹上的质点，可等价于轨迹跟踪问题；若航点是期望几何路径上的质点，与路径跟随问题等价；若航点表示某个运动载体，则转变为目标跟踪问题	工作空间意义下的航迹跟踪涵盖了构形空间意义下的轨迹跟踪和路径跟随任务，并可拓展到目标跟踪、协同编队等任务

如果某个系统位形空间的维数为 n，而系统控制输入张量空间的维数为 m，如果 $n \leqslant m$，则该系统属于全驱动系统，否则该系统具有欠驱动特性（underactuated）。欠驱动系统的特点是可由较少维数的输入，控制其在较多维数广义空间内的运动[17]。

Breivik 等[18-19]总结了欠驱动水面机器人（船舶）运动控制技术存在的问题：①基于数学模型的控制器设计方法（模型导向），其控制方法严重依赖于精确的动力学模型，同时没有或很少考虑到模型摄动、环境干扰力等不确定性的影响；②采用的动力学模型只能描述排水型船舶的运动（或低速情况），因此所提出控制方法仅适用于排水型船，而不适用于半滑行或滑行船[18]；③控制器设计中很少考虑船舶的操纵性、机动性、执行器机械饱和等固有约束；④一般控制器需要系统状态的高阶导数信息，这在实际中难以满足。

总之"模型导向"的控制器设计方法虽然具有严格的稳定性理论证明，并在仿真试验中表现出近乎"完美"的控制性能，然而仍存在建立精确数学模型非常困难，并难以保证不确定性影响下系统的鲁棒性、自适应性和控制性能等问题，因此很难在工程实际中获得应用。总结上述分析可知，水面机器人运动控制研究存在的主要难点有：

(1)欠驱动性。横向推进器缺失或失效等因素导致水面机器人具有欠驱动特性(本质非线性)，欠驱动水面机器人不具备全自由度的运动能力。同时，研究中应考虑水面机器人的操纵性、机械饱和等固有约束，以利于工程实现。

(2)复杂海洋环境干扰。水面机器人运行于空气-水面双重介质时，其运动极易受风浪流等环境干扰力的影响(具有不确定性、时变性)。研究复杂海洋环境下运动控制方法，对水面机器人安全、自主航行具有重要意义。

(3)自适应性与鲁棒性问题。比例-微分(proportional differential，PD)控制、比例-积分-微分(proportional integral differential，PID)控制等线性控制方法，忽略了水面机器人运动的非线性，因此控制效果较差且缺乏自适应性。许多模型导向非线性控制方法，受限于精确数学模型，而存在"鲁棒性"问题。

(4)离散控制系统本质。许多控制方法将水面机器人看作连续时间系统进行控制器设计，而由于工程上计算机的广泛采用，其属于离散时间非线性系统。

1.2.2 运动控制技术研究现状

1. 航速与艏向控制

主要研究方法：PID 以及改进 PID 控制、李雅普诺夫(Lyapunov)直接法、反步(backstepping)法、滑模控制、自适应控制、模糊控制等。

Caccia 等针对"Charlie"号和"Sesamo"号小型双体水面机器人进行大量研究[图 1.10(a)][20-23]。文献[20]讨论基于航向数学模型的控制器设计方法，首先利用自振荡的模型辨识法进行模型参数辨识，设计出 I-PD+卡尔曼滤波的航向控制器，并在实船海港试验中取得较好的控制性能。文献[21]讨论水面机器人的需求、设计以及相应操控问题。文献[22]、[23]针对海-气界面研究需求开发了"Sesamo"号，基于 PD 航向控制器和视线(line-of-sight，LOS)制导方法，设计出具有自主规划能力的控制系统，并在南极洲某海域进行了试验。

(a) "Charlie" 号[20]　　　　　　　(b) "ROSS" 号[24]

图 1.10　两种典型的小型水面机器人

　　Desa 等[24]讨论小型低成本"ROSS"号半潜式水面机器人的设计方法。该艇配备艇载计算机、全球定位系统(global positioning system，GPS)、数传电台等；控制系统由 PD 控制器、LOS 制导方法构成，并进行了海试[图 1.10(b)]。Son 等[25]针对环境信息测量的小型水面机器人，设计具备路径规划及避障能力的自主操控系统：基于差分 GPS 的自动驾驶仪，内含 PD 控制器；基于雷达与船舶自动识别系统(automatic identification system，AIS)的实时目标探测系统，以获得障碍物信息，利用模糊算法评估碰撞风险。

　　Kumarawadu 等[26]针对三体水面机器人，讨论纵向、横向和艏向耦合影响下航速控制问题，基于 Lyapunov 函数设计航速控制器，并保证横向和航向运动的稳定性，优点是没有忽略任何动力学特性。Bao 等[27]讨论考虑水面机器人艏向与横摇耦合影响的控制问题，首先采用频率成形滑模法辨识模型参数，基于滑模观测器、滑模控制器设计出运动控制系统，利用 Lyapunov 理论证明控制律的稳定性，优点是实现艏向控制时可减少横摇运动。

　　Manley 等[28]讨论水下/水面机器人的技术迁移与应用，如嵌入式系统、硬件平台、传感器等，开发出"AutoCat"号和"Kayak"号小型水面机器人。Ebken 等[29]讨论了地面机器人技术在水面机器人中的应用问题，包括软件体系结构和协议、控制算法、卡尔曼滤波器、航点导航、操控单元、微处理器等，并应用于"SSC San Diego"号水面机器人[图 1.11(a)]。

　　Naeem 等[30-31]针对"Springer"号双体水面机器人的艏向控制问题进行研究[图 1.11(b)]。文献[30]研究基于线性二次高斯(linear quadratic Gaussian，LQG)控制器和模糊逻辑控制(fuzzy logic control，FLC)的自适应舵，LQG 控制器由线性二次调节器(linear quadratic regulator，LQR)和卡尔曼滤波器组成，并基于 FLC 算法自适应调节控制参数，缺点是反复试探以确定模糊规则表、调试耗时较长。文献[31]提出一种基于遗传算法的模型预测控制自动舵。

(a) "SSC San Diego" 号[29]   (b) "Springer" 号[30]

图 1.11　两种典型的小型水面机器人

Park 等[32]研究海洋探测型水面机器人的艏向控制问题，基于艏向一阶线性操纵响应模型，提出一种自适应模糊 PID 控制方法。仿真试验结果表明，与普通 PID 控制器相比，模糊 PID 控制器具有更好的控制性能。

国内在水面机器人航速与艏向控制方面，已经开展了较多研究工作，部分成果获得了实艇应用，如图 1.12 所示。Wu 等[33]研究 "XL" 号高速水面机器人的运动控制问题，从软件、硬件两方面设计该艇的嵌入式运动控制系统，并提出了基于小脑模型的运动协调控制策略。仿真试验表明，该系统能保证水面机器人具有较好的操控性能。高双等[34]利用模糊 PID 控制方法设计艏向控制器，并开展仿真试验。Wang 等[4]设计可用于多任务应用的 "Silver frog" 号小型双体水面机器人，该艇通过遥控操作，已开展海港监视、水质量采样、水文测量等应用试验。Qi 等[35]讨论一艘无人三体水面机器人的控制问题，基于 PID 控制算法设计航速与艏向控制器。

(a)哈尔滨工程大学 "XL" 号[33]　　　(b)上海海事大学 "Silver frog" 号[4]

图 1.12　我国两种典型的水面机器人

2. 路径跟随

主要研究方法：Lyapunov 直接法、反步法、反馈线性化、滑模控制、切换控制、鲁棒控制、解析模型预测控制等。

Bibuli 等[36]基于 Lyapunov 直接法与反步法，提出一种鲁棒跟随控制器，并进行了仿真试验，理论证明该控制器可保证路径跟随误差收敛到零。2008 年，Bibuli

等[37]针对"Charlie"号小型水面机器人的直线路径跟随问题，基于 LOS 法设计路径跟随算法。2009 年，Bibuli 等[16]对于"Charlie"的路径跟随问题，引入 Serret-Frenet 坐标系将路径跟随问题简化为解耦子系统控制问题，基于 Lyapunov 直接法提出非线性控制律，试验中实现了直线与曲线路径跟随。

Do 等[38]针对西澳大利亚大学的欠驱动小型水面机器人[图 1.13(a)]，考虑模型不确定性及环境干扰力影响，非线性坐标变换后，基于反步法和 Lyapunov 直接法提出鲁棒自适应控制器，并利用 Lipschitz 参数投影算法估计模型参数。Gomes 等[39]针对"Delfim"号欠驱动小型水面机器人的路径跟随问题[图 1.13(b)]，引入正切坐标系将路径跟随问题转化为误差动力学方程的镇定问题，基于线性矩阵不等式和预测控制器设计出路径跟随算法。

(a) 西澳大利亚大学欠驱动小型水面机器人[38]　　　　(b) "Delfim" 号[39]

图 1.13　两种典型的小型水面机器人

Do 等[40]考虑环境干扰力影响的路径跟随问题，在 Serret-Frenet 坐标系下，基于 Lyapunov 直接法和反步法，提出鲁棒路径跟随算法，该算法适用于直线或曲线路径，缺点是未考虑模型摄动。Li 等[41]针对水面机器人简化线性模型，结合反步法和 Lyapunov 直接法提出路径跟随算法，并开展水池试验；但是模型过于简单，且忽略了艏摇运动中非线性因素影响。

Moe 等[42]探讨洋流干扰下水面机器人的路径跟随问题，将洋流观测器与 LOS 算法结合，消除洋流不利影响，实现洋流干扰下路径跟随。Moe 等[43]提出一种制导子系统，该子系统包含路径跟随、避障两种模式，以确保水面机器人安全航行。Plumet 等[44]将 LOS 算法与人工势场方法相结合并进行改进，该方法保证风帆驱动水面机器人有效地跟随直线路径，并且规划出更加平滑的避障航迹。Fossen 等[45]针对风浪流环境力影响，基于 LOS 算法提出非线性自适应跟随方法。仿真试验表明，该方法可以消除环境干扰带来的跟踪误差。

Do 等[46]探讨不确定、确定因素共同作用下船舶运动控制问题，提出鲁棒自适应跟踪方法，将确定性扰动估计值和随机扰动的协方差引入控制系统，并进行仿真验证。Shin 等[47]通过粒子群优化算法辨识出三自由度模型参数，基于该模型提出自适应跟踪方法，并进行了外场试验。该方法结合虚拟控制输入、模糊控制方法以及自适应理论解决模型不匹配问题，将跟踪误差引入闭环控制回路分析系统的稳定性。

3. 轨迹跟踪

主要研究方法：Lyapunov 直接法、反步法、滑模控制、切换控制、自适应控制、智能控制以及它们的结合方法等。

Encarnacao 等[48]针对 "Delfim" 号水面机器人的轨迹跟踪问题[图 1.13（b）]，基于 Lyapunov 稳定性理论和反步法设计了轨迹跟踪算法，并开展仿真试验。Reyhanoglu 等[49]通过构造切换反馈控制律，基于反步法提出了保证系统全局稳定的轨迹跟踪控制律，该方法的优点是避免了二阶动力学方程在坐标变换过程中可能出现的奇异性问题。

Ashrafiuon 等[50]针对欠驱动水面机器人轨迹跟踪存在的难点，基于滑模控制理论设计了轨迹跟踪算法，在水池试验中能较好地跟踪直线和圆形轨迹。针对常规滑模控制器只能跟踪初始状态在期望轨迹的局限。Soltan 等[51]将滑模控制理论同位置状态反馈、常微分方程(ordinary differential equation，ODE)相结合，设计出一种轨迹和路径联合跟踪算法，开展了仿真试验。上述方法虽能跟踪期望航迹（位置），然而艏向却不受控。

Do 等[52]利用欠驱动船舶的动力学特性和互联结构，基于 Lyapunov 直接法和反步法，提出一种全局指数稳定的轨迹跟踪控制律，该方法能跟踪曲线、直线(或航点)以及直线与曲线的组合，解决不能跟踪直线的问题。Do 等[53]考虑数学模型非对角项和恒定环境干扰力影响，显著地增加控制器设计难度，通过引入船舶位置变化和非线性坐标变换以简化系统设计，并利用反步法设计出保证系统全局收敛的控制律。

Svec 等[54]针对水面机器人在轨迹跟踪时易受自身动态变化、目标运动特性以及环境障碍物等干扰的问题，提出一种轨迹网格规划方法，该方法可产生动态可行、分辨率最优和无碰撞的轨迹路径，从而安全地接近目标点。Sonnenburg 等[55]设计了级联比例微分、反步非线性轨迹跟踪方法，试验表明反步法对于较大航速与航向变化的轨迹跟踪效果更好，同时在恒定流场中更具优越性。

Larrazabal 等[56]针对不确定性、自身非线性影响下水面机器人轨迹跟踪问题，提出可跟踪任意轨迹的自适应控制方法；针对不同工作点基于遗传算法整定 PID 参数，同时利用 FLC 处理不确定动态问题。Park 等[57]针对水面机器人的输入饱和及欠驱动问题，提出一种自适应输出反馈轨迹跟踪方法；针对系统模型不确定性问题，设计基于神经网络的自适应观测器以估计航速，完成了仿真验证。Shojaei 等[58]针对模型不确定、环境干扰下水下机器人(unmanned underwater vehicle，UUV)的目标跟踪问题，结合动态面控制、神经网络和自适应控制技术，提出一种跟踪控制方法，并进行仿真试验验证。

4. 航迹跟踪

Breivik 等[59]讨论"Kaasbøll"号欠驱动水面机器人直线航迹跟踪(运动目标跟踪)问题，提出基于恒向制导律的制导方法，并设计极坐标系下速度与航向 PD 控制器，实船实现了低速时外场试验。Breivik[19]针对欠驱动多水面机器人协同航迹跟踪问题[如多艘机器人与母船协同编队进行绘图作业，如图 1.14(a)所示]，提出了一种制导控制系统。2009 年，该系统首次进行了高速航迹跟踪的实船海上试验，在试验中实现了协同海图绘制任务，如图 1.14(b)所示。

(a)协同航迹跟踪　　　　　　　　(b)高速实船试验结果

图 1.14　多水面机器人同领航船协同航迹跟踪以实现海床绘图[19]

Aguiar 等[60]回顾欠驱动水面机器人跟踪预设路径问题的研究现状，认为路径跟随问题实质上是要求其跟踪预设路径上的运动质点。Bibuli 等[61]探讨欠驱动小型水面机器人基于虚拟目标的制导策略和路径跟随问题：跟随者事先未知预定路径信息(类似航迹跟踪)，而领航者利用无线电台实时下达期望路径；基于 Serret-Frenet 坐标系，利用路径跟随算法引导水面机器人跟随参考路径，并采用 PI 型航速控制器，开展了实船外场试验研究，如图 1.15 所示。

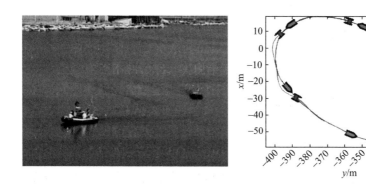

图 1.15　基于虚拟目标的航迹跟踪试验[61]

Pastore 等[62]讨论欠驱动小型水面机器人自主控制问题及其在港口保护等任务场

景中的应用，试验表明水面机器人能够实现对特定敏感航区的跟踪。Breivik 等[63]针对欠驱动水面机器人的靠泊问题(要求其安全返回航行中的母船)，采用恒向制导律提出了基于虚拟目标的靠泊控制算法，并进行仿真试验。

1.2.3 控制技术发展回顾与设计技术分类

1. 控制技术发展回顾

自动控制理论的发展历史已经有不短的时间。21 世纪以来，随着节能与绿色产业的需求增长、高新技术的快速发展、对人员及国家安全的重视程度的提高，各应用领域对控制系统的响应速度及控制精度、系统自适应性与稳定性提出了更高要求。回顾控制理论发展历史，可分为三个阶段[64-66]，如表 1.4 所示。

表 1.4　控制理论的发展历史回顾

发展阶段(时间)	显著特点(特征)	主要方法
经典控制理论(20世纪50年代前后)	控制理论简单地被称为"自动调节原理"，重点研究的受控对象一般为简单的线性定常系统，且几乎全部是单输入-单输出(single input single output，SISO)系统。使用高阶微分方程来描述系统，常用频域分析法	以传递函数、根轨迹分布、频率特性为基础的伯德(Bode)图法和根轨迹法，包括奈奎斯特(Nyquist)稳定性判据、劳斯-赫尔维茨(Routh-Hurwitz)代数判据等
现代控制理论(20世纪60~70年代)	受到军事、空间开发的迫切需求驱动而快速发展，研究受控对象为多输入-多输出(multiple input multiple output，MIMO)系统，受控对象可以是定常或时变的、线性或非线性的。使用一组状态方程来描述系统，常用时域分析法	(1)受控系统的数学建模与辨识、能观/能控性分析 (2)Lyapunov稳定性理论(直接法)、Lyapunov函数(V函数) (3)卡尔曼滤波理论 (4)最优控制、自适应控制、鲁棒控制、滑模控制等
智能控制理论(20世纪70年代末至今)	受到人工智能、数学、电子及计算机等学科的深入影响，控制理论向智能化发展。智能控制就是信息化、智能化的自动控制方式，把控制引入崭新阶段。 (1)推理方式源于专家知识，用启发和学习的方式来逐步进行问题求解，比如专家系统和模糊控制 (2)对系统过程进行理解、预测、判断和规划，使用符号信息处理、知识表示、启发式程序设计和自学习、决策与推理等智能化技术，实现宏知识问题的求解	(1)专家系统 (2)神经网络 (3)模糊控制 (4)递阶控制 (5)拟人/仿人控制 (6)机器学习等

2. 控制器设计技术分类

从控制理论发展的历程来看，其演进从简单的不需要数学模型的调节装置、PID 控制，发展到基于传递函数模型的经典控制，然后到基于状态空间模型的现代控制，再到为了摆脱数学模型依赖的数据驱动控制，最后发展到智能控制。依据控制器设计与分析中对受控对象数学模型的利用模式，控制器设计技术可分为两类：①模型驱动控制技术；②数据驱动控制技术(表 1.5)。需要指出的是，模型驱动控制技术和数据驱动控制技术不能相互取代，各有所长、各有所短，它们可以共存，并能优势互补地工作。

表 1.5　两种典型的控制器设计技术

设计技术	主要特点	优缺点
模型驱动控制技术[67-70]	基于受控对象的数学模型或标称模型进行控制器设计。获得系统的数学模型后，根据"确定等价原则"基于该系统数学模型设计控制器、分析闭环控制系统性能 典型方法： (1)已知模型才能设计。线性/非线性控制、系统辨识、最优控制以及滤波/估计等理论 (2)已知部分模型即可设计。鲁棒控制、滑模控制、自适应控制、智能控制等 在水面机器人(船舶)领域理论研究较多，但实船应用很少	优点： 数学严谨且理论完善、设计与分析方法丰富、理论成熟且应用广泛(如航空航天、国防、工业等领域) 缺点： (1)不可避免未建模动态和鲁棒性这对孪生问题 (2)模型越精确，控制器越复杂，导致鲁棒性与可靠性降低，且实现及应用更加困难 (3)持续激励条件与控制效果是一对不可调和的矛盾
数据驱动控制技术[71-77]	利用受控对象的在线或离线输入/输出(input/output, I/O)数据进行控制器设计，属于直接从数据到控制器设计的方法。 典型方法：PID 控制、迭代学习控制、无模型自适应控制、去伪控制、懒惰学习、虚拟参考反馈整定、其他数据驱动控制等 除 PID 控制外，鲜见在水面机器人(船舶)领域的理论探索与实船研究	优点： 仅需受控对象的 I/O 数据，摆脱对数学模型的依赖，不存在未建模动态与鲁棒性矛盾 缺点： (1)理论框架不够完善，缺乏强有力的稳定性、鲁棒性分析工具，理论与应用尚处于起步阶段 (2)控制器设计和性能分析方面还未建立系统、完美的分析框架 (3)许多方法要求已知控制器结构，参数整定困难

1.3　水面机器人的航迹规划技术进展

航迹规划(或路径规划)技术一直是水面机器人的研究重点，主要研究内容为：①基于全局海图信息的最优路径规划技术，属于全局路径规划范畴；②基于局部动态信息的危险规避(避碰)技术，属于局部路径规划范畴；③考虑局部特殊环境的自主靠泊技术；④基于局部交互信息的多机协同规划技术。本书以单艇为研究对象，下面重点回顾前两项技术的研究现状。

1.3.1　路径规划技术进展

关于水面机器人路径规划技术的研究很丰富，随着技术的不断发展，路径规划的目标逐渐从时空最优向能耗最优转化。

2011 年，庄佳园等[78]针对水面机器人全局路径规划问题，提出一种基于电子

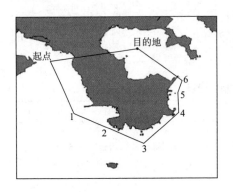

图 1.16 距离寻优 Dijkstra 算法[78]

海图的距离寻优迪杰斯特拉(Dijkstra)算法。该算法使用动态网格模型,克服了传统 Dijkstra 算法占用内存大的问题,并减少规划时间、提高规划精度,如图 1.16 所示。

2016 年,Niu 等[79]开发了节能全局路径规划算法以提高水面机器人的续航力。算法集成了沃罗努瓦图(Voronoi diagram, VD)、可见性算法和 Dijkstra 搜索算法,并考虑到海流数据。仿真试验分析了一天中不同时间、起点及终点的 10 个模拟任务场景,如图 1.17 所示。试验表明所提方法可节能高达 21%。

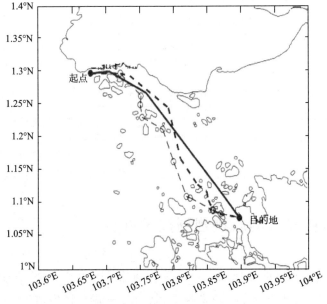

图 1.17 节能全局路径规划算法[79]

2017 年,Wang 等[80]提出了基于电子海图的航行成本优化 A*算法。基于 S-57 电子海图构建了八叉树网格环境模型,提出基于航行安全权重、导频量和路径曲线平滑的改进 A*算法,保证路径的安全性,减少规划时间,并改善路径平滑与稳定性,如图 1.18 所示。

2017 年,Song 等[81]提出一种多层快速行进路径规划方法,用于在动态环境中生成实际轨迹。该方法构建出合成环境框架,包含规划空间、海流信息。规划空间通过构造吸引、排斥矢量场实现对环境的评估;并使用风险策略对障碍物加权海流影响,基于各向异性快速行进方法解算出路径,如图 1.19 所示。

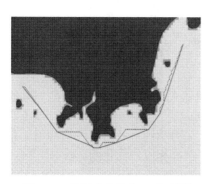

图 1.18　航行成本优化 A*算法[80]

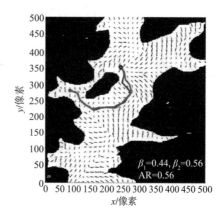

图 1.19　多层快速行进路径规划方法[81]

2017 年，范云生等[82]针对自主避碰中全局路径规划问题，基于电子海图栅格化环境模型和遗传算法，提出全局路径快速搜索算法，如图 1.20 所示。从电子海图数据中提取海洋环境信息，基于栅格法建立路径搜索空间环境模型，结合改进遗传算法进行路径搜索，提高了全局路径规划的收敛速度、优化效率。

2018 年，冯辉等[83]以实际海流环境中减小能耗和保证航行安全为目标，提出一种自适应混合粒子群全局路径规划算法，如图 1.21 所示。研究中根据海流中路径能耗等因素，建立多目标优化模型，并提出适用于全局路径规划的粒子群算法，将全局与局部粒子群结合，生成自适应混合粒子群方法。

图 1.20　全局路径快速搜索算法[82]

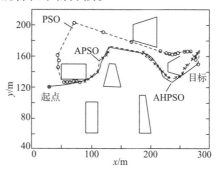

图 1.21　自适应混合粒子群全局路径规划算法[83]
PSO（particle swarm optimization）：粒子群优化。APSO（adaptive PSO）：自适应粒子群优化。AHPSO（adaptive hybrid PSO）：自适应混合粒子群优化

1.3.2　危险规避技术进展

统计数据表明，60%的海上人员伤亡由海上碰撞事故造成，而 56%的海上碰撞则由违反《国际海上避碰规则》（International Regulation for the Preventing

Collision at Sea，COLREGs)所引起[84]。如何保障水面机器人在动态、拥挤和危险环境中自主安全航行，是亟待解决的技术难题(其关键是危险规避技术)。

2014 年，Savvaris 等[85]提出基于 COLREGs 的 AIS 航点跟踪规划方法，提高了水面机器人执行远海任务时航行安全性，如图 1.22 所示。该方法的输入是 AIS 数据，仅在入侵者处于 0.75n mile 的范围内，并且水面机器人与入侵者之间相对速度的投影与入侵者安全圈相交时才被激活。

2015 年，冷静等[86]针对动态环境下水面机器人遵守 COLREGs 且实时在线路径规划的难题，提出动态环境下在线路径规划方法，如图 1.23 所示。该方法将 COLREGs 融入速度障碍法，结合水面机器人动力学约束及所处环境约束，将多目标函数作为优化函数，根据任务的不同要求选择相应的优化函数。

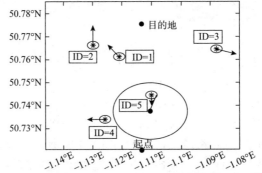

图 1.22　基于 COLREGs 的 AIS 航点跟踪规划方法[85]

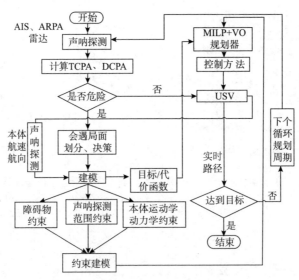

图 1.23　动态环境下在线路径规划方法[86]

MILP(mixed-integer linear programming)：混合整数线性规划。ARPA(automatic radar plotting aid)：自动雷达标绘仪。TCPA(time to closest point of approach)：最近会遇时间。DCPA(distance to closest point of approach)：最近会遇距离。VO(velocity obstacle)：速度障碍法

2015 年，向祖权等[87]将局部避碰分为静态避障、动态避障两个层面，提出基于粒子群优化的分层规划方法，如图 1.24 所示。通过参数和适应度函数对障碍物进行建模，然后初始化粒子加入平滑路径实现第一层静态避障，结合 COLREGs 实现第二层动态避障，结合两层规划得到最优路径避障路线。

2016 年，Zhao 等[88]考虑其他障碍物会感知周围环境并做出相应反应的假设，提出符合 COLREGs 的水面机器人实时避碰方法；利用证据推理以评估障碍碰撞风险，从而触发潜在碰撞的即时警告；并采用所提最优互碰撞避免算法，来确定符合 COLREGs 的避碰机动行为，如图 1.25 所示。

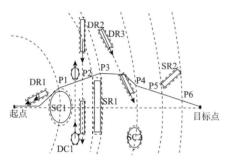

DR：动态矩形障碍物　DC：动态圆形障碍物
SR：静态矩形障碍物　SC：静态圆形障碍物　P：路径点

图 1.24　基于粒子群优化的分层规划方法[87]

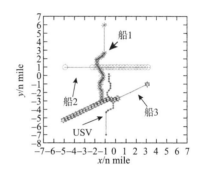

图 1.25　符合 COLREGs 的实时避碰方法[88]

2016 年，Naeem 等[89]提出一种加入 COLREGs 的在线人工势场法，使水面机器人在避障时满足 COLREGs 要求，如图 1.26 所示。该方法根据规则将障碍物分为动态和静态，并将海岸线离散成多个静止障碍物点，利用人工势场法对静止和运动障碍物以及海岸线进行规避，开展了仿真试验验证。

2016 年，Shah 等[90]整合动态避障功能开发基于网格的自主避障方法，使其在民船(civilian vessel，CV)拥挤环境中具有良好避险能力，如图 1.27 所示。

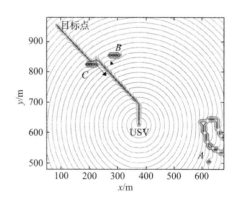

图 1.26　考虑 COLREGs 的在线人工势场方法[89]

该方法对碰撞进行风险评估，并设计应急机动以应对不可预知的动态障碍物行为；考虑运动障碍物的自身避让行为，实现可行的碰撞风险最小动态避障；考虑高效计算需求，基于运动障碍物的分布和集中而动态地缩放轨迹的控制单元。

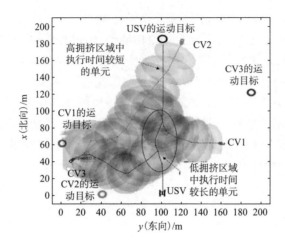

图 1.27　基于网格的自适应自主避障方法[90]

参 考 文 献

[1]　曾文静. 基于光视觉的无人艇水面目标检测与跟踪研究[D]. 哈尔滨: 哈尔滨工程大学, 2013.

[2]　廖煜雷. 无人艇的非线性运动控制方法研究[D]. 哈尔滨: 哈尔滨工程大学, 2012.

[3]　廖煜雷, 张铭钧, 董早鹏, 等. 无人艇运动控制方法的回顾与展望[J]. 中国造船, 2014, 55(4): 206-216.

[4]　Wang J H, Gu W, Zhu J X, et al. An unmanned surface vehicle for multi-mission applications[C]//Proceedings of the 15th Electronic Computer Technology Conference, Macau, China, 2009: 358-361.

[5]　徐鹏. 无人艇动态障碍目标检测技术研究[D]. 沈阳: 沈阳理工大学, 2016.

[6]　Pinto E, Santana P, Marques F, et al. On the design of a robotic system composed of an unmanned surface vehicle and a piggybacked VTOL[C]//Proceedings of the 5th IFIP WG 5.5/SOCOLNET Doctoral Conference on Computing, Electrical and Industrial Systems, Costa de Caparica, Portugal, 2014: 193-200.

[7]　Mousazadeh H, Jafarbiglu H, Abdolmaleki H, et al. Developing a navigation, guidance and obstacle avoidance algorithm for an unmanned surface vehicle by algorithms fusion[J]. Ocean Engineering, 2018, 159(7): 56-65.

[8]　Wang H, Wei Z. Stereovision based obstacle detection system for unmanned surface vehicle[C]//Proceedings of the 2013 IEEE International Conference on Robotics and Biomimetics, Shenzhen, China, 2013: 917-921.

[9]　Pfeffer A, Wu C, Fry G, et al. Software adaptation for an unmanned undersea vehicle[J]. IEEE Software, 2019, 36(2): 91-96.

[10]　王刚. 《"十二五"国家战略性新兴产业发展规划》解读[J]. 物联网技术, 2012, 2(6): 12.

[11]　廖静. 水上机器人惊艳面世　全球最快无人艇"天行一号"[J]. 海洋与渔业, 2018, 292(8): 46-47.

[12]　马善伟, 刘赟. 无人艇发展现状及启示[C]//中国海洋工程装备技术论坛论, 上海, 2015: 1-6.

[13]　Ko N Y, Jeong S, Choi H T, et al. Fusion of multiple sensor measurements for navigation of an unmanned marine surface vehicle[C]//Proceedings of the 16th International Conference on Control, Automation and Systems, Gyeongju, Korea, 2016: 332-334.

[14]　朱炜, 张磊. 现代无人水面艇技术[J]. 造船技术, 2017, 2(2): 1-6.

[15]　许彪, 张宇, 范鹏程. 美海军无人艇发展现状与趋势[J]. 飞航导弹, 2018(1): 12-16.

[16]　Bibuli M, Bruzzone G, Caccia M. Path-following algorithms and experiments for an unmanned surface vehicle[J].

Journal of Field Robotics. 2009, 26(8): 669-688.

[17] Reyhanoglu M, Schaft A, McClamroch N H, et al. Dynamics and control of a class of underactuated mechanical systems[J]. IEEE Transactions on Automatic Control, 1999, 44(9): 1663-1671.

[18] Breivik M, Fossen T I. Guidance laws for planar motion control[C]//Proceedings of the 47th IEEE Conference Decision and Control, Cancun, Mexico, 2008: 570-577.

[19] Breivik M. Topics in guided motion control of marine vehicles[D]. Trondheim: Norwegian University of Science and Technology, 2010.

[20] Bibuli M, Bruzzonea G, Caccia M, et al. Self-oscillation based identification and heading control for unmanned surface vehicles[C]//Proceedings of the 17th International Workshop on Robotics in Alpe-Adria-Danube Region, Ancona, Italy, 2008: 1-6.

[21] Caccia M, Bibuli M, Bono R. Unmanned marine vehicles at CNR-ISSIA[C]//Proceedings of the 17th World Congress of the International Federation of Automatic Control, Seoul, Korea, 2008: 3070-3075.

[22] Caccia M, Bono R, Bruzzone G. Design and exploitation of an autonomous surface vessel for the study of sea-air interactions[C]//Proceedings of the 2005 IEEE International Conference on Robotics and Automation, Barcelona, Spain, 2005: 3582-3587.

[23] Caccia M, Bono R, Bruzzone G, et al. An autonomous craft for the study of sea-air interactions[J]. IEEE Robotics & Automation Magazine. 2005, 12(3): 95-105.

[24] Desa E, Maurya P K, Pereira A, et al. A small autonomous surface vehicle for ocean color remote sensing[J]. IEEE Journal of Oceanic Engineering, 2007, 32(2): 353-364.

[25] Son N S, Kim S Y, Van S H. Design of an operation control and remote monitoring system of small unmanned ship for close-range observations[C]//Proceedings of the MTTS/IEEE TECHNO-OCEAN'04, Kobe, Japan, 2004: 1093-1101.

[26] Kumarawadu S, Kumara K J C. On the speed control for automated surface vessel operation[C]//Proceedings of the 2007 Third International Conference on Information and Automation for Sustainability, Melbourne, Australia, 2007: 135-140.

[27] Bao X P, Nonami K, Yu Z Y. Combined yaw and roll control of an autonomous boat[C]//Proceedings of the 2009 IEEE International Conference on Robotics and Automation, Kobe, Japan, 2009: 188-193.

[28] Manley J, Curran J, Loockyer B. Applying AUV lessons and technologies to autonomous surface craft development[C]//Proceedings of the Oceans 2008 MTS/IEEE Quebec Conference and Exhibition, Honolulu, Hawaii, USA, 2001: 545-549.

[29] Ebken J, Bruch M, Lum J. Applying unmanned ground vehicle technologies to unmanned surface vehicles[C]// Proceedings of the SPIE Unmanned Ground Vehicle Technology VII, Orlando, USA, 2005: 585-596.

[30] Naeem W, Sutton R, Chudley J. Soft computing design of a linear quadratic gaussian controller for an unmanned surface vehicle[C]//Proceedings of the 14th IEEE Mediterranean Conference on Control and Automation, Ancona, Italy, 2006: 1-6.

[31] Naeem W, Sutton R, Chudley J. Modelling and control of an unmanned surface vehicle for environmental monitoring[C]//Proceedings of the UKACC International Control Conference 2006, Glasgow, Scotland, 2006: 1-6.

[32] Park S H, Kim J K, Lee W B, et al. A study on the fuzzy controller for an unmanned surface vessel designed for sea probes[C]//Proceedings of the International Conference on Control, Automation, and Systems, Gyeonggi-Do, Korea, 2005: 1-4.

[33] Wu G X, Sun H B, Zou J, et al. The basic motion control strategy for the water-jet-propelled USV[J]. Control Theory & Applications, 2010, 27(2): 257-262.

[34] 高双, 朱齐丹, 李磊. 基于神经网络的高速无人艇模糊 PID 控制[J]. 系统仿真学报, 2007, 19(4): 776-777.

[35] Qi J T, Peng Y, Wang H, et al. Design and implement of a trimaran unmanned surface vehicle system[C]// Proceedings of the 2007 International Conference on Information Acquisition, Jeju City, Korea, 2007: 361-365.

[36] Bibuli M, Caccia M, Lapierre L. Path-following algorithms and experiments for an autonomous surface vehicle[C]//Proceedings of the IFAC Conference on Control Applications in Marine Systems, Bol, Croatia, 2007: 81-86.

[37] Bibuli M, Bruzzone G, Caccia M. Line following guidance control: application to the Charlie unmanned surface vehicle[C]//Proceedings of the 2008 IEEE/RSJ International Conference on Intelligent Robots and Systems, Nice, France, 2008: 3641-3646.

[38] Do K D, Jiang Z P, Pan J. Robust adaptive path following of underactuated ships[J]. Automatica, 2004, 40(6): 929-944.

[39] Gomes P, Silvestre C, Pascoal A, et al. A path-following controller for the Delfimx autonomous surface craft[C]//Proceedings of the 7th IFAC Conference on Manoeuvring and Control of Marine Craft, Lisbon, Portugal, 2006: 1-6.

[40] Do K D, Pan J. State and output-feedback robust path-following controllers for underactuated ships using Serret-Frenet frame[J]. Ocean Engineering, 2004, 31(5): 587-613.

[41] Li Z, Sun J, Oh S. Design, analysis and experimental validation of a robust nonlinear path following controller for marine surface vessels[J]. Automatica, 2009, 45(7): 1649-1658.

[42] Moe S, Caharija W, Pettersen K Y, et al. Path following of underactuated marine surface vessels in the presence of unknown ocean currents[C]//Proceedings of the American Control Conference, Portland, Oregon, USA, 2014: 3856-3861.

[43] Moe S, Pettersen K Y. Set-based Line-of-sight (LOS) path following with collision avoidance for underactuated unmanned surface vessel[C]//Proceedings of the Mediterranean Conference on Control and Automation, 2016: 402-409.

[44] Plumet F, Saoud H, Hua M D. Line following for an autonomous sailboat using potential fields method[C]// Proceedings of the 2013 MTS/IEEE OCEANS-Bergen, Piscataway, 2013: 1-6.

[45] Fossen T I, Pettersen K Y, Galeazzi R. Line-of-sight path following for dubins paths with adaptive sideslip compensation of drift forces[J]. IEEE Transactions on Control Systems Technology, 2015, 23(2): 820-827.

[46] Do K D. Global robust adaptive path tracking control of underactuated ships under stochastic disturbances[J]. Ocean Engineering, 2016, 111(1): 267-278.

[47] Shin J, Dong J K, Lee Y I. Adaptive path following control for an unmanned surface vessel using an identified dynamic model[J]. IEEE/ASME Transactions on Mechatronics, 2017, 22(3): 1143-1153.

[48] Encarnacao P, Pascoal A. Combined trajectory tracking and path following for marine craft[C]// Proceedings of the 40th IEEE Conference on Decision and Control, Orlando, USA, 2001: 964-969.

[49] Reyhanoglu M, Bommer A. Tracking control of an underactuated autonomous surface vessel using switched feedback[C]//Proceedings of the 32nd Annual Conference of the Industrial Electronics Society, Paris, France, 2006: 3833-3838.

[50] Ashrafiuon H, Muske K R, McNinch L C, et al. Sliding-mode tracking control of surface vessels[J]. IEEE Transactions on Industrial Electronics, 2008, 55(11): 4004-4011.

[51] Soltan R A, Ashrafiuon H, Muske K R. State-dependent trajectory planning and tracking control of unmanned surface vessels[C]//Proceedings of the 2009 American Control Conference, Missouri, USA, 2009: 3597-3602.

[52] Do K D, Jiang Z P, Pan J. Underactuated ship global tracking under relaxed conditions[J]. IEEE Transactions on Automatic Control, 2002, 47(9): 1529-1536.

[53] Do K D, Pan J. Global tracking control of underactuated ships with nonzero off-diagonal terms in their system matrices[J]. Automatica, 2005, 41(9): 87-95.

[54] Svec P, Thakur A, Shah B, et al. USV trajectory planning for time varying motion goals in an environment with obstacles[C]//Proceedings of the ASME 2012 International Design Engineering Technical Conferences and Computers and Information in Engineering Conference, 2012: 1297-1306.

[55] Sonnenburg C, Woolsey C. An experimental comparison of two USV trajectory tracking control laws[C]// Proceedings of the OCEANS 2012 MTS/IEEE, Hampton Roads, VA, 2012: 1-10.

[56] Larrazabal J M, Peñas M S. Intelligent rudder control of an unmanned surface vessel[J]. Expert Systems with Applications, 2016, 55(C): 106-117.

[57] Park B S, Kwon J W, Kim H K. Neural network-based output feedback control for reference tracking of underactuated surface vessels[J]. Automatica, 2017, 77(3): 353-359.

[58] Shojaei K, Dolatshahi M. Line-of-sight target tracking control of underactuated autonomous underwater vehicles[J]. Ocean Engineering, 2017, 133(3): 244-252.

[59] Breivik M, Hovstein V E, Fossen T I. Straight-line target tracking for unmanned surface vehicles[J]. Modeling, Identification and Control, 2008, 29(4): 131-149.

[60] Aguiar A P, Almeida J, Bayat M, et al. Cooperative control of multiple marine vehicles: theoretical challenges and practical issues[C]//Proceedings of the 8th IFAC International Conference on Manoeuvring and Control of Marine Craft, Brazil, 2009: 412-417.

[61] Bibuli M, Caccia M, Lapierre L, et al. Guidance of unmanned surface vehicles: experiments in vehicle following[J]. IEEE Robotics and Automation Magazine, 2012, 19(3): 92-102.

[62] Pastore T, Djapic V. Improving autonomy and control of autonomous surface vehicles in port protection and mine countermeasure scenarios[J]. Journal of Field Robotics, 2010, 27(6): 903-914.

[63] Breivik M, Oberg J E. A virtual target-based underway docking procedure for unmanned surface vehicles[C]// Proceedings of the 18th IFAC World Congress, Milano, Italy, 2011: 13630-13635.

[64] 刘鹏. 无模型自适应控制方法及应用研究[D]. 太原: 太原科技大学, 2011.

[65] 胡寿松. 自动控制原理 [M]. 4 版. 北京: 科学出版社, 2001.

[66] 王树青, 金晓明. 先进控制技术应用实例[M]. 北京: 化学工业出版社, 2005.

[67] Kalman R E. A new approach to linear filtering and prediction problems[J]. Journal of Basic Engineering Transactions, 1960, 82: 35-45.

[68] Basar T. Contributions to the theory of optimal control[C]//Control Theory: Twenty-Five Seminal Papers (1932-1981). Piscataway: Wiley-IEEE Press, 2001: 147-166.

[69] 侯忠生, 金尚泰. 无模型自适应控制: 理论与应用[M]. 北京: 科学出版社, 2013.

[70] Albertos P, Sala A. Iterative Identification and Control[M]. London: Springer Press, 2002.

[71] Anderson B D O. Failures of adaptive control theory and their resolution[J]. Communications in Information and Systems, 2005, 5(1): 1-20.

[72] Brian D. Historical, generic and current challenges of adaptive control[C]//Proceedings of the 3rd IFAC Workshop on Periodic Control Systems, Laxenburg, 2007: 1-12.

[73] Anderson B D O, Dehghani A. Challenges of adaptive control past, permanent and future[J]. Annual Reviews in Control, 2008, 32(2): 123-135.

[74] Ljung L. System Identification: Theory for the User[M]. 2nd ed. Upper Saddle River, NJ: Prentice Hall, 1999.

[75] Gevers M. Modelling, identification and control[M]//Albertos P, Sala A. Iterative Identification and Control Design. London: Springer Press, 2002: 3-16.

[76] 侯忠生, 许建新. 数据驱动控制理论及方法的回顾和展望[J]. 自动化学报, 2009, 35(6): 650-667.

[77] Katayama T, McKelvey T, Sano A, et al. Trends in systems and signals: status report prepared by the IFAC coordinating committee on systems and signals[J]. Annual Reviews in Control, 2006, 30(1): 5-17.

[78] 庄佳园, 万磊, 廖煜雷, 等. 基于电子海图的水面无人艇全局路径规划研究[J]. 计算机科学, 2011, 38(9): 211-214.

[79] Niu H L, Lu Y, Savvaris A, et al. Efficient path planning algorithms for unmanned surface vehicle[J]. IFAC PapersOnLine, 2016, 49(23): 121-126.

[80] Wang Y L, Liang X, Li B A, et al. Research and implementation of global path planning for unmanned surface vehicle based on electronic chart[C]//International Conference on Mechatronics and Intelligent Robotics. Berlin: Springer Press, 2017: 534-539.

[81] Song R, Liu Y C, Bucknall R. A multi-layered fast marching method for unmanned surface vehicle path planning in a time-variant maritime environment[J]. Ocean Engineering, 2017, 129(1): 301-317.

[82] 范云生, 赵永生, 石林龙, 等. 基于电子海图栅格化的无人水面艇全局路径规划[J].中国航海, 2017, 40(1): 47-52.

[83] 冯辉, 刘梦佳, 徐海祥. 基于 AHPSO 算法的无人艇多目标路径规划[J]. 华中科技大学学报(自然科学版), 2018, 46(6): 59-64.

[84] Naeem W, Irwin G W, Yang A. COLREGs-based collision avoidance strategies for unmanned surface vehicles[J]. Mechatronics, 2012, 22(6): 669-678.

[85] Savvaris A, Niu H L, Oh H, et al. Development of collision avoidance algorithms for the C-Enduro USV[C]//The International Federation of Automatic Control, Cape Town, 2014: 24-29.

[86] 冷静, 刘健, 徐红丽. 实时避碰的无人水面机器人在线路径规划方法[J]. 智能系统学报, 2015, 10(3): 343-348.

[87] 向祖权, 靳超, 杜开君, 等. 基于粒子群优化算法的水面无人艇分层局部路径规划[J]. 武汉理工大学学报, 2015, 37(7): 38-45.

[88] Zhao Y X, Li W, Shi P. A real-time collision avoidance learning system for unmanned surface vessels[J]. Neurocomputing, 2016, 182(3): 255-266.

[89] Naeem W, Henrique S C, Hu L. A reactive COLREGs-compliant navigation strategy for autonomous maritime navigation[C]//Proceedings of the 10th Conference on Control Applications in Marine Systems, Trondheim, 2016: 207-213.

[90] Shah B C, Švec P, Bertaska I R, et al. Resolution-adaptive risk-aware trajectory planning for surface vehicles operating in congested civilian traffic[J]. Autonomous Robots, 2016, 40(10): 1139-1163.

2

水面机器人的运动建模与辨识

本章基于船舶操纵性理论，并结合水面机器人运动控制系统分析、设计和试验等需要，构建适宜的水面机器人运动数学模型。首先，建立符合水面机器人动力学特性的水平面运动数学模型，并分析其动力学特性；其次，考虑工程实用需求及数据驱动控制技术特点，构建一种面向控制的简化操纵性数学模型，为后续控制方法探索及仿真试验研究奠定模型基础。

2.1　水面机器人的空间运动数学模型

本书使用一些标准的数学简化符号，如：$\mathbb{R}$ 表示实数集，$\mathbb{R}^+$ 表示非负实数集，$\mathbb{R}^n$ 表示 n 维欧氏空间，$\mathbb{C}^n$ 表示 n 维复空间，$\forall$ 表示所有的，$\exists$ 表示存在，$\in$ 表示属于，$\notin$ 表示不属于，$\Rightarrow$ 表示蕴含。

2.1.1　常用坐标系与符号

描述水面机器人（船舶）的空间运动常采用两种直角坐标系，即大地坐标系 $O_E \text{-} X_E Y_E Z_E$ 和船体坐标系 $O_b \text{-} X_b Y_b Z_b$，皆遵守右手法则，如图 2.1 所示。

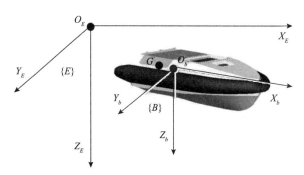

图 2.1　大地坐标系及船体坐标系示意图

1. 坐标系定义

大地坐标系 O_E - $X_E Y_E Z_E$ 简称 $\{E\}$ 系，用以描述水面机器人的位姿。$\{E\}$ 系的原点 O_E 固定于地表，坐标轴 $O_E X_E$，$O_E Y_E$，$O_E Z_E$ 分别以指向正北、正东和地心方向为正[1]。通常认为 $\{E\}$ 系是惯性坐标系，可应用牛顿运动定律。

船体坐标系 O_b - $X_b Y_b Z_b$ 简称 $\{B\}$ 系，用以描述水面机器人的速度和受力。$\{B\}$ 系同船舶固连，为使运动数学模型更加简洁，坐标原点 O_b 常取在水面机器人的重心 G 处，$O_b X_b$，$O_b Y_b$，$O_b Z_b$ 分别以指向艏部、右舷和向下为正[1]。

2. 坐标系符号及含义

水面机器人运动描述中所用的符号，均采用造船与轮机工程师学会和国际拖曳水池会议推荐的符号体系[1-4]，如表 2.1 所示。

表 2.1　造船与轮机工程师学会的船舶符号定义

自由度	名称	力和力矩	线速度和角速度	位置和欧拉角
1	纵荡	X	u	x
2	横荡	Y	υ	y
3	垂荡	Z	w	z
4	横摇	K	p	ϕ
5	纵摇	M	q	θ
6	艏摇	N	r	ψ

水面机器人在空间运动中位置和欧拉角(姿态)定义在 $\{E\}$ 系中，其中位置用 $\{B\}$ 系原点 O_b 在 $\{E\}$ 系中的三个坐标分量 $\boldsymbol{\eta}_1 = \begin{bmatrix} x & y & z \end{bmatrix}^T$ 表示，欧拉角用 $\{B\}$ 系相对于 $\{E\}$ 系的三个姿态角 $\boldsymbol{\eta}_2 = \begin{bmatrix} \phi & \theta & \psi \end{bmatrix}^T$ 表示，其中 x, y, z 分别称为纵向、横向和垂向位移，而 ϕ, θ, ψ 分别称为横倾、纵倾和艏向角。线速度 $\boldsymbol{v}_1 = \begin{bmatrix} u & \upsilon & w \end{bmatrix}^T$ 和角速度 $\boldsymbol{v}_2 = \begin{bmatrix} p & q & r \end{bmatrix}^T$ 皆定义在 $\{B\}$ 系中，其中 u, υ, w 分别称为纵向、横向和升沉速度，而 p, q, r 分别称为横摇、纵摇和艏摇角速度。

水面机器人受到的力和力矩定义在 $\{B\}$ 系中，力为 $\boldsymbol{\tau}_1 = \begin{bmatrix} X & Y & Z \end{bmatrix}^T$，$X, Y, Z$ 分别表示船在各坐标轴方向上受到的推力，而力矩为 $\boldsymbol{\tau}_2 = \begin{bmatrix} K & M & N \end{bmatrix}^T$，$K, M, N$ 分别表示船在各坐标轴方向上受到的旋转力矩。因此，在 $\{E\}$ 系中的位移表示为 $\boldsymbol{\eta} = \begin{bmatrix} \boldsymbol{\eta}_1 & \boldsymbol{\eta}_2 \end{bmatrix}^T = \begin{bmatrix} x & y & z & \phi & \theta & \psi \end{bmatrix}^T$，而在 $\{B\}$ 系中的速度表示为 $\boldsymbol{v} = \begin{bmatrix} \boldsymbol{v}_1 & \boldsymbol{v}_2 \end{bmatrix}^T = \begin{bmatrix} u & \upsilon & w & p & q & r \end{bmatrix}^T$，而在 $\{B\}$ 系中受到的力（力矩）表示为 $\boldsymbol{\tau} = \begin{bmatrix} \boldsymbol{\tau}_1 & \boldsymbol{\tau}_2 \end{bmatrix}^T =$

$\begin{bmatrix} X & Y & Z & K & M & N \end{bmatrix}^{\mathrm{T}}$。

2.1.2 空间运动数学模型及特征

基于船舶操纵性理论，可得水面机器人的空间运动数学模型[1]为

$$\begin{cases} \dot{\boldsymbol{\eta}} = \boldsymbol{J}(\boldsymbol{\eta})\boldsymbol{v} \\ \boldsymbol{M}\dot{\boldsymbol{v}} + \boldsymbol{C}(\boldsymbol{v})\boldsymbol{v} + \boldsymbol{D}(\boldsymbol{v})\boldsymbol{v} + \boldsymbol{g}(\boldsymbol{\eta}) = \boldsymbol{\tau} + \boldsymbol{\tau}_E \end{cases} \tag{2.1}$$

式中，转换矩阵 $\boldsymbol{J}(\boldsymbol{\eta})$ 是关于 ϕ,θ,ψ 的函数；$\boldsymbol{M} = \boldsymbol{M}_{RB} + \boldsymbol{M}_A$；$\boldsymbol{C}(\boldsymbol{v}) = \boldsymbol{C}_{RB}(\boldsymbol{v}) + \boldsymbol{C}_A(\boldsymbol{v})$；$\boldsymbol{D}(\boldsymbol{v}) = \boldsymbol{D} + \boldsymbol{D}_n(\boldsymbol{v})$。

(1) 对于式(2.1)，$\boldsymbol{M}_{RB},\boldsymbol{M}_A$ 分别为刚体质量及惯量矩阵、附加质量矩阵；$\boldsymbol{C}_{RB}(\boldsymbol{v}),\boldsymbol{C}_A(\boldsymbol{v})$ 分别为刚体、附加质量类科里奥利力/向心力矩阵；$\boldsymbol{D},\boldsymbol{D}_n(\boldsymbol{v})$ 分别为线性、非线性阻尼矩阵；$\boldsymbol{g}(\boldsymbol{\eta})$ 为同位姿有关的恢复力(力矩)；$\boldsymbol{\tau}$ 为船体推力(力矩)；$\boldsymbol{\tau}_E$ 为船体受到风浪流等环境干扰力引起的力(力矩)。各变量的详细定义和内在计算项可查文献[1]。

(2) 水面机器人在理想流体中处于静止或低速运动时，$\boldsymbol{M}$ 为对称正定矩阵，满足 $\boldsymbol{M} = \boldsymbol{M}^{\mathrm{T}} > 0$。对于在流体中运动的刚体，$\boldsymbol{C}(\boldsymbol{v})$ 具有斜对称特性，即 $\boldsymbol{C}(\boldsymbol{v}) = -\boldsymbol{C}^{\mathrm{T}}(\boldsymbol{v}), \forall \boldsymbol{v} \in \mathbb{R}^6$。而对于在理想流体中运动的刚体，$\boldsymbol{D}(\boldsymbol{v})$ 具有非对称性和正定性，即 $\boldsymbol{D}(\boldsymbol{v}) > 0, \forall \boldsymbol{v} \in \mathbb{R}^6$。

2.2 水面机器人的水平面运动建模与分析

2.2.1 水平面运动建模及模型简化

1. 水平面运动数学模型

对常规水面机器人而言，一般只讨论其水平面内运动控制问题，即 $\boldsymbol{\eta} = \begin{bmatrix} x & y & \psi \end{bmatrix}^{\mathrm{T}}, \boldsymbol{v} = \begin{bmatrix} u & \upsilon & r \end{bmatrix}^{\mathrm{T}}$。本书研究的水面机器人在水平面内运动示意图[1-4]如图 2.2 所示，水面机器人仅有的控制输入为纵向力 F_u 和偏航力矩 T_r。

在 2.1.2 节空间运动数学模型的基础上，为了简化分析，考虑以下四个假设条件，以获得水面机器人的水平面运动数学模型[1-4]。

(1) 船体关于 $O_b X_b Z_b$ 面对称(左右对称)，则有 $I_{xy} = I_{yz} = 0$ (I 为转动惯量)。

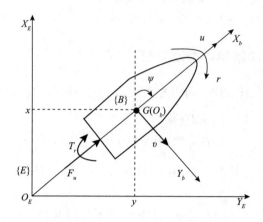

图 2.2　水面机器人的水平面运动模型示意图

(2)将船体坐标系的坐标原点 O_b 设在重心 G 处，O_bX_b,O_bY_b,O_bZ_b 选择为经过 G 的水线面、横剖面和纵剖面的交线，则有 $x_g = y_g = z_g = 0$。

(3)只考虑船在水平面内的运动，忽略横摇、纵摇和升沉运动的影响，则有 $z = w = \phi = \theta = p = q = 0$，$g(\boldsymbol{\eta}) = 0$。

(4)考虑存在模型摄动、环境干扰力等不确定性影响，不确定性有界且为慢变过程。

在上述假设条件下，则有

$$\begin{cases} \dot{\boldsymbol{\eta}} = \boldsymbol{J}(\boldsymbol{\eta})\boldsymbol{v} \\ \boldsymbol{M}\dot{\boldsymbol{v}} + \boldsymbol{C}(\boldsymbol{v})\boldsymbol{v} + \boldsymbol{D}(\boldsymbol{v})\boldsymbol{v} = \boldsymbol{\tau} + \boldsymbol{\tau}_E \end{cases} \tag{2.2}$$

式中，矩阵 $\boldsymbol{J}(\boldsymbol{\eta}),\boldsymbol{M},\boldsymbol{C}(\boldsymbol{v}),\boldsymbol{D}(\boldsymbol{v}) = \boldsymbol{D} + \boldsymbol{D}_n(\boldsymbol{v})$ 经过简化后分别表述为

$$\begin{cases} \boldsymbol{J}(\boldsymbol{\eta}) = \begin{bmatrix} \cos\psi & -\sin\psi & 0 \\ \sin\psi & \cos\psi & 0 \\ 0 & 0 & 1 \end{bmatrix}, \boldsymbol{M} = \begin{bmatrix} m - X_{\dot{u}} & 0 & 0 \\ 0 & m - Y_{\dot{v}} & -Y_{\dot{r}} \\ 0 & -Y_{\dot{r}} & I_{zz} - N_{\dot{r}} \end{bmatrix} \\ \boldsymbol{C}(\boldsymbol{v}) = \begin{bmatrix} 0 & 0 & -mv + Y_{\dot{v}}v + Y_{\dot{r}}r \\ 0 & 0 & mu - X_{\dot{u}}u \\ mv - Y_{\dot{v}}v - Y_{\dot{r}}r & -mu + X_{\dot{u}}u & 0 \end{bmatrix} \\ \boldsymbol{D} = -\begin{bmatrix} X_u & 0 & 0 \\ 0 & Y_v & Y_r \\ 0 & N_v & N_r \end{bmatrix}, \boldsymbol{D}_n(\boldsymbol{v}) = -\begin{bmatrix} X_{|u|u}|u| & 0 & 0 \\ 0 & Y_{|v|v}|v| + Y_{|r|v}|r| & Y_{|v|r}|v| \\ 0 & N_{|v|v}|v| + N_{|r|v}|r| & N_{|v|r}|v| + N_{|r|r}|r| \end{bmatrix} \end{cases}$$

$$\tag{2.3}$$

式(2.3)矩阵内系数的定义详见文献[1]。推力(力矩) $\boldsymbol{\tau}$ 为

$$\boldsymbol{\tau} = \begin{bmatrix} F_u \\ 0 \\ T_r \end{bmatrix} \tag{2.4}$$

式中，纵向力 F_u 和偏航力矩 T_r 是仅有的控制输入，可由水面机器人配备的喷水推进器、螺旋桨+舵或双螺旋桨差动等驱动方式产生。

环境干扰力 $\boldsymbol{\tau}_E$ 表述为

$$\boldsymbol{\tau}_E = \begin{bmatrix} d_u \\ d_v \\ d_r \end{bmatrix} \tag{2.5}$$

式中，d_u, d_v, d_r 分别表示船在纵向、横向和艏摇方向受到的海洋环境干扰，包括模型摄动、测量噪声、风浪流干扰等不确定性影响。不确定性具有上界 $|d_u| \leqslant \bar{d}_u$，$|d_v| \leqslant \bar{d}_v, |d_r| \leqslant \bar{d}_r$，且 d_u, d_v, d_r 为慢变过程，即满足 $\dot{d}_u = 0, \dot{d}_v = 0, \dot{d}_r = 0$。

2. 简化水平面运动数学模型

显然，数学模型(2.2)对水面机器人的控制系统设计来说仍过于复杂，下面考虑一定假设条件下，进一步将其简化[4]。

(1)假设船体不但左右对称，而且还关于 $O_b Y_b Z_b$ 面对称(前后对称)，则可将 $\boldsymbol{M}, \boldsymbol{C}(\boldsymbol{v}), \boldsymbol{D}, \boldsymbol{D}_n(\boldsymbol{v})$ 简化为

$$\begin{cases} \boldsymbol{M} = \begin{bmatrix} m - X_{\dot{u}} & 0 & 0 \\ 0 & m - Y_{\dot{v}} & 0 \\ 0 & 0 & I_{zz} - N_{\dot{r}} \end{bmatrix} = \begin{bmatrix} m_{11} & 0 & 0 \\ 0 & m_{22} & 0 \\ 0 & 0 & m_{33} \end{bmatrix} \\ \boldsymbol{C}(\boldsymbol{v}) = \begin{bmatrix} 0 & 0 & -mv + Y_{\dot{v}}v \\ 0 & 0 & mu - X_{\dot{u}}u \\ mv - Y_{\dot{v}}v & -mu + X_{\dot{u}}u & 0 \end{bmatrix} = \begin{bmatrix} 0 & 0 & -m_{22}v \\ 0 & 0 & m_{11}u \\ m_{22}v & -m_{11}u & 0 \end{bmatrix} \\ \boldsymbol{D} = -\begin{bmatrix} X_u & 0 & 0 \\ 0 & Y_v & 0 \\ 0 & 0 & N_r \end{bmatrix}, \boldsymbol{D}_n(\boldsymbol{v}) = -\begin{bmatrix} X_{|u|u}|u| & 0 & 0 \\ 0 & Y_{|v|v}|v| & 0 \\ 0 & 0 & N_{|r|r}|r| \end{bmatrix} \end{cases} \tag{2.6}$$

式中，$m_{11} = m - X_{\dot{u}}, m_{22} = m - Y_{\dot{v}}, m_{33} = I_{zz} - N_{\dot{r}}$，$m_{11}, m_{22}, m_{33}$ 分别表示船的惯性矩阵在船体坐标系三个坐标轴上的分量。

将式(2.6)代入式(2.2)，可得标准的水面机器人水平面运动数学模型为

$$
\begin{cases}
\dot{x} = u\cos\psi - \upsilon\sin\psi \\
\dot{y} = u\sin\psi + \upsilon\cos\psi \\
\dot{\psi} = r \\
\dot{u} = \dfrac{m_{22}}{m_{11}}\upsilon r - \dfrac{X_u}{m_{11}}u - \dfrac{X_{|u|u}}{m_{11}}|u|u + \dfrac{F_u}{m_{11}} + \dfrac{d_u}{m_{11}} \\
\dot{\upsilon} = -\dfrac{m_{11}}{m_{22}}ur - \dfrac{Y_\upsilon}{m_{22}}\upsilon - \dfrac{Y_{|\upsilon|\upsilon}}{m_{22}}|\upsilon|\upsilon + \dfrac{d_\upsilon}{m_{22}} \\
\dot{r} = \dfrac{m_{11}-m_{22}}{m_{33}}u\upsilon - \dfrac{N_r}{m_{33}}r - \dfrac{N_{|r|r}}{m_{33}}|r|r + \dfrac{T_r}{m_{33}} + \dfrac{d_r}{m_{33}}
\end{cases}
\tag{2.7}
$$

模型(2.7)中包含非线性阻尼项 $\boldsymbol{D}_n(\boldsymbol{v})$ ，即 $X_{|u|u} \neq 0, Y_{|\upsilon|\upsilon} \neq 0, N_{|r|r} \neq 0$ ，能够涵盖水面机器人从低速到高速的应用。事实上对常规水面机器人而言，一般只有左右对称性，而没有前后对称性，这就意味着 $\boldsymbol{M}, \boldsymbol{C}(\boldsymbol{v}), \boldsymbol{D}, \boldsymbol{D}_n(\boldsymbol{v})$ 的非对角元素不为零。然而，非对角元素相对于对角元素来说是小量，以致对所设计控制器性能的影响较小。因此，为了控制系统分析与设计的简便，一般将其忽略不计。

(2) 忽略非线性阻尼和不确定性影响。如果忽略高于一阶的非线性阻尼项 $\boldsymbol{D}_n(\boldsymbol{v})$ ，即 $\boldsymbol{D}_n(\boldsymbol{v}) = 0$ ，同时忽略模型摄动和环境干扰力等不确定性的影响，即 $d_u = d_\upsilon = d_r = 0$ ，则可将式(2.7)进一步简化，得到更为简洁的水面机器人水平面运动数学模型，其中 $d_{11} = X_u, d_{22} = Y_\upsilon, d_{33} = N_r$ 。

$$
\begin{cases}
\dot{x} = u\cos\psi - \upsilon\sin\psi \\
\dot{y} = u\sin\psi + \upsilon\cos\psi \\
\dot{\psi} = r \\
\dot{u} = \dfrac{m_{22}}{m_{11}}\upsilon r - \dfrac{d_{11}}{m_{11}}u + \dfrac{F_u}{m_{11}} \\
\dot{\upsilon} = -\dfrac{m_{11}}{m_{22}}ur - \dfrac{d_{22}}{m_{22}}\upsilon \\
\dot{r} = \dfrac{m_{11}-m_{22}}{m_{33}}u\upsilon - \dfrac{d_{33}}{m_{33}}r + \dfrac{T_r}{m_{33}}
\end{cases}
\tag{2.8}
$$

模型(2.8)在大量的文献中被广泛采用(尤其是模型驱动控制技术)，然而该模型的缺点是：由于忽略非线性阻尼项 $\boldsymbol{D}_n(\boldsymbol{v})$ ，排除了水面机器人在高速下的应用；模型中没有考虑到不确定性影响，这与实际情况不符。

2.2.2 水面机器人动力学特性分析

许多学者基于微分几何理论[5-6]以及非线性系统分析的相关理论[7-9]，对常规水面机器人(船舶)的水平面运动数学模型进行了控制特性分析[10-15]。水平面运动控制系统(数学模型)具有以下特性：

(1)欠驱动性。常规水面机器人的推进装置为螺旋桨+舵装置、双螺旋桨(推力差动实现转艏)、喷水推进器(旋转喷嘴以实现转艏)等，即仅有两个控制输入(F_u,T_r)。镇定、路径跟随和轨迹跟踪等控制问题中，要求操纵螺旋桨、舵以实现三个自由度(x,y,ψ)的运动，即控制输入维数 2 小于系统位形空间维数 3。显然，水面机器人的水平面运动属于欠驱动机械系统控制问题[10-12]。

(2)非完整性。系统(2.8)是二阶非完整系统[12]，也不能转化为无漂系统，因此许多针对非完整系统的控制方法不能直接用于水面机器人的欠驱动控制问题[13]。

(3)平衡点特性。系统(2.8)不存在任何光滑时不变的反馈控制律，使得系统在平衡点处渐近稳定[14-15]。

(4)可控性。系统(2.8)在平衡点处是短时间局部可控的[10-11]。

(5)其他约束条件。水面机器人还存在诸多限制条件[14]，导致其运动控制是非常复杂的问题，例如：数学模型具有非线性、时变性和不确定性，难以精确建模(或建模极为耗时且费用高昂)；外界干扰力也具有非线性、时变性和不确定性；还有固有约束条件，如执行器机械饱和、系统时滞等特征。

2.3 面向控制的水面机器人操纵性建模

由 2.2 节中分析可知，模型驱动控制技术依赖于精确的数学模型，而精确数学模型不易或不能获得，使得系统的稳定性及鲁棒性难以保障、算法物理实现困难、工程应用局限大。回归到控制系统的设计初衷，建模的主要目的在于服务控制，事实上水面机器人样机试验的控制过程中亦产生了大量真实的 I/O 试验数据，主要是航速与艏向控制子系统解耦后，相应控制输入与系统响应的激励数据。从数据驱动控制技术角度，这些 I/O 数据隐式蕴含了丰富的水面机器人动力学信息。

然而，模型(2.8)仍然显得参数繁多(3 自由度u,v,r，6 个参数)，难以利用航速与艏向控制子系统的 I/O 试验数据进行完整的数学建模(2 自由度u,r)。为此，本节面向控制器设计、调试及应用等研究环节对数学模型的实际需求，对模型(2.8)开展进一步的简化，并进行航速与艏向两个关键自由度的操纵性模型辨识，为后续仿真试验、参数调试等奠定模型基础。

需要指出的是：数据驱动控制技术具有不依赖数学模型设计控制器的独特优势，即本章建立的数学模型仅用于生成控制系统的 I/O 数据，并不参与控制器设计过程；同时，若数学模型能真实地刻画水面机器人的动力学行为，对于开发控制器、提升控制性能、缩短样机研发及调试时间，也是重要和有利的。

2.3.1　操纵性响应数学建模

水面机器人进行操舵转艏时，纵向运动与横向运动、艏摇运动是弱相关的，所以只需考虑模型(2.8)的后两式。依据 1957 年野本谦作(Nomoto Kensaku)等提出的二阶野本模型[16]，可得水面机器人的二阶线性艏摇响应模型：

$$T_1 T_2 \ddot{r} + (T_1 + T_2)\dot{r} + r = K\delta + KT_\delta \delta \tag{2.9}$$

式中，T_1, T_2, T_δ 为应舵相关的指数；δ 为舵角(或名义控制舵角)。

在操舵不是很频繁的情况下，可用一阶线性微分方程(即一阶野本模型，又称线性 K-T 方程)近似代替

$$T\dot{r} + r = K\delta \tag{2.10}$$

在大舵角运动、低速以及研究小型船舶操纵特性时，增加非线性项，可得一阶非线性艏摇响应模型(非线性 K-T 方程)：

$$T\dot{r} + r + \alpha r^3 = K\delta \tag{2.11}$$

式中，T 为应舵指数(时间常数)；K 为回转性指数；α 为非线性项系数。

考虑本书在水面机器人样机及试验研究中，动力装置常为电动推进器，通过调节输入电压信号实现航速控制，基于外场试验数据对航速控制子系统进行建模辨识；同时，水面机器人的操控平稳、航速较低，因此横向速度 υ 变化缓慢且是一个小量，即航速满足 $U = \sqrt{u^2 + \upsilon^2} \approx u, \dot{u} = \dot{\upsilon} = 0$。

以"海豚-I"号小型双体水面机器人为例，最高电压 12V、航速约 1.2m/s。借鉴文献[17]、[18]中使用的"推力-速度"型模型，拟建立水面机器人"控制电压-速度"的对应数学关系，即航速响应模型为

$$u = k_1 n^2 + k_2 n + k_3 \tag{2.12}$$

式中，u 为纵向速度；n 为推进器控制电压；k_1, k_2, k_3 为航速模型相关参数。

综上所述，将式(2.11)和式(2.12)代入模型(2.8)，且考虑 $\dot{u} = \dot{\upsilon} = 0$，可得水面机器人水平面运动的操纵响应模型为

$$\begin{cases} \dot{x} = u\cos\psi - \upsilon\sin\psi \\ \dot{y} = u\sin\psi + \upsilon\cos\psi \\ \dot{\psi} = r \\ U = \sqrt{u^2 + \upsilon^2} \approx u, \dot{u} = \dot{\upsilon} = 0 \\ u = k_1 n^2 + k_2 n + k_3 \\ \dot{r} = \dfrac{1}{T}\left(K\delta - r - \alpha r^3\right) \end{cases} \quad (2.13)$$

2.3.2　积分非线性最小二乘辨识方法

最小二乘方法是常用的一种参数辨识方法[18]，然而该方法用于辨识非线性运动模型时常需要多种试验结合，即分别进行 Z 型试验、回转试验等，再进行参数辨识。本节以"海豚-I"号小型双体水面机器人为研究对象(图 2.3)，提出一种积分非线性最小二乘方法[19]，对水面机器人的运动模型非线性参数项进行变换与处理，通过一组 Z 型操纵试验数据，即可快速辨识非线性运动模型，进而预测、分析其回转运动性能。

(a)双推进器+舵的操纵模式　　　　(b)单推进器+舵的操纵模式

图 2.3　"海豚-I"号小型双体水面机器人及外场试验

1. "海豚-I"号小型双体水面机器人及 Z 型操纵外场试验

首先开展"海豚-I"号模型参数辨识方法研究，研究中结合 Z 型操纵外场试验数据，基于积分非线性最小二乘方法，辨识"海豚-I"号一阶非线性艏摇响应模型(2.11)的模型参数；然后在 MATLAB 环境中构建数值模型，开展仿真与外场对比试验研究。

2016 年春季，针对算法物理实现、外场试验研究、理论与工程结合等需求，课题组自主研制出"海豚-I"号小型双体水面机器人。"海豚-I"号具有体积小、模块化、耐波性好、收放便捷等优点，其主要性能指标如表2.2所示。

表2.2 "海豚-I"号主要性能参数表

技术指标	参数值
单浮体长度	≈2.0m
浮体直径	≈0.25m
浮体间距	1.1m
操纵方式	双推进器+舵板[标配，见图2.3(a)][可选配：单推进器+舵板，见图2.3(b)；双推进器+差动]
质量	55kg
最高航速	1.2m/s

2016年秋季，"海豚-I"号在哈尔滨市松花江真实水域环境进行了Z型操纵的外场试验研究。"海豚-I"号在航速约1.08m/s时（设定双推进器+舵板，推进器控制电压为10V），开展了15°|15°的Z型操纵试验，对应的艏向与舵角响应曲线图如图2.4所示。

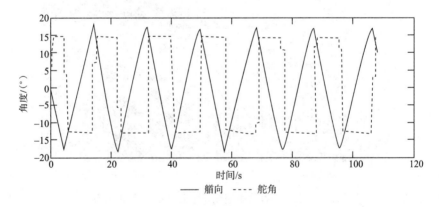

图2.4 Z型操纵性外场试验结果

2. 模型参数辨识方法

针对式(2.11)，基于外场试验数据，拟运用积分非线性最小二乘方法进行模型辨识。图2.5所示的Z型操纵试验参数辨识过程中，由于试验中缺乏姿态传感器测量艏摇角加速度 $\dot{r}(t)$，故对式(2.11)两侧在时间区域 $t\in[a,b]$ 进行积分，利用积分方式舍掉 $\dot{r}(t)$ 并引入艏向观测数据进行模型辨识。

$$T\int_a^b \dot{r}\mathrm{d}t + \int_a^b r\mathrm{d}t + \alpha\int_a^b r^3\mathrm{d}t = K\int_a^b \delta_m\mathrm{d}t \qquad (2.14)$$

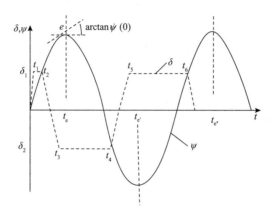

图 2.5 由 Z 型操纵试验求参数 K 和 T

考虑外场试验中水面机器人的采样周期为 0.15s，为此选取 0.15 为等分间距，进行 N 等分。则对于第 i 个区间 $[a,i]$，线性项积分的离散形式为

$$\begin{cases} a_i = \int_a^i \delta_m(t)\mathrm{d}t \\ b_i = -(\dot{\psi}(i) - \dot{\psi}(a)) = -(r(i) - r(a)) \\ \theta_i = \psi(i) - \psi(a) \end{cases} \qquad (2.15)$$

由于非线性项 $c_i = \int_a^i r^3\mathrm{d}t$ 是关于时间 t 的函数，$r^3(t)$ 对于时间 t 的积分较难求解，且试验数据是离散形式的。因此，拟采取牛顿-科茨（Newton-Cotes）求积公式插值计算积分，详见式（2.16）。

定义 2.1[20]　被积函数 $f(x) \in [a,b]$，设给定一组节点 $a \leqslant x_0 < x_1 < \cdots < x_n \leqslant b$，且已知函数 $f(x)$ 在这些节点上的值，应用拉格朗日插值多项式 $L_n(x)$，则有

$$\begin{aligned} I_n(f) &= \int_a^b f(x)\mathrm{d}x \cong \int_a^b L_n(x)\mathrm{d}x = \int_a^b \left(\sum_{k=0}^n l_k(x)f(x_h)\right)\mathrm{d}x \\ &= \sum_{k=0}^n f(x_k)\int_a^b l_k(x)\mathrm{d}x \\ &= \sum_{k=0}^n A_k f(x_k) \end{aligned} \qquad (2.16)$$

式中， $A_k = \int_a^b l_k(x)\mathrm{d}x$ 。

构造的求积公式(2.16)称为插值型求积公式，该公式的余项见式(2.17)。

$$E(f) = \int_a^b \left[f(x) - L_n(x) \right] \mathrm{d}x = \int_a^b R_n(x)\mathrm{d}x = \int_a^b \frac{f^{(n+1)}(\zeta)}{(n+1)!} \omega_{n+1}(x)\mathrm{d}x \qquad (2.17)$$

式中， $\zeta \in (x_0, x_n)$ 且依赖于 x ； $\omega_{n+1}(x) = (x - x_0)(x - x_1)\cdots(x - x_n)$ 。

求积系数 A_k 与 $f(x)$ 无关，与等距节点 x_k 及积分区间 $[a,b]$ 有关。对 A_k 进行变换可得牛顿-科茨求积公式：

$$I_n(f) = (b - a)\sum_{k=0}^n C_k^{(n)} f(x_k) \qquad (2.18)$$

式中，

$$C_k^{(n)} = \frac{(-1)^{n-k}}{nk!(n-k)!} \int_0^n t(t-1)\cdots(t-k+1)(t-k-1)\cdots(t-n)\mathrm{d}t$$

其中， $C_k^{(n)}$ 为科茨系数，如表 2.3 所示。

表 2.3　科茨系数表

n	$C_k^{(n)}$				
1	$\frac{1}{2}$	$\frac{1}{2}$	—		—
2	$\frac{1}{6}$	$\frac{4}{6}$	$\frac{1}{6}$	—	—
3	$\frac{1}{8}$	$\frac{3}{8}$	$\frac{3}{8}$	$\frac{1}{8}$	—
4	$\frac{7}{90}$	$\frac{32}{90}$	$\frac{12}{90}$	$\frac{32}{90}$	$\frac{7}{90}$

考虑外场试验数据，设置步长 $h = 0.15$ ，取 $n = 1, c = 1.0$ ，将区间 $[a, i]$ 作 m 等分，并计 $m = \frac{i - a}{h}$ ，采取复化求积方式，以减小求积的余项。

根据式(2.17)，可求得复化牛顿-科茨插值的余项为

$$E_f = \sum_{k=0}^{m-1} \left(-\frac{h^3}{12} \ddot{f}(\zeta_k) \right) \approx -\frac{h^2}{12} \left(\dot{f}(i) - \dot{f}(a) \right) \qquad (2.19)$$

令复合函数 $g(x) = r^3(x)$ ，在 $n = 1$ 时有两个节点，可以看作函数 $g(r) = r^3$ ，考

虑到函数的凹凸性，在复化牛顿-科茨求积时，将等式右侧分成两部分，即精确求解项、近似求解项，并引入增益系数 α ，以降低插值余项。最终 c_i 的求解公式为

$$c_i = \int_a^i r^3(t)\mathrm{d}t = \alpha \cdot \frac{1}{2} \cdot \left(r^3(i) - r^3(a)\right) \cdot \Delta t + r^3(a) \cdot \Delta t \qquad (2.20)$$

式中，取 $\alpha = 0.5$ 。

利用最小二乘方法，将等式(2.21)的左右两侧分别看作函数 $f(x)$ 和函数 $g(x)$ ，则使两者差值的平方最小，即可求得模型参数 K,T,α 的值。

$$J = \sum_{i=1}^{N}(Ka_i + Tb_i + \alpha c_i - \theta_i)^2 \qquad (2.21)$$

$$\begin{cases} \dfrac{\partial J}{\partial K} = 0, & 2\sum(Ka_i^2 + Tb_ia_i + \alpha c_ia_i - \theta_ia_i) = 0 \\[2mm] \dfrac{\partial J}{\partial T} = 0, & 2\sum(Ka_ib_i + Tb_i^2 + \alpha c_ib_i - \theta_ib_i) = 0 \\[2mm] \dfrac{\partial J}{\partial \alpha} = 0, & 2\sum(Ka_ic_i + Tb_ic_i + \alpha c_i^2 - \theta_ic_i) = 0 \end{cases} \qquad (2.22)$$

2.3.3 基于外场试验数据的模型辨识与回转性能分析

1. 艏摇响应模型的参数辨识

考虑到"海豚-I"号外场试验中 Z 型操纵的舵角、艏向角与时间数据存在野值(偏离较大的数据点)，首先，开展数据拟合以剔除野值。艏向拟合曲线为七阶傅里叶(Fourier)函数[21]，艏摇角速度拟合曲线为分段三次多项式函数，艏向拟合、艏摇角速度数据分析结果如图 2.6 所示。

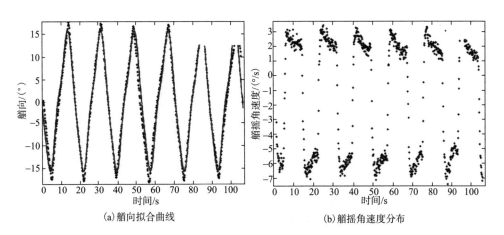

(a) 艏向拟合曲线　　　　　　　　　(b) 艏摇角速度分布

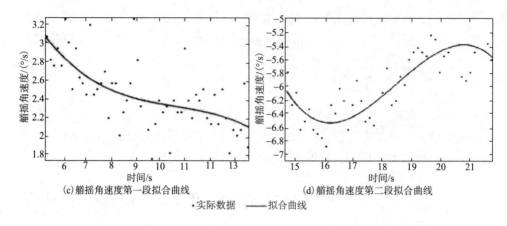

(c)艏摇角速度第一段拟合曲线   (d)艏摇角速度第二段拟合曲线

· 实际数据 ——— 拟合曲线

图 2.6　艏向拟合曲线(15°|15°)

　　然后，根据拟合曲线剔除野值后，利用式(2.22)辨识"海豚-I"号的艏摇响应模型参数，获得其参数 $K=0.2866, T=0.4102, \alpha=0.0085$。在 MATLAB 环境中建立 Z 型操纵数值模型，开展 15°|15°的 Z 型操纵模拟试验。仿真试验与外场试验数据对比结果如图 2.7 及图 2.8 所示。

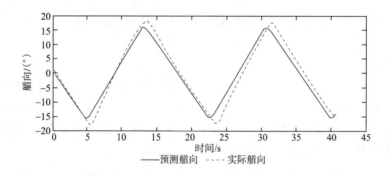

——— 预测艏向　　----- 实际艏向

图 2.7　仿真与外场 Z 型操纵试验的艏向响应对比(15°|15°)

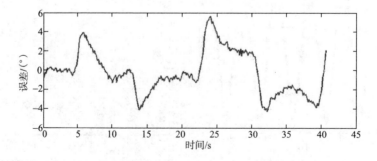

图 2.8　仿真中 Z 型操纵试验的艏向预测误差(15°|15°)

从图 2.7 及图 2.8 可知，相同的舵角激励条件下，仿真及外场中 Z 型操纵的航向误差保持在 ±5° 以内，考虑到外场试验中舵角执行及传感器测量误差、航向传感器测量误差、舵摇响应惯性、环境干扰等影响因素，可认为仿真与外场试验数据是基本吻合的。同理，可得"海豚-I"号在单推进器+舵操纵模式下，舵摇响应模型参数为 $K = 0.186, T = 1.068, \alpha = 0.007$。

2. 航速响应模型的参数辨识

根据"海豚-I"号航速操纵性试验中获得的航速与电压数据，采用最小二乘方法辨识航速响应模型参数，获得"海豚-I"号的航速模型参数为 $k_1 = -0.006, k_2 = 0.159, k_3 = 0.004$。实际航速与预测航速的对比曲线如图 2.9 和图 2.10 所示。

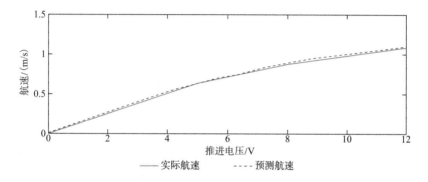

图 2.9   仿真与外场试验中航速响应对比

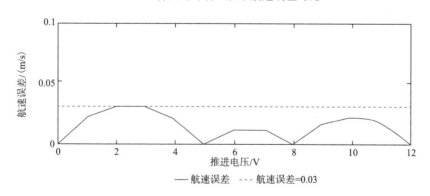

图 2.10   仿真模拟试验的航速预测误差

从图 2.9 及图 2.10 可知，相同的推进器电压激励条件下，仿真及外场的航速操纵的航速误差保持在 ≤0.03m/s 以内，外场试验存在推进器执行性、GPS 测量误差、运动惯性及环境干扰等影响，可见试验数据较为吻合。

3. 回转运动预测与分析

水面机器人在直航时设定并保持一定舵角，船体将偏离原航迹做定常回转运动。此时，船体重心形成的圆轨迹半径即为定常回转半径。回转半径是水面机器人运动能力的重要评价指标，有助于分析、掌握其运动性能。

仿真试验中设置起点坐标为(0m,0m)、舵角恒为 30°，迭代步长与控制节拍均为 0.15s。回转运动的仿真试验结果如图 2.11 所示。

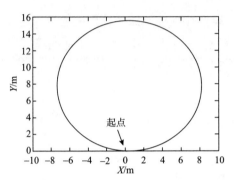

图 2.11 "海豚-I"号水面机器人回转运动的仿真预测试验

从图 2.11 可知，"海豚-I"号水面机器人回转半径的仿真预测值约为 7.5m。为验证回转运动预测结果的有效性，将仿真数据与"海豚-I"号定常回转外场试验数据进行对比。外场试验中，设置舵角从 0°转动到固定值 30°后，进行数据采集及记录。"海豚-I"号水面机器人的回转航迹如图 2.12 所示。

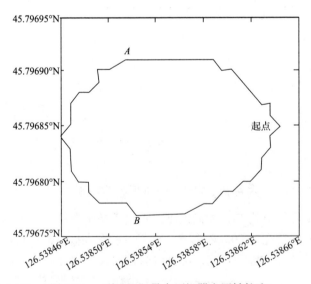

图 2.12 "海豚-I"号水面机器人回转航迹

从图 2.12 可知，外场试验中 GPS 测量值存在更新较慢、位置测量精度偏低等不利影响，导致航迹点的测量值不够光顺。通过测算回转运动航迹中点 $A(126.53851°E,45.79691°N)$、点 $B(126.53852°E,45.79677°N)$ 之间的距离，获得实测的回转半径。通过式 (2.23) 可以将经纬度坐标值由"角度"制单位转换为"米"制单位，从而解算出"米"制单位的回转半径。

$$R_{\text{tur}} = \frac{\pi}{360} \sqrt{(A_{\text{lon}} - B_{\text{lon}})^2 + (A_{\text{lat}} - B_{\text{lat}})^2} R_{\text{globle}} \qquad (2.23)$$

式中，A_{lon} 和 B_{lon} 分别表示 A 点、B 点的经度值；A_{lat} 和 B_{lat} 分别表示 A 点和 B 点的纬度值。

取地球半径为 $R_{\text{globle}} = 6371.393\text{km}$，计算可得外场试验中"海豚-I"号水面机器人的回转半径 R_{tur} 约为 7.8m。

对比图 2.11 和图 2.12 可知，仿真与外场回转轨迹基本吻合、数据较为接近，考虑到外场环境干扰、数据测量噪声等影响因素，预测数据是有效的。同时，试验对比表明，基于积分非线性最小二乘方法进行水面机器人的操纵性模型辨识、预测和分析，具有较高的有效性及实用性。

参 考 文 献

[1] Fossen T I. Marine Control Systems: Guidance, Navigation, and Control of Ships, Rigs and Underwater Vehicles[M]. Trondheim, Norway: Marine Cybernetics, 2002.

[2] Fossen T I. Craft Hydrodynamics and Motion Control[M]. Hoboken: John Wiley & Sons Ltd, 2011.

[3] 张显库，贾欣乐. 船舶运动控制[M]. 北京: 国防工业出版社, 2006.

[4] 廖煜雷. 无人艇的非线性运动控制方法研究[D]. 哈尔滨: 哈尔滨工程大学, 2012.

[5] Isidori A. 非线性控制系统[M]. 王奔，庄圣贤，译. 3 版. 北京: 电子工业出版社, 2005.

[6] Murray R M, Li Z X, Sastry S S. A mathematical Introduction to Robotic Manipulation[M]. Cedex, France: CRC Press, 1994.

[7] Reyhanoglu M, Arjan V S, McClamroch N H, et al. Nonlinear control of a class of underactuated systems[C]//Proceedings of the 35th IEEE Conference on Decision and Control, Kobe, Japan, 1996: 1682-1687.

[8] Sussmann H J. A general theorem on local controllability[J]. SIAM Journal of Control and Optimization, 1987, 25(1): 158-194.

[9] Brockett R W. Asymptotic stability and feedback stabilization[J]. Differential Geometric Control Theory, 1983, 27: 181-191.

[10] Reyhanoglu M. Control and stabilization of an underactuated surface vessel[C]// Proceedings of the 35th IEEE Conference on Decision and Control, Kobe, Japan, 1996: 2371-2376.

[11] Reyhanoglu M. Exponential stabilization of an underactuated autonomous surface vessel[J]. Automatica, 1997, 33(12): 2249-2254.

[12] 韩冰. 欠驱动船舶非线性控制研究[D]. 哈尔滨: 哈尔滨工程大学, 2004.

[13] Pettersen K Y, Egeland O. Exponential stabilization of underactuated vehicles[C]//Proceedings of the 35th IEEE

Conference on Decision and Control, Kobe, Japan, 1996: 967-972.

[14] 卜仁祥. 欠驱动水面船舶非线性反馈控制研究[D]. 大连: 大连海事大学, 2007.

[15] 程金. 水面船舶的非线性控制研究[D]. 北京: 中国科学院研究生院, 2007.

[16] Nomoto K, Taguchi K, Honda K, et al. On the steering qualities of ships[J]. International Shipbuilding Progress, 1957, 35(4): 354-370.

[17] Christian R S, Craig A W. Modeling, identification, and control of an unmanned surface vehicle[J]. Journal of Field Robotics, 2013, 30(3): 371-398.

[18] Nikola M, Zoran V. Fast in-field identification of unmanned marine vehicles[J]. Journal of Field Robotics, 2011, 28(1): 101-120.

[19] Fan J J, Li Y, Liao Y L, et al. Second path planning for unmanned surface vehicle considering the constraint of motion performance[J]. Journal of Marine Science and Engineering, 2019, 7(4): 1-19.

[20] Podisuk M, Chundang U, Sanprasert W. Single step formulas and multi-step formulas of the integration method for solving the initial value problem of ordinary differential equation[J]. Applied Mathematics and Computation, 2007, 190(2): 1438-1444.

[21] 李含伦, 张爱武, 孟宪刚, 等. 一种利用 Fourier-Mellin 变换和曲线拟合的遥感图像亚像素配准方法[J]. 小型微型计算机系统, 2015, 36(12): 2763-2768.

3

无模型自适应控制理论

从第 1 章及第 2 章的分析可知，受到模型参数摄动、海洋环境干扰、测量噪声等不确定性的耦合影响，基于模型驱动控制技术的水面机器人运动控制方法，难以应用于工程实践并保障鲁棒性。因此，后续研究中拟借助数据驱动控制技术，探索水面机器人的自适应运动控制问题。

本章针对 SISO 离散时间非线性系统，介绍非线性系统的紧格式动态线性化 (compact form dynamic linearization，CFDL) 和偏格式动态线性化 (partial form dynamic linearization，PFDL) 方法，基于 CFDL、PFDL 数据模型，探讨两类无模型自适应控制 (model free adaptive control，MFAC) 方案，并给出仿真结果与分析，为后续章节中水面机器人的自适应运动控制方法研究奠定理论基础。

3.1 自适应控制方法概述

自适应控制研究的受控对象为模型结构已知、未知参数是慢时变或时不变的线性/非线性系统。目前，线性系统的自适应控制方面已取得较为完善的成果[1-4]，并获得广泛应用[5-7]。然而，各种实际系统，例如水面机器人、舰船、飞行器、工业控制等，普遍存在各种非线性现象。非线性系统的自适应控制近年来逐渐成为研究热点，但局限于几类特殊的非线性系统[8]。几种典型的非线性系统及自适应控制方法概述如表 3.1 所示。

表 3.1 非线性系统及自适应控制方法与特点

典型非线性系统	自适应控制方法	主要特点
非线性自回归滑动平均模型[9] Winner 模型[10-11] 双线性模型[12] Hammerstein 模型[13]	基于反馈线性化的自适应控制[14-15] 反步法[16-18] 预测自适应控制[19] 多模型方法[20] 滑模自适应控制[21]	均为基于模型的控制器设计方法（"模型导向"的控制技术），即应用这些方法设计控制系统时，都需要知道受控系统的精确数学模型

从表 3.1 可知，当系统模型未知或者存在较大不确定性时，这些方法将难以适用。事实上，建立受控系统的数学模型是一件难事，有时甚至是不可能的。即使可以建立数学模型，未建模动态也不可避免。基于内在不确定性或附属假设下数学模型设计的控制系统，在工程应用中可能会出现无法预料的问题，甚至失稳[22]。模糊自适应控制[23]、神经网络自适应控制[24]等典型智能控制方法，虽然可以不依赖于精确数学模型实现非线性系统的自适应控制，模糊规则的建立需要对受控对象有深入理解，而神经网络模型的训练需要大量的系统运行数据，因此，依然面临基于模型导向控制的共性问题[25]。

在此背景下，侯忠生等[26]于 1994 年首次提出 MFAC 算法（属于一种数据驱动控制技术），并经过后续的发展和完善，已形成一整套控制理论与方法。该方法的基本思路是，在每个工作点处，建立非线性系统等价的动态线性数据模型，利用其受控系统的动态 I/O 数据，在线估计系统的伪偏导数（pseudo partial derivative，PPD）或伪梯度（pseudo gradient，PG）参数，然后设计加权一步向前控制器，以实现非线性系统数据驱动的无模型自适应控制。综上所述，典型模型驱动、智能及无模型的自适应控制方法对比如表 3.2 所示。

表 3.2　典型模型驱动、智能及无模型的自适应控制方法对比

控制方法	主要优缺点
基于模型的控制	优点：数学严谨且理论完善，设计及分析方法丰富，对于精确数学模型已知情形，可取得较好的控制性能 缺点：对控制对象的模型结构及精度要求严格，无法避免出现未建模动态，难以保障应用中的鲁棒性
模糊自适应控制	优点：不利用系统精确数学模型时，可实现非线性系统的自适应控制；基于知识规则，鲁棒性强 缺点：模糊规则的建立需要对受控对象有深入理解，规则依赖专家知识，稳定性与鲁棒性分析不完善
神经网络自适应控制	优点：不利用系统精确数学模型时，可实现非线性系统的自适应控制，具有自学习能力 缺点：神经网络模型的训练需要大量的系统运行数据（样本），尤其是可解释性及迁移性差
无模型自适应控制	优点：仅基于受控系统的 I/O 测量数据设计控制器，不存在未建模动态问题；结构简单，不需要构建控制对象模型 缺点：理论框架不够完善，缺乏强有力的稳定性、鲁棒性分析工具，理论与应用尚处于起步阶段

下面针对 SISO 离散时间非线性系统，基于非线性系统动态线性化数据模型，探讨两类 MFAC 方案，并给出仿真试验结果。本章引用了《无模型自适应控制——理论与应用》中相关内容，对详细内容感兴趣的作者，请查阅文献[26]。

3.2 SISO 离散时间非线性系统动态线性化方法

3.2.1 紧格式动态线性化方法

一般 SISO 离散时间非线性系统可描述为

$$y(k+1) = f\left(y(k),\cdots,y(k-n_y),u(k),\cdots,u(k-n_u)\right) \tag{3.1}$$

式中，$y(k) \in \mathbb{R}, u(k) \in \mathbb{R}$，分别表示 k 时刻系统的输入和输出；n_y, n_u 是两个未知的正整数；$f(\cdot):\mathbb{R}^{n_u+n_y+2} \mapsto \mathbb{R}$ 是未知的非线性函数。

Hammerstein 模型、双线性模型等非线性系统模型均能表示为系统 (3.1) 的特例。对系统考虑以下假设，以便后续阐述 CFDL 方法。

假设 3.1 除有限时刻点外，$f(\cdot)$ 关于第 (n_y+2) 个变量的偏导数是连续的。

假设 3.2 除有限时刻点外，系统 (3.1) 满足广义 Lipschitz 条件，即对任意 $k_1 \neq k_2, k_1, k_2 \geqslant 0$ 和 $u(k_1) \neq u(k_2)$ 有

$$|y(k_1+1) - y(k_2+1)| \leqslant b|u(k_1) - u(k_2)|$$

式中，$y(k_i+1) = f\left(y(k_i),\cdots,y(k_i-n_y),u(k_i),\cdots,u(k_i-n_u)\right), i=1,2$；$b>0$ 是正常数。

从实践角度，上述对控制对象的假设具有合理性，假设 3.1 是控制系统设计中对一般非线性系统的一种典型约束条件。假设 3.2 是对系统输出变化率上界的一种限制。从能量角度来看，有界的输入能量变化应产生系统内有界的输出能量变化。水面机器人、温度、液位等物理控制系统均可满足该假设。在后续相关内容中，省略"除有限时刻点外"的文字描述，以简化内容叙述。

为了方便下面引理的叙述，记 $\Delta y(k+1)=y(k+1)-y(k)$ 为相邻两个时刻的输出变化，$\Delta u(k)=u(k)-u(k-1)$ 为相邻两个时刻的输入变化。

引理 3.1 对满足假设 3.1 和假设 3.2 的系统 (3.1)，当 $|\Delta u(k) \neq 0|$ 时，存在一个称为 PPD 的时变参数 $\phi(k) \in \mathbb{R}$，可将系统 (3.1) 转化为如下 CFDL 数据模型：

$$\Delta y(k+1) = \phi(k)\Delta u(k) \tag{3.2}$$

并且 $\phi(k)$ 对任意时刻有界。

证明 由 $\Delta y(k+1)$ 的定义和系统 (3.1) 知

$$\Delta y(k+1) = f\left(y(k),\cdots,y(k-n_y),u(k),\cdots,u(k-n_u)\right)$$
$$- f\left(y(k-1),\cdots,y(k-n_y-1),u(k-1),\cdots,u(k-n_u-1)\right)$$
$$= f\left(y(k),\cdots,y(k-n_y),u(k),\cdots,u(k-n_u)\right)$$
$$- f\left(y(k),\cdots,y(k-n_y),u(k-1),u(k-1),\cdots,u\left(k-n_u\right)\right)$$
$$+ f\left(y(k),\cdots,y(k-n_y),u(k-1),u(k-1),\cdots,u\left(k-n_u\right)\right)$$
$$- f\left(y(k-1),\cdots,y(k-n_y-1),u(k-1),\cdots,u(k-n_u-1)\right) \qquad (3.3)$$

令

$$\psi(k) = f\left(y(k),y(k-1),\cdots,y(k-n_y),u(k-1),u(k-1),\cdots,u\left(k-n_u\right)\right)$$
$$- f\left(y(k-1),y(k-2),\cdots,y(k-n_y-1),u(k-1),u(k-2),\cdots,u\left(k-n_u-1\right)\right)$$

由假设 3.1 和 Cauchy 微分中值定理，式 (3.3) 可表示为以下形式：

$$\Delta y(k+1) = \frac{\partial f^*}{\partial u(k)}\Delta u(k) + \psi(k) \qquad (3.4)$$

式中，$\dfrac{\partial f^*}{\partial u(k)}$ 表示 $f(\cdot)$ 关于第 (n_y+2) 个变量的偏导数在

$$\begin{bmatrix} y(k) & \cdots & y(k-n_y) & u(k-1) & u(k-1) & \cdots & u\left(k-n_u\right) \end{bmatrix}^{\mathrm{T}}$$

和

$$\begin{bmatrix} y(k-1) & \cdots & y(k-n_y) & u(k) & u(k-1) & \cdots & u\left(k-n_u\right) \end{bmatrix}^{\mathrm{T}}$$

之间某一点处的值。

对每一个固定时刻 k，考虑以下含有变量 $\eta(k)$ 的数据方程：

$$\psi(k) = \eta(k)\Delta u(k) \qquad (3.5)$$

由于 $|\Delta u(k)| \neq 0$，方程 (3.5) 一定存在唯一解 $\eta^*(k)$。

令 $\phi(k) = \eta^*(k) + \dfrac{\partial f^*}{\partial u(k)}$，则方程 (3.4) 可以写为 $\Delta y(k+1) = \phi(k)\Delta u(k)$，再利用假设 3.2，可得 $\phi(k)$ 有界。

注 3.1 从引理 3.1 的证明过程可知，$\phi(k)$ 与到采样时刻为止的系统 I/O 信号有关，在某种意义下 $\phi(k)$ 类似于有界微分信号。原动态非线性系统中存在的非线性、时变参数或结构等复杂行为特征，都蕴含于时变标量参数 $\phi(k)$。因此，PPD 的动态特性可能会十分复杂而难以进行数学刻画，但其数值行为却可能比较简单且容易估计，且 PPD 的数值变化对这些时变因素不敏感。

最后要说明的是，PPD 仅是一个数学意义上的概念。PPD 的存在性是通过上述引理的严格证明从理论上保证的。PPD 的几何解释如图 3.1 所示。

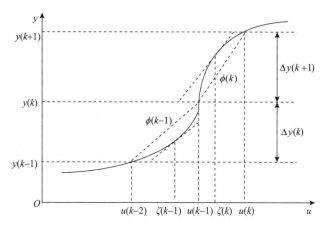

图 3.1　PPD 的几何解释

在图 3.1 中，分段虚线表示闭环系统沿着各个动态工作点建立的动态线性化数据模型。PPD 的有界性意味着非线性函数不会出现突变，是有界的导数值，由于 I/O 数据与能量相关，因此许多实际系统可满足有界性条件。

注 3.2　动态线性化数据模型(3.2)不依赖于原系统的结构和参数，仅与系统产生的 I/O 数据有关，是一种精确等价的、基于 I/O 数据的动态线性化的增量形式数据模型；而反馈线性化方法是基于精确已知系统结构和参数的线性化方法。同时，动态线性化数据模型(3.2)给出的是关于控制输入增量和系统输出增量之间的一种直接映射关系，这种线性化方法将给控制系统设计带来极大便利。

注 3.3　类似线性系统，引入"输出可控性"概念：若在有限时间内，一个控制输入序列将系统输出转移到指定的可行设定点，那么该系统被称为输出可控的。对于未知的非线性系统(3.1)，可借助 PPD 的概念讨论其输出可控性。如果 PPD 参数 $\phi(k)$ 对所有时刻 k 既不等于零也不趋于无穷，则系统(3.1)在指定的可行设定点是输出可控的。系统(3.1)中可用的系统信息仅是截至 k 时刻的测量数据，因此在数据驱动框架下输出可控性检验是后验的。$\phi(k)$ 的大小可用来判断系统的输出可控性，但仅能利用截至 k 时刻测量到的运行 I/O 数据来估计 $\phi(k)$ 的值，收集到的闭环测量数据可以验证 PPD 的有界性和非零与否。

引理 3.2　对于满足假设 3.1 和假设 3.2 的非线性系统(3.1)，如果存在一个整数 $k_0 \geqslant 1$ 使得

$$\begin{cases} \Delta u(j) = 0, & j = 1, 2, \cdots, k_0 - 1 \\ \Delta u(j) \neq 0, & j = k_0 \end{cases} \tag{3.6}$$

那么对任意整数 $k \geqslant k_0$ ，总可以找到一个有界的整数 σ_k ，使得

$$\begin{cases} \Delta u(k-j) = 0, & j = 0,1,\cdots,\sigma_k - 2 \\ \Delta u(k-j) \neq 0, & j = \sigma_k - 1 \end{cases} \tag{3.7}$$

同时，必存在一个 PPD $\phi(k)$ ，将系统 (3.1) 转化为以下 CFDL 数据模型：

$$y(k+1) - y(k-\sigma_k+1) = \phi(k)(u(k) - u(k-\sigma_k)) \tag{3.8}$$

并且，对任意 k 时刻 $\phi(k)$ 有界。

证明 首先，用数学归纳法证明前半部分结论。当 $k = k_0$ 时，根据假设有 $|\Delta u(k_0) \neq 0|$ ，也就是在 $\sigma_k = \sigma_{k_0} = 1$ 的情况下式 (3.7) 成立。

假设当 $k = i > k_0$ 时，有 $\begin{cases} \Delta u(i-j) = 0, & j = 0,1,\cdots,\sigma_i - 2 \\ \Delta u(i-j) \neq 0, & j = \sigma_i - 1 \end{cases}$ 成立。现在需要证明当 $k = i+1$ 时式 (3.7) 也成立。分两种情况考虑：如果 $\Delta u(i+1) = 0$ ，那么显然令 $\sigma_{i+1} = 1$ 就可以得到式 (3.7)；如果 $\Delta u(i+1) \neq 0$ ，那么根据归纳法的假设则有 $\begin{cases} \Delta u(i+1-j) = 0, \\ \Delta u(i+1-j) \neq 0, \end{cases}$

$j = 1,2,\cdots,\sigma_i - 1$
$j = \sigma_i$ ，这时取 $\sigma_{i+1} = \sigma_i + 1$ 也能保证式 (3.7) 成立。

然后，类似引理 3.1 的证明方法，可得到在 σ_k 存在且式 (3.7) 成立的条件下，动态线性化模型 (3.8) 的合理性以及 $\phi(k)$ 的具体构造方法。

最后，基于假设 3.2 可证明 $\phi(k)$ 的有界性。

注 3.4 引理 3.2 排除一种极端的情形，即控制输入序列满足 $\Delta u(k) = 0, \forall k \geqslant 1$ 。如果系统在初始时刻处于平衡状态，那么线性化数据模型 (3.8) 依然成立。对于这种极端情况，亦可用 3.2.2 节的 PFDL 方法描述受控对象。

当对任意整数 $\forall k \geqslant 1$ 有 $\sigma_k = 1$ 成立时，式 (3.7) 就变为引理 3.1 中的条件 $\Delta u(k) \neq 0, \forall k \geqslant 1$ 。在此基础上，引理 3.2 是引理 3.1 的推广。不失一般性，后续章节仅讨论 $\Delta u(k) \neq 0, \forall k \geqslant 1$ 的情形。

3.2.2 偏格式动态线性化方法

从引理 3.1 可知，CFDL 方法将系统 (3.1) 转化成含有纯量参数 $\phi(k)$ 的线性时变动态数据模型，原系统中所有可能的复杂行为，如非线性、参数或结构时变等，都蕴含于时变参数 $\phi(k)$ 。因此，$\phi(k)$ 的行为可能非常复杂。

同时，CFDL 方法的本质是仅考虑系统在下一时刻的输出变化量与当前时刻的输入变化量之间的时变动态关系。然而，系统在下一时刻的输出变化量还可能与历史时刻其他的控制输入变化量有关。为此在线性化时，可将当前时刻的一个固定长度滑动时间窗口内所有输入变化量对下一时刻输出变化量的影响均计入，

提出一种新的 PFDL 方法。理论上，该方法能很好地捕捉原系统中存在的复杂动态行为，并且多参数动态线性化方法可将复杂性分散降低。

定义 $\boldsymbol{U}_L(k)\in\mathbb{R}^L$ 为滑动时间窗口 $[k-L+1,k]$ 内所有控制输入组成的向量

$$\boldsymbol{U}_L(k)=\begin{bmatrix} u(k) & \cdots & u(k-L+1)\end{bmatrix}^{\mathrm{T}} \tag{3.9}$$

且满足当 $k\leqslant0$ 时，有 $\boldsymbol{U}_L(k)=\boldsymbol{0}_L$，其中，整数 L 为控制输入线性化长度常数（linearization length constant，LLC）；$\boldsymbol{0}_L$ 是维数为 L 的零向量。

针对 SISO 系统(3.1)，提出类似于假设 3.1、假设 3.2 的假设。

假设 3.3 $f(\cdot)$ 关于第 (n_y+2) 个变量到第 (n_y+L+1) 个变量分别存在连续偏导数。

假设 3.4 系统(3.1)满足广义 Lipschitz 条件，即对任意 $k_1\neq k_2,k_1,k_2\geqslant0$ 和 $\boldsymbol{U}_L(k_1)\neq\boldsymbol{U}_L(k_2)$ 有

$$|y(k_1+1)-y(k_2+1)|\leqslant b\|\boldsymbol{U}_L(k_1)-\boldsymbol{U}_L(k_2)\|$$

式中，$y(k_i+1)=f\big(y(k_i),\cdots,y(k_i-n_y),u(k_i),\cdots,u(k_i-n_u)\big),i=1,2$；$b>0$ 是正常数。

记 $\Delta\boldsymbol{U}_L(k)=\boldsymbol{U}_L(k)-\boldsymbol{U}_L(k-1)$。引理 3.3 阐述了系统(3.1)的 PFDL 方法。

引理 3.3 对于满足假设 3.3 和假设 3.4 的非线性系统(3.1)，给定 L，当 $\|\Delta\boldsymbol{U}_L(k)\|\neq0$ 时，存在一个称为 PG 的时变参数向量 $\boldsymbol{\phi}_{p,L}(k)\in\mathbb{R}^L$，可将系统(3.1)转化为如下 PFDL 数据模型：

$$\Delta y(k+1)=\big(\boldsymbol{\phi}_{p,L}(k)\big)^{\mathrm{T}}\Delta\boldsymbol{U}_L(k) \tag{3.10}$$

且对任意时刻 k，$\boldsymbol{\phi}_{p,L}(k)=[\phi_1(k)\ \phi_2(k)\ \cdots\ \phi_L(k)]^{\mathrm{T}}$ 是有界的。

证明 限于篇幅，省略详细证明过程，详见文献[26]。

3.3 基于紧格式动态线性化的无模型自适应控制

3.3.1 控制系统设计

1. 控制算法

对于离散时间非线性系统(3.1)，采用最小化一步向前预测误差准则函数得到的控制算法有可能产生过大的控制输入，使控制系统本身遭到破坏；采用最小化加权一步向前预测误差准则函数得到的控制算法，则可能产生稳态的跟踪误差。因此，考虑如下控制输入准则函数：

$$J(u(k)) = \left| y^*(k+1) - y(k+1) \right|^2 + \lambda \left| u(k) - u(k-1) \right|^2 \qquad (3.11)$$

式中，$\lambda > 0$ 是权重因子，用于限制控制输入变化；$y^*(k+1)$ 为期望输出信号。

将 CFDL 数据模型代入准则函数(3.11)中，对 $u(k)$ 求导，并令其等于零，可得控制算法为

$$u(k) = u(k-1) + \frac{\rho \phi(k)}{\lambda + \left| \phi(k) \right|^2} \left(y^*(k+1) - y(k) \right) \qquad (3.12)$$

式中，$\rho \in (0,1]$ 是步长因子，其目的是使控制算法具有一般性。

注 3.5　控制算法(3.12)中 λ 用以限制控制输入的变化量 $\Delta u(k)$，在控制系统设计中常用来确保控制输入信号具有一定平滑性。后续的理论分析及仿真试验均表明，λ 对 MFAC 系统设计极为重要，选取适当 λ 可确保受控系统的稳定性，并具有较好的控制性能。

2. PPD 估计算法

考虑系统的数学模型未知并结合注 3.1 的讨论，PPD 是一个时变参数，难以获取精确实际值，即需要设计基于受控系统 I/O 数据的 PPD 参数估计算法。

传统参数估计准则函数是极小化系统模型输出与真实输出之差的平方。然而，该准则函数推出的参数估计算法，其参数估计会对某些不准确采样数据(可能受干扰、传感器失灵等因素影响)过于敏感。因此有学者提出 PDD 估计准则函数：

$$J(\phi(k)) = \left| y(k) - y(k-1) - \phi(k)\Delta u(k-1) \right|^2 + \mu \left| \phi(k) - \hat{\phi}(k-1) \right|^2 \qquad (3.13)$$

式中，$\mu > 0$ 是权重因子。

对式(3.13)关于 $\phi(k)$ 求极值，即得 PPD 的估计算法为

$$\hat{\phi}(k) = \hat{\phi}(k-1) + \frac{\eta \Delta u(k-1)}{\mu + \Delta u(k-1)^2} \left(\Delta y(k) - \hat{\phi}(k-1)\Delta u(k-1) \right) \qquad (3.14)$$

式中，$\eta \in (0,1]$ 是步长因子，其目的是使该算法具有灵活性和一般性；$\hat{\phi}(k)$ 是 PPD $\phi(k)$ 的估计值。

注 3.6　估计算法(3.14)和一般的投影估计算法的区别为：一般的投影算法分母项中引入常数 μ，其目的是防止除数为零；而在估计算法(3.14)中，μ 是对 PPD 估计值变化量的惩罚因子。

3. 控制方案

综合前面所得到的 PPD 估计算法(3.14)及控制算法(3.12)，可得 CFDL-MFAC

控制方案为

$$\hat{\phi}(k) = \hat{\phi}(k-1) + \frac{\eta \Delta u(k-1)}{\mu + \Delta u(k-1)^2}\left(\Delta y(k) - \hat{\phi}(k-1)\Delta u(k-1)\right) \qquad (3.15)$$

$$\hat{\phi}(k) = \hat{\phi}(1) ，如果 \left|\hat{\phi}(k)\right| \leqslant \varepsilon 或 \left|\Delta u(k-1)\right| \leqslant \varepsilon 或 \mathrm{sgn}\left(\hat{\phi}(k)\right) \neq \mathrm{sgn}\left(\hat{\phi}(1)\right) \qquad (3.16)$$

$$u(k) = u(k-1) + \frac{\rho \hat{\phi}(k)}{\lambda + \left|\hat{\phi}(k)\right|^2}\left(y^*(k+1) - y(k)\right) \qquad (3.17)$$

式中，$\lambda > 0$；$\mu > 0$；$\eta \in (0,1]$；$\rho \in (0,1]$；ε 为充分小正数；$\hat{\phi}(1)$ 为 $\hat{\phi}(k)$ 的初始值。

注 3.7 在上述 CFDL-MFAC 方案中，引入算法重置机制式(3.16)以使 PPD 估计算法(3.15)具有对时变参数更强的跟踪性能。

注 3.8 从 CFDL-MFAC 方案式(3.15)～式(3.17)可知，该方案仅利用闭环受控系统的在线 I/O 测量数据进行控制器设计，不显含或隐含任何受控系统动态模型的信息，这也是其被称为 MFAC 的缘由。由于 PPD $\phi(k)$ 对时变参数/结构、时变相位甚至滞后等不敏感，因此 CFDL-MFAC 方案具有很强的适应性及鲁棒性，而这在模型驱动控制框架下难以达到。需要指出的是，这并不意味着 MFAC 是万能的控制方法，亦不存在万能的控制方法。MFAC 是针对一类离散时间非线性系统的控制方案，该类系统需满足假设 3.1、假设 3.2，以及 3.3.2 节的假设 3.5、假设 3.6。

3.3.2 系统稳定性分析

考虑以下两个假设，以严谨证明控制系统的稳定性。

假设 3.5 (输出可控性)对一个给定的有界期望输出信号 $y^*(k+1)$，总存在一个有界的 $u^*(k)$，使得系统在此控制输入信号驱动下，其输出等于 $y^*(k+1)$。

假设 3.6 (拟线性)对任意时刻 k 及 $\Delta u(k) \neq 0$，系统 PPD 的符号保持不变，即满足 $\phi(k) > \varepsilon > 0$ 或 $\phi(k) < -\varepsilon$，其中 ε 为一个小正数。

不失一般性，本书仅探讨 $\phi(k) > \varepsilon$ 的情况。

注 3.9 假设 3.5 是控制问题可设计求解的必要条件，即系统(3.1)是输出可控的，具体可参见注 3.4。假设 3.6 的物理意义明显，即控制输入增加时相应的受控系统输出亦是不减的，这可认为是系统的一种"拟线性"特征。此条件类似于基于模型的控制方法中，要求控制方向已知(或至少不变号)的假设。很多物理系统满足该假设，如水面机器人航速控制、温度控制、压力控制等系统。

引理 3.4 针对非线性系统(3.1)，在满足假设 3.1、假设 3.2、假设 3.5 及假设 3.6情况下，当 $y^*(k+1) = y^* = \mathrm{const}$ 时，采用 CFDL-MFAC 方案式(3.15)～式(3.17)，

则存在一个正数 $\lambda_{\min} > 0$ ，使得当 $\lambda > \lambda_{\min}$ 时有：

(1) 系统输出跟踪误差单调收敛，且 $\lim\limits_{k \to \infty} |y^* - y(k+1)| = 0$ ；

(2) 闭环系统有界输入-有界输出(bounded input bounded output，BIBO) 稳定，即输出序列 $\{y(k)\}$ 和输入序列 $\{u(k)\}$ 是有界的。

证明 如果满足条件 $|\hat{\phi}(k)| \leqslant \varepsilon$ 或 $|\Delta u(k-1)| \leqslant \varepsilon$ 或 $\mathrm{sgn}\big(\hat{\phi}(k)\big) \neq \mathrm{sgn}\big(\hat{\phi}(1)\big)$ ，则 $\hat{\phi}(k)$ 明显有界。

其他情形时，定义 $\tilde{\phi}(k) = \hat{\phi}(k) - \phi(k)$ 为 PPD 的估计误差，在式(3.15)两边同时减去中 $\phi(k)$ ，可得

$$\tilde{\phi}(k) = \left(1 - \frac{\eta |\Delta u(k-1)|^2}{\mu + |\Delta u(k-1)|^2}\right)\tilde{\phi}(k-1) + \phi(k-1) - \phi(k) \tag{3.18}$$

对式(3.18)两边取绝对值，得

$$|\tilde{\phi}(k)| \leqslant \left|1 - \frac{\eta |\Delta u(k-1)|^2}{\mu + |\Delta u(k-1)|^2}\right| |\tilde{\phi}(k-1)| + |\phi(k-1) - \phi(k)| \tag{3.19}$$

由于函数 $\dfrac{\eta |\Delta u(k-1)|^2}{\mu + |\Delta u(k-1)|^2}$ 关于变量 $|\Delta u(k-1)|^2$ 是单调增的，其最小值为 $\dfrac{\eta \varepsilon^2}{\mu + \varepsilon^2}$ 。那么当 $0 < \eta \leqslant 1, \mu > 0$ ，一定存在正常数 d_1 ，满足

$$0 \leqslant \left|1 - \frac{\eta |\Delta u(k-1)|^2}{\mu + |\Delta u(k-1)|^2}\right| \leqslant 1 - \frac{\eta \varepsilon^2}{\mu + \varepsilon^2} = d_1 < 1 \tag{3.20}$$

根据引理 3.1 的结论 $|\phi(k)| \leqslant \overline{b}$ 可知， $|\phi(k-1) - \phi(k)| \leqslant 2\overline{b}$ 。结合式(3.19)和式(3.20)，可得不等式

$$|\tilde{\phi}(k)| \leqslant d_1 |\tilde{\phi}(k-1)| + 2\overline{b} \leqslant d_1^2 |\tilde{\phi}(k-2)| + 2d_1\overline{b} + 2\overline{b}$$
$$\leqslant \cdots \leqslant d_1^{k-1} |\tilde{\phi}(1)| + \frac{2\overline{b}(1 - d_1^{k-1})}{1 - d_1} \tag{3.21}$$

式(3.21)表明 $\tilde{\phi}(k)$ 有界。由于 $\phi(k)$ 有界，可得 $\hat{\phi}(k) = \tilde{\phi}(k) + \phi(k)$ 也有界。

定义系统的跟踪误差为

$$e(k+1) = y^* - y(k+1) \tag{3.22}$$

把 CFDL 数据模型代入式(3.22)，两边取绝对值，可得

$$\left|e(k+1)\right| = \left|y^* - y(k+1)\right| = \left|y^* - y(k) - \phi(k)\Delta u(k)\right|$$

$$= \left|e(k) - \phi(k)\Delta u(k)\right| = \left|e(k) - \phi(k)e(k)\frac{\rho\hat{\phi}(k)}{\lambda + \left|\hat{\phi}(k)\right|^2}\right|$$

$$\leqslant \left|1 - \frac{\rho\hat{\phi}(k)\phi(k)}{\lambda + \left|\hat{\phi}(k)\right|^2}\right|\left|e(k)\right| \qquad (3.23)$$

由假设 3.6 和式 (3.16) 可知，$\hat{\phi}(k)\phi(k) \geqslant 0$。

令 $\lambda_{\min} = \dfrac{\overline{b}^2}{4}$，结合不等式 $\alpha^2 + \beta^2 \geqslant 2\alpha\beta$、假设 3.6 的条件 $\phi(k) > \varepsilon$、重置算法保证的条件 $\hat{\phi}(k) > \varepsilon$ 以及引理 3.4 第一步证明得到 $\hat{\phi}(k)$ 的有界性，若选取 $\lambda > \lambda_{\min}$，则一定存在一个常正数 $0 < M_1 < 1$，使得下式成立：

$$0 < M_1 \leqslant \frac{\hat{\phi}(k)\phi(k)}{\lambda + \left|\hat{\phi}(k)\right|^2} \leqslant \frac{\overline{b}\hat{\phi}(k)}{\lambda + \left|\hat{\phi}(k)\right|^2} \leqslant \frac{\overline{b}\hat{\phi}(k)}{2\sqrt{\lambda}\hat{\phi}(k)} = \frac{\overline{b}}{2\sqrt{\lambda}} < \frac{\overline{b}}{2\sqrt{\lambda_{\min}}} = 1 \qquad (3.24)$$

式中，$\overline{b}$ 是满足引理 3.1 结论 $\phi(k) \leqslant \overline{b}$ 的某个常数。

根据式 (3.24) 和 $0 < \rho \leqslant 1$、$\lambda > \lambda_{\min}$，则一定存在一个常数 $d_2 < 1$，使得

$$\left|1 - \frac{\rho\hat{\phi}(k)\phi(k)}{\lambda + \left|\hat{\phi}(k)\right|^2}\right| = 1 - \frac{\rho\hat{\phi}(k)\phi(k)}{\lambda + \left|\hat{\phi}(k)\right|^2} \leqslant 1 - \rho M_1 = d_2 < 1 \qquad (3.25)$$

结合式 (3.23) 和式 (3.25)，可得

$$\left|e(k+1)\right| \leqslant d_2\left|e(k)\right| \leqslant d_2^2\left|e(k-1)\right| \leqslant \cdots \leqslant d_2^k\left|e(1)\right| \qquad (3.26)$$

式 (3.26) 可得引理 3.4 的结论 (1) 成立。

由于 $y^*(k+1)$ 为常数，则输出跟踪误差 $e(k)$ 的收敛性可得 $y(k)$ 有界。

应用不等式 $(\sqrt{\lambda})^2 + \left|\hat{\phi}(k)\right|^2 \geqslant 2\sqrt{\lambda}\hat{\phi}(k)$ 及 $\lambda > \lambda_{\min}$，由式 (3.17) 可得

$$\left|\Delta u(k)\right| = \left|\frac{\rho\hat{\phi}(k)\left(y^* - y(k)\right)}{\lambda + \left|\hat{\phi}(k)\right|^2}\right| \leqslant \left|\frac{\rho\hat{\phi}(k)}{\lambda + \left|\hat{\phi}(k)\right|^2}\right|\left|e(k)\right|$$

$$\leqslant \left|\frac{\rho\hat{\phi}(k)}{2\sqrt{\lambda}\hat{\phi}(k)}\right|\left|e(k)\right| \leqslant \left|\frac{\rho}{2\sqrt{\lambda_{\min}}}\right|\left|e(k)\right| = M_2\left|e(k)\right| \qquad (3.27)$$

式中，$M_2 = \left|\rho / \left(2\sqrt{\lambda_{\min}}\right)\right|$ 是一个有界常数。

结合式(3.26)和式(3.27)，可得

$$
\begin{aligned}
|u(k)| &\leqslant |u(k)-u(k-1)|+|u(k-1)| \\
&\leqslant |u(k)-u(k-1)|+|u(k-1)-u(k-2)|+|u(k-2)| \\
&\leqslant |\Delta u(k)|+|\Delta u(k-1)|+\cdots+|\Delta u(2)|+|u(1)| \\
&\leqslant M_2\left(|e(k)|+|e(k-1)|+|e(k-2)|+\cdots+|e(2)|\right)+|u(1)| \\
&\leqslant M_2\left(d_2^{k-1}|e(1)|+d_2^{k-2}|e(1)|+\cdots+d_2|e(1)|\right)+|u(1)| \\
&\leqslant M_2\frac{d_2}{1-d_2}|e(1)|+|u(1)|
\end{aligned}
\tag{3.28}
$$

即引理 3.4 的结论(2)成立。

注 3.10 引理 3.4 证明了 CFDL-MFAC 控制方案用于离散时间非线性系统常值期望信号(镇定问题)时的稳定性与单调收敛性。同理，时变期望信号的跟踪问题时亦可推广理论证明。首先，考虑建立增广系统

$$
z(k+1)=f\left(y(k),\cdots,y(k-n_y),u(k),\cdots,u(k-n_u)\right)-y^*(k+1)
$$

针对该增广系统，应用上述 CFDL-MFAC 及证明过程，亦可证明其稳定性和收敛性。即增广系统与原非线性系统(3.1)具有等价的收敛性和稳定性。

模型驱动的自适应控制方法与本节所述 CFDL-MFAC 控制方案的不同点主要体现在：

(1)针对的受控对象不同。MFAC 算法的研究对象是一类未知非线性系统；传统自适应控制方法的研究对象是时不变或慢时变系统，且要求系统的模型结构和阶数已知。

(2)控制器的设计思路不同。MFAC 算法通过动态线性化技术将闭环系统在每个工作点附近等价地转化为增量形式的时变线性化数据模型；然后基于该模型，采用一步向前自适应控制方法设计控制方案，其估计/控制器设计都不需要受控对象的模型结构信息；传统自适应控制方法首先建立受控系统的机理或者辨识模型，再依据确定等价原则，基于数学模型设计自适应控制器。

(3)系统稳定性分析的方法不同。MFAC 算法采用的是基于 I/O 数据驱动的压缩映射的方法，模型驱动自适应控制方法多采用关键技术引理或基于 Lyapunov 稳定性理论。

水面机器人的运动控制系统存在模型摄动等问题，难以获得精确的数学模型，采用仅依靠系统 I/O 数据的 MFAC 算法设计控制器，可以解决系统模型摄动、未建模动态等不利影响，比模型驱动控制方法具有更强的鲁棒性，并保证水面机器人运动控制系统的稳定性、输出跟踪误差的单调收敛性。

3.3.3 仿真试验与分析

本节基于一个 SISO 离散时间非线性系统的仿真试验，检验 CFDL-MFAC 方案的可行性。试验中给出系统模型仅用于产生系统的动态 I/O 数据，并不参与控制器设计。

仿真试验中，设置系统初始条件 $u(1)=u(2)=0$，$y(1)=-1$，$y(2)=1$，$\hat{\phi}(1)=2$，CFDL-MFAC 方案中步长因子设为 $\rho=0.6, \eta=1, \varepsilon=10^{-5}$。

例 3.1 非线性系统

$$y(k+1)=\begin{cases} \dfrac{y(k)}{1+y^2(k)}+u^3(k), & k \leqslant 500 \\ \dfrac{y(k)y(k-1)y(k-2)u(k-1)\big(y(k-2)-1\big)+a(k)u(k)}{1+y^2(k-1)+y^2(k-2)}, & k>500 \end{cases}$$

该非线性系统由两个子系统串联组成。两个子系统均取自文献[27]，研究中均采用神经网络方法分别进行控制。在文献[27]中原本没有时变参数 $a(k)=\text{round}(k/500)$。显然，该受控系统的结构、参数和阶数都是时变的。

期望输出信号设为

$$y^*(k+1)=\begin{cases} 0.5 \times(-1)^{\text{round}(k/500)}, & k \leqslant 300 \\ 0.5 \times \sin(k\pi/100)+0.3 \times \cos(k\pi/50), & 300 < k \leqslant 700 \\ 0.5 \times(-1)^{\text{round}(k/500)}, & k>700 \end{cases}$$

两种案例中，设置权重因子为 $\lambda=2, \mu=1$ 及 $\lambda=0.1, \mu=1$，仿真试验结果如图 3.2～图 3.4 所示。

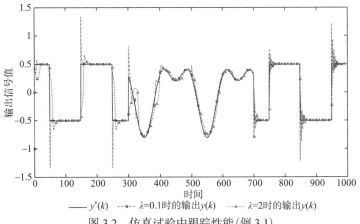

图 3.2 仿真试验中跟踪性能(例 3.1)

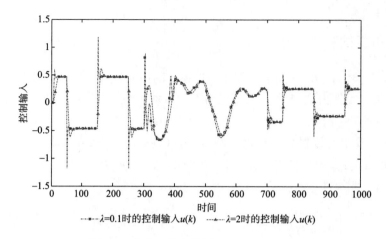

图 3.3　仿真试验中控制输入响应(例 3.1)

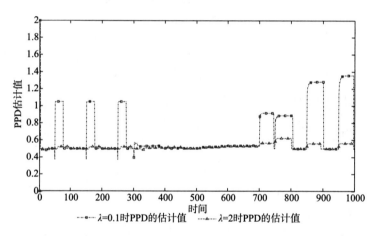

图 3.4　仿真试验中 PPD 估计值(例 3.1)

　　从图 3.2～图 3.4 可知，当 $\lambda=2, \mu=1$ 时，利用 CFDL-MAFC 方案可获得满意的控制效果；而 $\lambda=0.1, \mu=1$ 时，其闭环响应将更快、超调也更大。同时，从仿真结果可知，即使在系统参数、结构变化的时刻，其跟踪性能及 PPD 估计值也未受影响。

　　上述仿真表明：系统 PPD 参数的变化较为简单，是一个慢时变有界标量参数，它与系统动力学特性、闭环系统工作点、控制输入信号等因素有关。尽管系统本身结构、阶数、时滞、参数等时变，但 PPD 参数的输出行为变化不明显。同时，CFDL-MFAC 方案的结构简单，仅有一个标量参数需要调整，可调参数少、计算量小、易于实现。

3.4 基于偏格式动态线性化的无模型自适应控制

3.4.1 控制系统设计

CFDL-MFAC 方案和 PFDL-MFAC 方案的对比如表 3.3 所示。

表 3.3 两种控制方案的对比情况

方案	特点
CFDL-MFAC	考虑系统在 $k+1$ 时刻的输出变化量与 k 时刻的输入变化量之间的时变动态关系，利用单维纯量参数 PPD 的时变参数估计算法 $\hat{\phi}(k)$ 刻画系统的动态行为；当对历史时刻某些输入变化量很敏感时，可能导致闭环系统失稳；参数较少、调节简单
PFDL-MFAC	考虑系统在 $k+1$ 时刻的输出变化量与 k 时刻的固定长度滑动时间窗口内所有输入变化量，通过多维向量参数 PG 的时变参数估计算法 $\hat{\boldsymbol{\phi}}_{p,L}(k)$，分散捕获系统的复杂动态行为；有更多的可调自由度及更强的设计灵活性

PFDL-MFAC 控制设计原理与 CFDL-MFAC 较为类似，具体的细节在此不再赘述。综合 PG 估计算法及控制算法，可得 PFDL-MFAC 方案：

$$u(k) = u(k-1) + \frac{\rho_1 \phi_1(k)\left(y^*(k+1) - y(k)\right)}{\lambda + \left|\phi_1(k)\right|^2} - \frac{\phi_1(k)\sum_{i=2}^{L} \rho_i \phi_i(k)\Delta u(k-i+1)}{\lambda + \left|\phi_1(k)\right|^2} \quad (3.29)$$

$$\hat{\boldsymbol{\phi}}_{p,L}(k) = \hat{\boldsymbol{\phi}}_{p,L}(k-1) + \frac{\eta \Delta \boldsymbol{U}_L(k-1)\left(y(k) - y(k-1) - \left(\hat{\boldsymbol{\phi}}_{p,L}(k-1)\right)^{\mathrm{T}} \Delta \boldsymbol{U}_L(k-1)\right)}{\mu + \left\|\Delta \boldsymbol{U}_L(k-1)\right\|^2} \quad (3.30)$$

$$\hat{\boldsymbol{\phi}}_{p,L}(k) = \hat{\boldsymbol{\phi}}_{p,L}(1)，如果 \left\|\hat{\boldsymbol{\phi}}_{p,L}(k)\right\| \leqslant \varepsilon 或 \left\|\Delta \boldsymbol{U}_L(k-1)\right\| \leqslant \varepsilon 或$$

$$\mathrm{sgn}\left(\hat{\phi}_1(k)\right) \neq \mathrm{sgn}\left(\hat{\phi}_1(1)\right) \quad (3.31)$$

式中，$\lambda > 0$；$\mu > 0$；$\eta \in (0,2]$；$\rho_i \in (0,1], i = 1,2,\cdots,L$；$\varepsilon$ 为一个小正数；$\hat{\boldsymbol{\phi}}_{p,L}(1)$ 为 $\hat{\boldsymbol{\phi}}_{p,L}(k)$ 的初始值。加入重置算法 (3.31)，目的是使控制方案中 PG 估计算法具有更强跟踪时变参数的能力。

注 3.11 PFDL-MFAC 方案中，需要在线调整的是一个 L 维向量，即系统 PG 的估计值 $\hat{\boldsymbol{\phi}}_{p,L}(k)$，并且控制输入线性化长度的常数 L 可人为选择。相比

CFDL-MFAC 方案，引入更多的步长因子 $\rho_1, \rho_2, \cdots \rho_L$ ，使得 PFDL-MFAC 方案具有更多的可调自由度及更强的设计灵活性。

限于篇幅，本书未介绍全格式动态线性化(full form dynamic linearization, FFDL)方法，及基于全格式动态线性化的无模型自适应控制(FFDL-MFAC)方案，详见文献[26]。

3.4.2 仿真试验与分析

下面基于一个 SISO 离散时间非线性系统的仿真试验，验证 PFDL-MFAC 方案的有效性。试验中给出系统模型只用于生成系统的动态 I/O 数据，并不参与控制器设计。

仿真试验中，设置系统初始条件 $u(1) = u(2) = \cdots = u(5) = 0$ ； $y(1) = y(2) = y(3) = 0$ ， $y(4) = 1$ ， $y(5) = y(6) = 0$ 。PFDL-MFAC 方案中控制输入线性化长度常数、步长因子、权重因子和 PG 估计值的初值分别设定为 $L = 3, \rho_1 = \rho_2 = \rho_3 = 0.5,$ $\eta = 0.5, \lambda = 0.01, \mu = 1, \hat{\phi}_{p,L}(1) = [1 \ 0 \ 0]^{\mathrm{T}}, \varepsilon = 10^{-5}$ 。

例 3.2 非线性系统

$$y(k+1) = \begin{cases} \dfrac{2.5y(k)y(k-1)}{1+y^2(k)+y^2(k-1)} + 1.2u(k) + 0.09u(k)u(k-1) + 1.6u(k-2) \\ \quad + 0.7\sin\left(0.5\left(y(k)+y(k-1)\right)\right)\cos\left(0.5\left(y(k)+y(k-1)\right)\right), \quad k \leqslant 400 \\ \dfrac{5y(k)y(k-1)}{1+y^2(k)+y^2(k-1)+y^2(k-2)} + u(k) + 1.1u(k-1), \qquad k > 400 \end{cases}$$

其中，两个子系统都是非最小相位的非线性系统。显然，该系统的结构及阶数都时变。

期望输出信号为

$$y^*(k+1) = 5\sin(k\pi/50) + 2\cos(k\pi/20)$$

分别基于 CFDL-MFAC、PFDL-MFAC 方案，进行仿真对比试验。CFDL-MFAC 方案中，PPD 估计值的初值 $\hat{\phi}(1)$ 设置为 1 ， $\rho = 0.5, \eta = 0.5$ 和 $\lambda = 0.01, \mu = 1$ ， $\varepsilon = 10^{-5}$ 。仿真试验结果如图 3.5～图 3.7 所示。

从图 3.5～图 3.7 可知，CFDL-MFAC 方案中， $\hat{\phi}(k)$ 的动态响应较复杂，以致投影估计算法不能较好地跟踪其实际值，导致控制效果较差。然而，PFDL-MFAC 方案中， $\hat{\phi}_{p,L}(k)$ 的动态相对简单，能取得更好的控制性能。

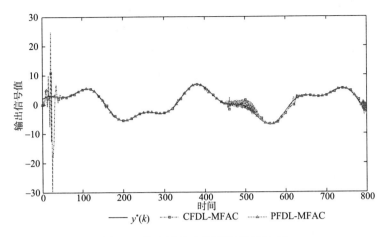

图 3.5　仿真试验中跟踪性能（例 3.2）

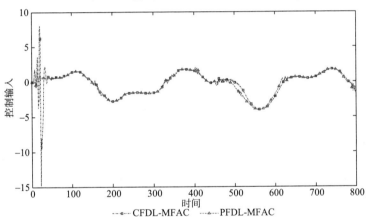

图 3.6　仿真试验中控制输入响应（例 3.2）

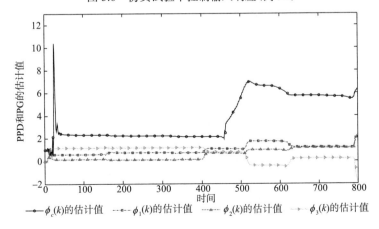

图 3.7　仿真试验中 PPD 及 PG 的估计值（例 3.2）

由仿真对比试验可知，对于含结构、参数、阶数等时变因素的非线性系统，应用 PFDL-MFAC 方案能取得很好的控制效果，而传统模型驱动自适应控制则难以实现。同时，PFDL-MFAC 方案通过引入更多 PG 分量参数，以分担 CFDL-MFAC 方案中 PPD 参数的复杂行为，使得 PFDL-MFAC 方案处理复杂非线性系统的控制问题时，具有更好控制性能。

参 考 文 献

[1]   Goodwin G C, Sang S K. Adaptive Filtering Prediction and Control[M]. Englewood Cliffs, NJ: Prentice Hall, 1984.

[2]   Narendra K S, Annaswamy A M. Stable Adaptive Systems[M]. Englewood Cliffs, NJ: Prentice Hall, 1989.

[3]   Astrom K J, Wittenmark B. Adaptive Control[M]. 2nd ed. Boston, MA: Addison-Wesley Longman Publishing, 1994.

[4]   郭雷. 时变随机系统: 稳定性、估计与控制[M]. 长春: 吉林科学技术出版社, 1993.

[5]   Åström K J. Theory and applications of adaptive control: a survey[J]. Automatica, 1983, 19(5): 471-486.

[6]   Hsia T. Adaptive control of robot manipulators: a review[C]//Proceedings of the 1986 IEEE International Conference on Robotics and Automation, San Francisco, CA, USA, 1986: 183-189.

[7]   Seborg D E, Edgar T F, Shah S L. Adaptive control strategies for process control: a survey[J]. AIChE Journal, 1986, 32(6): 881-913.

[8]   Tao G. Adaptive Control Design and Analysis[M]. New York: Wiley, 2003.

[9]   Sales K R, Billings S A. Self-tuning control of nonlinear ARMAX models[J]. International Journal of Control, 1990, 51(4): 753-769.

[10] Sung D J T, Lee T T. Model reference adaptive control of nonlinear systems using the wiener model[J]. International Journal of Systems Science, 1987, 18(3): 581-599.

[11] Pajunen G. Adaptive control of wiener type nonlinear systems[J]. Automatica, 1992, 28(4): 781-785.

[12] Svoronos S, Stephanopoulos G, Aris R. On bilinear estimation and control[J]. International Journal of Control, 1981, 34(4): 651-684.

[13] Anbumani K, Patnaik L M, Sarma I G. Self-tuning minimum-variance control of nonlinear systems of the Hammerstein model[J]. IEEE Transactions on Automatic Control, 1981, 26(4): 959-961.

[14] Chen F C, Khalil H K. Adaptive control of a class of nonlinear discrete-time systems using neural networks[J]. IEEE Transactions on Automatic Control, 1995, 40(5): 791-801.

[15] Zhang Y, Wen C, Soh Y C. Robust Adaptive Control of Uncertain Discrete-Time Systems[M]. Oxford: Pergamon Press, 1999.

[16] Krstic M, Smyshlyaev A. Adaptive boundary control for unstable parabolic PDEs-Part I: Lyapunov design[J]. IEEE Transactions on Automatic Control, 2008, 53(7): 1575-1591.

[17] Zhang Y, Chen W H, Soh Y C. Improved robust backstepping adaptive control for nonlinear discrete-time systems without overparameterization[J]. Automatica, 2008, 44(3): 864-867.

[18] Zhou J, Wen C. Decentralized backstepping adaptive output tracking of interconnected nonlinear systems[J]. IEEE Transactions on Automatic Control, 2008, 53(10): 2378-2384.

[19] Findeisen R, Imsland L, Allgower F, et al. State and output feedback nonlinear model predictive control: an overview[J]. European Journal of Control, 2003, 9(2/3): 190-206.

[20] Narendra K S, Xiang C. Adaptive control of discrete-time systems using multiple models[J]. IEEE Transactions on Automatic Control, 2000, 45(9): 1669-1686.

[21] Chen X. Adaptive sliding mode control for discrete-time multi-input multi-output systems[J]. Automatica, 2006, 42(3): 427-435.

[22] Anderson B D O, Dehghani A. Challenges of adaptive control-past, permanent and future[J]. Annual Review in Control, 2008, 32(2): 123-135.

[23] Tong S, Li Y, Shi P. Fuzzy adaptive backstepping robust control for SISO nonlinear system with dynamic uncertainties[J]. Information Sciences, 2009, 179(9): 1319-1332.

[24] Fu Y, Chai T. Nonlinear multivariable adaptive control using multiple models and neural networks[J]. Automatica, 2007, 43(6): 1101-1110.

[25] 侯忠生, 许建新. 数据驱动控制理论及方法的回顾和展望[J]. 自动化学报, 2009, 35(6): 650-667.

[26] 侯忠生, 金尚泰. 无模型自适应控制: 理论与应用[M]. 北京: 科学出版社, 2013.

[27] Narendra K S, Parthasarathy K. Identification and control for dynamic systems using neural networks[J]. IEEE Transactions on Neural Network, 1990, 1(1): 4-27.

4

水面机器人的无模型自适应
运动控制技术

本章分析不确定性影响下水面机器人的运动控制难题，尤其是艏向自适应控制及数据滤波问题，拟从数据驱动控制角度探索水面机器人的艏向自适应控制方法，即不考虑其实际数学模型，而是基于系统的 I/O 数据进行控制器设计。同时，定性讨论 CFDL-MFAC 算法应用于艏向控制子系统时，艏向响应面临的显著超调、振荡现象；并从定量分析角度，揭示艏向控制子系统呈现的特殊动力学特性导致其不符合"拟线性"假设 3.6。

在此背景下，考虑水面机器人艏向控制子系统的动力学特性，主要从艏向控制子系统的双环级联[1]、重定义输出[2]等角度，探讨 CFDL-MFAC 算法的改进策略，破除基本 CFDL-MFAC 算法不适用于艏向控制的局限，推动 MFAC 理论拓展到海洋航行器的运动控制领域。

4.1 运动控制问题分析

水面机器人属于一类自主无人平台[3]，不同航速下水面机器人的浸湿面积、吃水、姿态等物理参数变化较大，导致其水动力系数随着航速的变化而改变，即水面机器人具有非线性、不确定性和时变性特征。同时，水面机器人受到环境干扰力的影响较大，难以建立精确的水面机器人动力学模型[4-5]。因此，探索不确定性影响下水面机器人的艏向控制问题具有重要意义。

水面机器人是一类复杂的控制系统，其运动控制难题体现在[4,6]：①难以构建精确的数学模型，导致基于数学模型的许多控制方法难以在工程应用中保证控制性能；②受到模型摄动、环境干扰等不确定性影响，常规"模型导向"设计策略开发的控制算法自适应较差，很难保障不确定性影响下系统的鲁棒性与稳定性。因此，常规"模型导向"控制方法难以在工程应用中达到理想的控制效果，且物理实现困难，这严重地阻碍其工程应用[6]。

1. 不确定性影响下艏向自适应控制问题

艏向控制是水面机器人基本的运动控制问题之一，也是控制理论应用较早、取得成果较多的一个研究领域。目前，水面机器人艏向控制方法主要有 PID 控制[7-8]、切换控制[9]、最优控制[10-11]、自适应控制[12]、鲁棒控制[13]、滑模控制[14-15] 及智能控制[16-18]等，其中 PID 控制器的实船应用最为广泛[7,8,19]，研究者对一些基于反步法、滑模控制原理的控制器也进行了试验研究的尝试[12,14]，然而大部分基于数学模型的控制方法（"模型导向"设计策略）仍停留在理论研究及仿真试验阶段。

事实上，PID 控制器是一种经典、最为常用的无模型控制方法，亦属于离线型数据驱动控制策略（MFAC 则属于在线型），但并非真正意义的"数据驱动"策略，因为不能从 I/O 数据中挖掘更多的信息以提升控制性能。研究人员在仿真及外场试验中发现，受到水面机器人航态改变、模型摄动及环境干扰等耦合不确定性影响，PID 控制器难以维持一致的控制性能，参数需要再次调节才能使系统稳定[8,20-21]。

因此，面向工程应用需求，水面机器人需要一种鲁棒性好、自适应性强的无模型控制器。无模型自适应控制方法很好地符合上述要求，是一种针对离散非线性系统设计的控制方法，在交通、炼油、化工等工业控制领域获得了应用[21-22]，但是目前在飞行器、机器人、舰船等运动控制领域的研究还较少。

2. 传感器噪声影响下数据滤波问题

考虑经济性需求，民用或小型水面机器人通常仅装备低精度（低成本）的传感器，不能忽略传感器噪声问题[6]。许多小型水面机器人只搭载艏向传感器。即使传感器能够同时测量艏向及角速度，但是考虑到角速度源自艏向差分值（微分），所以传感器本质上仍是艏向传感器。艏向传感器噪声尤其影响微分项，这将恶化实船应用中控制性能。但是控制系统中一般含有微分项，因为它可以提高控制系统的动态性能。因此，传感器噪声对于艏摇角速度的不利影响，是大多数艏向控制方法（包括获得广泛应用的 PID 方法）普遍面临的挑战，。

卡尔曼滤波器（Kalman filter，KF）被广泛应用于传感器数据处理，理论已证明 KF 能够在最小方差准则下获得最优递归估计，但其依赖于精确的数学模型[23]。因此，当模型不精确和模型参数扰动时，KF 的滤波性能难以保证。韩京清[24]提出的跟踪微分器（tracking differentiator，TD）算法可从被噪声污染的原始信号中提取出微分信号。TD 具有无模型且方便应用于离散系统的优点，TD 的输出值是输入广义微分的平滑估计，然而 TD 的输出值和实际值之间有时延。

本章拟从数据驱动控制角度（"数据导向"设计策略，如 PID、无模型自适应控制、迭代学习控制等），不依赖水面机器人的机理数学模型，而是基于受控系统的动态 I/O 数据，探讨水面机器人的艏向控制器设计问题。

4.2　融合角速度制导的无模型自适应舶向控制

本节针对不确定性影响下水面机器人的舶向控制难题，尤其是 4.1 节分析的两个主要问题，结合无模型自适应控制及卡尔曼滤波理论，探索舶向控制器设计及数据滤波方法[1]。

首先，定性分析 CFDL-MFAC 算法在水面机器人舶向控制应用中的主要挑战；针对"舵-舶向"控制子系统的时延及 CFDL-MFAC 算法的超调特性，将其降阶分解为"舵-舶摇角速度"和"舶摇角速度-舶向"两个级联模块。然后，考虑水面机器人舶向控制系统的动态特性，引入 PID 型角速度制导方法以获得期望舶摇角速度，并提出融合角速度制导的 CFDL-MFAC（CFDL-MFAC with angular velocity guidance，CFDL-MFAC-AVG）舶向控制算法，间接地实现水面机器人的舶向控制。同时，基于紧格式动态线性化模型，提出面向控制的自适应卡尔曼滤波器（adaptive Kalman filter，AKF），以抑制传感器噪声的不利影响、丰富舶摇角速度信息。最后，开展三种滤波器的仿真对比试验，包括扩展卡尔曼滤波（extended Kalman filter，EKF）算法、TD 算法及 AKF 算法，并完成标称模型、不确定性影响下舶向控制的仿真对比试验。利用上述仿真试验，检验 CFDL-MFAC-AVG 舶向控制算法、面向控制 AKF 算法的有效性。

4.2.1　融合角速度制导的双环舶向控制方法设计

1. 基于 CFDL-MFAC 算法的水面机器人运动控制问题分析

从第 3 章可知，CFDL-MFAC 算法仅基于受控系统动态 I/O 数据，属于一种数据驱动控制方法，与受控系统的数学模型无关。该方法对于模型参数摄动、时变干扰等影响不敏感，因此具有良好的鲁棒性、自适应性，从这个角度而言优于模型驱动控制方法。然而，CFDL-MFAC 算法也存在缺点，控制器输出属于增量式，且期望 PPD、系统输入响应平缓而非剧烈，因此控制器输出响应偏慢且具有较大惯性。当受控量尚未达到期望值时，控制输出将持续累积并正向增加。如果直接将 CFDL-MFAC 算法应用于受控系统，不可避免会出现超调、振荡问题，若耦合时滞较大的系统（如水面机器人、舰船等航行器），将加重这一现象。

水面机器人运动控制的基础是航速与舶向控制子系统的设计问题，它是水面机器人控制系统的核心部分，一种典型的运动控制原理图如图 4.1 所示。受到水面机器人的船体惯性、水动力阻尼、机械饱和等固有动力学影响，操舵后产生转舶力矩，进而驱使船体的舶向发生改变，响应无法立即实现，具有明显的时滞特征。如果在 CFDL-MFAC 算法中定义水面机器人的舵角(或名义舵角)为系统输入(控制器输出)、艏向为系统输出(控制器输入),以艏向镇定控制为例(图 4.2),其动态控制过程可以描述为:

(1)趋向阶段($\psi_0 \to \psi_A$)。在实际艏向 $\psi(t)$ 达到期望艏向 ψ_d 前,舵角的增量将会保持增加或减小趋势(正向信息 $+\Delta\delta$)。当实际艏向非常接近期望艏向时,在舵角持续激励下具有较大的艏摇角速度。

(2)接近阶段($\psi_A \to \psi_B$)。受到惯性、阻尼及机械饱和等约束,水面机器人艏摇运动无法突变,因此实际艏向将出现显著的超调现象。

(3)超调阶段($\psi_B \to \psi_C$)。当实际艏向超过期望艏向时,舵角的增量才会有反向信息 $-\Delta\delta$,然而由于舵角的累积量较大,舵角将较长时间保持正向惯性状态,使得实际艏向将持续处于超调状态。

(4)收敛阶段($\psi_C \to \psi_D \to \psi_E$)。同理,艏向响应也会出现明显的反超调现象,并逐步实现实际艏向收敛到期望艏向的某个邻域 $\Delta\psi$ 内。

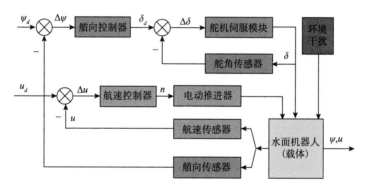

图 4.1   典型的水面机器人运动控制原理图

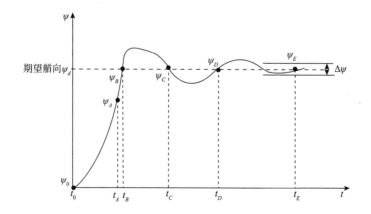

图 4.2   基于 CFDL-MFAC 算法的水面机器人艏向镇定控制动态过程图

因此，基于 CFDL-MFAC 算法的水面机器人艏向控制将出现超调及振荡现象（航速控制的动态过程亦类似，但是影响程度相对较弱），若仅通过调节控制器参数难以解决上述问题。

2. 融合角速度制导的 CFDL-MFAC 艏向控制算法

下面考虑水面机器人的动力学特性影响，融合制导思想对基于 CFDL-MFAC 算法的艏向控制子系统结构进行改进。试验表明相对于艏向，艏摇角速度对舵角的响应更为迅速，因此拟引入角速度制导环节。艏向控制子系统采用外环制导控制器、内环角速度控制器的双环级联模块，实现了降阶分解。外环制导方法采用 PID 控制器，计算期望的艏摇角速度；内环基于 CFDL-MFAC 算法的角速度控制器则负责跟踪期望艏摇角速度，从而间接实现对期望艏向的控制目的。融合角速度制导和 CFDL-MFAC 算法的双环艏向控制子系统的原理框图如图 4.3 所示。

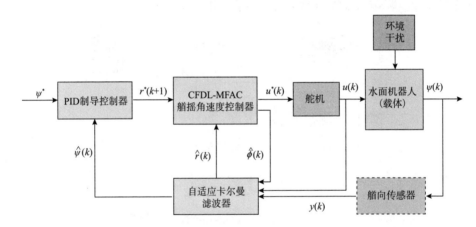

图 4.3　融合角速度制导和 CFDL-MFAC 算法的双环艏向控制子系统

然而，上述方案将引入一个新的控制问题，即艏摇角速度的传感器噪声。为了降低传感器噪声的不利影响，面向控制需求提出基于受控系统动态 I/O 数据的 AKF 算法。事实上，传感器噪声对于艏摇角速度的不利影响不仅是本节关注的问题，也是大多数含有微分项的艏向控制子系统的共性挑战。

外环角速度制导方法采用 PID 型控制器：

$$r^*(k+1) = k_p \times e(k) + k_i \times \sum_{j=0}^{k} e(j) + k_d \times \frac{e(k) - e(k-1)}{T_s} \tag{4.1}$$

式中，$r^*(k+1)$ 是期望艏摇角速度；$e(k) = \psi^*(k) - \psi(k)$ 是艏向误差值；k_p, k_i, k_d 分别为 PID 控制器的比例、积分和微分系数，系数需要根据经验进行调整；T_s 为控制系统的时间步长。

内环角速度控制算法采用 CFDL-MFAC 方案（详见 3.3 节）：

$$\hat{\phi}(k) = \hat{\phi}(k-1) + \frac{\eta \Delta u(k-1)}{\mu + \Delta u(k-1)^2} \left(\Delta r(k) - \hat{\phi}(k-1) \Delta u(k-1) \right) \tag{4.2}$$

$$\hat{\phi}(k) = \hat{\phi}(1)，如果 |\Delta u(k-1)| \leqslant \varepsilon 或 |\hat{\phi}(k)| \leqslant \varepsilon 或 \operatorname{sgn}\left(\hat{\phi}(k)\right) \neq \operatorname{sgn}\left(\hat{\phi}(1)\right)$$

$$u^*(k) = u(k-1) + \frac{\rho \hat{\phi}(k)}{\lambda + \left|\hat{\phi}(k)\right|^2} \left(r^*(k+1) - r(k) \right) \tag{4.3}$$

式中，$\Delta u(k) = u(k) - u(k-1)$（即 k 时刻的舵角增量 $\Delta\delta$）；$\Delta r(k) = r(k) - r(k-1)$；$u(k-1)$ 为上一时刻的控制器输出（系统输入）；$u^*(k)$ 为当前时刻的控制器输出。

在 CFDL-MFAC-AVG 艏向控制算法中，控制参数 λ, μ, η, ρ 的调节可参考以下主要规律：① $\eta \in (0,1]$，较大的 η 有利于 PPD 在快速调整阶段的跟踪速度，但在 PPD 需要稳定时可能造成超调及振荡；② $\mu \in (0,1]$，较大的 μ 有利于 PPD 的稳定性，但是可能降低 PPD 对于真实控制系统的跟踪速度；③ $\rho \in (0,1]$，较大的 ρ 有利于艏向误差较大时提示艏向响应的速度，但当实际艏向接近期望艏向时可能造成超调及振荡；④ $\lambda > 0$，较大的 λ 有利于舵角响应的平缓性，但在艏向控制快速调整阶段可能降低艏向响应的速度

水面机器人的 CFDL-MFAC-AVG 艏向控制方案，得益于外环角速度制导方法的微分项，当实际艏向接近于期望艏向时，期望角速度会逐渐地趋于 0。结合艏摇角速度对于舵角的快速响应，以及 MFAC 理论的自适应性，内环 CFDL-MFAC 艏摇角速度控制器可快速跟踪期望转艏角速度。理论上该方法具有较好的控制性能及自适应性。

4.2.2 基于动态线性化模型的自适应卡尔曼滤波算法

本节面向控制需求，基于动态线性化模型进行 AKF 算法设计，并借助受控系统的动态 I/O 数据，实时修正动态线性化模型，试图避免建模不准确性引起的不利影响。

结合 3.2.1 节的紧格式动态线性化模型，水面机器人艏向控制子系统的离散形式状态空间模型可表示为

$$\begin{cases} \psi(k) = \psi(k-1) + r(k) \times T_s \\ r(k) = r(k-1) + \phi(k) \times \left(u(k) - u(k-1) \right) \\ y(k) = \psi(k) \end{cases} \tag{4.4}$$

式中，$\psi(k)$ 为艏向；$r(k)$ 为艏摇角速度；$y(k)$ 为艏向输出观的测值，即艏向传感器的测量值；k 为离散时间系统的时刻。

取状态变量 $\boldsymbol{X} = \begin{bmatrix} \psi(k) & r(k) \end{bmatrix}^{\mathrm{T}}$，则状态转移矩阵为 $\boldsymbol{G} = \begin{bmatrix} 1 & \Delta t \\ 0 & 1 \end{bmatrix}$，观测矩阵为 $\boldsymbol{H} = \begin{bmatrix} 1 & 0 \end{bmatrix}$，AKF 算法流程如下。

(1) 状态的一步预测：

$$\hat{\boldsymbol{X}}(k \mid k-1) = \boldsymbol{G}\hat{\boldsymbol{X}}(k) + \begin{bmatrix} 0 & \hat{\phi}(k) \times (u(k) - u(k-1)) \end{bmatrix}^{\mathrm{T}} \tag{4.5}$$

(2) 状态观测的一步预测：

$$\hat{\boldsymbol{y}}(k \mid k-1) = \boldsymbol{H}\hat{\boldsymbol{X}}(k) \tag{4.6}$$

(3) 协方差阵的一步预测：

$$\boldsymbol{P}(k \mid k-1) = \boldsymbol{G}\boldsymbol{P}(k \mid k-1)\boldsymbol{G}^{\mathrm{T}} \tag{4.7}$$

(4) 计算滤波增益矩阵：

$$\boldsymbol{K}(k) = \boldsymbol{P}(k \mid k-1) \times \left(\boldsymbol{H} \times \boldsymbol{P}(k \mid k-1) \times \boldsymbol{H}^{\mathrm{T}} + R \right)^{-1} \tag{4.8}$$

式中，R 为系统观测噪声的方差，即艏向传感器的噪声方差。

(5) 状态更新：

$$\hat{\boldsymbol{X}}(k) = \hat{\boldsymbol{X}}(k \mid k-1) + \boldsymbol{K}(k) \times \left(\boldsymbol{y}(k) - \hat{\boldsymbol{y}}(k \mid k-1) \right) \tag{4.9}$$

(6) 协方差阵更新：

$$\boldsymbol{P}(k \mid k) = \left(\boldsymbol{I}_{2 \times 2} - \boldsymbol{K}(k) \right) \boldsymbol{P}(k \mid k-1) \tag{4.10}$$

式中，$\boldsymbol{I}_{2 \times 2}$ 为二阶单位阵。

注 4.1 AKF 算法是面向控制过程，而非面向数学模型而设计的，且仅能够应用于闭环控制系统中，这与其他 KF 算法有着本质差异。在 AKF 算法设计中，使用 MFAC 算法内在的动态线性化模型(用 PPD 描述)替换其状态传递方程。一方面，动态线性化模型的建立仅针对闭环控制系统；另一方面，动态线性化模型的基础是闭环控制系统提供的 I/O 数据，因此它并不能独立于控制系统而存在。

注 4.2 PPD 估计算法中，参数 μ 能避免 PPD 由于传感器噪声或奇异性(分母为 0)影响而发生突变，但也限制了 PPD 的响应速度。因此，控制对象的等价动态线性化模型和真实模型之间存在一定滞后。幸运的是，上述动态线性化模型的输入、输出对应于水面机器人的舵角、艏摇角速度。在此特定场景下，PPD 具有清晰的物理意义，即 PPD 是艏摇角速度对于舵角的时间导数。大量试验表明，PPD 通常具有缓变特征。因此，在水面机器人、舰船等运动控制应用中，PPD 可削弱模型匹配滞后的不利影响，增强低通滤波器的有益效果。

4.2.3　稳定性分析与控制流程

基于 CFDL-MFAC-AVG 算法的水面机器人艏向控制子系统可描述为

$$\begin{cases} \dot{\psi} = r \\ \dot{r} = f(u, r) \end{cases} \tag{4.11}$$

系统(4.11)可视为两个模块的级联形式：①第一项以艏摇角速度为系统(控制)输入、艏向为系统(控制)输出，该项是基本的积分环节。选择合适的参数，如采用 PID 控制器进行积分环节的控制能够保证闭环系统的稳定性[25]。②第二项以舵角为系统(控制)输入、艏摇角速度为系统(控制)输出，在期望艏摇角速度不超过水面机器人自身运动能力且舵角未到失速角的前提下，艏摇角速度控制子系统满足 CFDL-MFAC 算法要求的假设 3.1、假设 3.2、假设 3.5；同时，随舵角增大水面机器人的艏摇角速度是不减的，即满足"拟线性"假设 3.6。依据第 3 章的 MFAC 控制理论，艏摇角速度控制模块也是稳定的。

水面机器人 CFDL-MFAC-AVG 艏向控制方案的算法工作流程如算法 4.1 所示。

算法 4.1：　CFDL-MFAC-AVG 艏向控制算法

条件	期望艏向 $\psi^*(k)$，实际艏向 $\psi(k)$
初始化	k_p, k_i, k_d　　　　　　　　　//角速度制导 PID 控制器参数
	$\lambda, \mu, \eta, \rho, \varepsilon$　　　　　　　　//角速度 CFDL-MFAC 控制器参数
	$\hat{\phi}(1), \hat{\phi}(2)$　　　　　　　　// PPD 初值
循环	

$$\hat{X}(k|k-1) \leftarrow G\hat{X}(k) + \begin{bmatrix} 0 & \hat{\phi}(k) \times (u(k) - u(k-1)) \end{bmatrix}^T \quad \text{//状态一步预测}$$

$$\hat{y}(k|k-1) \leftarrow H\hat{X}(k) \qquad\qquad\qquad \text{//状态观测的一步预测}$$

$$P(k|k-1) \leftarrow GP(k|k-1)G^T \qquad\qquad \text{//协方差矩阵一步预测}$$

$$K(k) \leftarrow P(k|k-1) \times \left(H \times P(k|k-1) \times H^T + R \right)^{-1} \quad \text{//计算滤波增益矩阵}$$

$$\hat{X}(k) \leftarrow \hat{X}(k|k-1) + K(k) \times (y(k) - \hat{y}(k|k-1)) \quad \text{//状态估计，包括艏向和艏摇角速度}$$

$$P(k|k) \leftarrow (I_{2\times2} - K(k))P(k|k-1) \qquad\qquad \text{//协方差矩阵更新}$$

$$e(k) \leftarrow \psi^*(k) - \hat{\psi}(k) \qquad\qquad\qquad \text{//艏向偏差更新}$$

$$r^*(k+1) \leftarrow k_p \times e(k) + k_i \times \sum_{j=0}^{k} e(j) + k_d \times \frac{e(k) - e(k-1)}{T_s} \quad \text{//期望艏摇角速度更新}$$

$$\hat{\phi}(k) \leftarrow \hat{\phi}(k-1) + \frac{\eta \Delta u(k-1)}{\mu + \Delta u(k-1)^2}\left(\Delta \hat{r}(k) - \hat{\phi}(k-1)\Delta u(k-1)\right) \quad // \text{PPD 更新}$$

如果 $\quad |\Delta u(k-1)| \leqslant \varepsilon$ 或 $|\hat{\phi}(k)| \leqslant \varepsilon$ 或 $\text{sgn}(\hat{\phi}(k)) \neq \text{sgn}(\hat{\phi}(1))$ $\quad$ //PPD 重置机制

$$\hat{\phi}(k) \leftarrow \hat{\phi}(1)$$

结束

$$u(k) \leftarrow u(k-1) + \frac{\rho \hat{\phi}(k)}{\lambda + |\hat{\phi}(k)|^2}\left(r^*(k+1) - \hat{r}(k)\right) \quad //\text{控制器输出更新}$$

$$k = k+1 \quad\quad //\text{更新控制节拍}$$

终止 $\quad$ 停止指令

4.2.4　仿真试验与分析

为了验证理论方法用于水面机器人艏向控制的有效性及可行性，利用 MATLAB/Simulink 软件构建"海豚-I"号小型水面机器人的集成仿真程序。本节基于"海豚-I"号数学模型开展数据滤波、艏向控制仿真对比试验。依据 2.3.1 节，水面机器人艏向控制子系统的离散形式一阶非线性艏摇响应模型可描述为

$$\begin{cases} \psi(k) = \psi(k-1) + r(k) \times T_s \\ r(k) = r(k-1) + \dot{r}(k) \times T_s \\ \dot{r}(k) = \left(K\delta(k) - r(k) - \alpha r^3(k)\right)/T \end{cases} \tag{4.12}$$

式中，T_s 为采样周期；从 2.3.3 节可知，航速约 1.08 m/s 时，"海豚-I"号艏向操纵性标称模型参数为 $K = 0.2866, T = 0.4102, \alpha = 0.0085$。

1. 艏向数据滤波对比试验

设置舵角为 $\delta = 10 \times \sin(0.1 \times t)$，式 (4.12) 中艏摇响应模型的参数 K 中加入随机变量，即 $K = 0.2866 + 1 \times \text{rand}(1)$，用于模拟模型参数的摄动。艏向传感器受到均值为 0、方差为 10 的高斯白噪声 $w(k)$。试验分析三种滤波器：EKF 算法、TD 算法和本书所提出的 AKF 算法。EKF 的状态传递方程基于式 (4.12)，EKF 的详细步骤详见文献[23]。TD 的详细步骤详见文献[24]，TD 的速度系数已调整为较优值 50。采样周期为 $T_s = 0.1s$。数据滤波的仿真结果如图 4.4 和图 4.5 所示。艏向、艏摇角速度估计值和实际值的均方根 (root mean square，RMS) 统计表如表 4.1 所示。

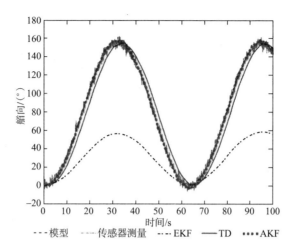

图 4.4　艏向数据滤波结果(见书后彩图)

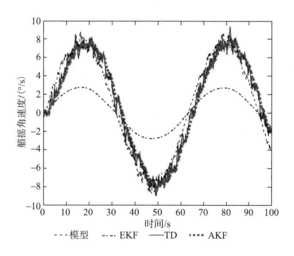

图 4.5　艏摇角速度数据滤波结果(见书后彩图)

表 4.1　数据滤波估计值与实际值的 RMS 统计表

滤波算法	RMS	
	艏向/(°)	艏摇角速度/(°/s)
传感器测量值	3.20	不可测
EKF	62.10	3.44
TD	9.98	1.18
AKF	1.91	1.50

从图 4.4 及图 4.5 可知，在模型参数摄动影响下，使用 EKF 算法时艏向及艏摇角速度的估计值与实际值之间存在偏移量。从表 4.1 可知，对于艏向及艏摇角速度，EKF 算法的 RMS 大于 TD 算法、AKF 算法和传感器测量值（可用时）；TD 算法和 AKF 算法的艏向、艏摇角速度估计值能够无偏地跟踪实际值。

TD 算法和 AKF 算法的艏摇角速度 RMS 值、滤波性能相似；AKF 算法的艏向响应时滞、艏向估计 RMS 均明显小于 TD 算法。同时，只有采用 AKF 算法时，艏向估计 RMS 小于传感器测量值。综上所述，对于水面机器人的艏向控制子系统，AKF 算法的滤波效果显著优于 EKF 算法和 TD 算法，有助于改善控制性能。

2. 标称模型下艏向镇定控制对比试验

艏向控制子系统的初始状态为 $\psi_0 = 0°, r_0 = 0°/s$，期望艏向为 90°。外环角速度制导 PID 控制器的参数为 $k_p = 4, k_i = 0.001, k_d = 1$；内环角速度 CFDL-MFAC 控制器的参数为 $\lambda = 0.1, \mu = 10, \eta = 1, \rho = 0.1, \varepsilon = 0.001$。本仿真方案中，未考虑模型参数摄动和环境干扰影响，但是仍然采用 AKF 算法测试状态预测的精度。

作为对比，PID 艏向控制器的参数为 $k_p = 4, k_i = 0.001, k_d = 1$。为了试验对比公平性，本书所提出控制方法及 PID 控制方法的参数已经手动调到较优，且取外环角速度制导 PID 控制器和对比 PID 艏向控制器的参数一致。采用两种控制方案的艏向控制试验对比结果如图 4.6～图 4.8 所示。

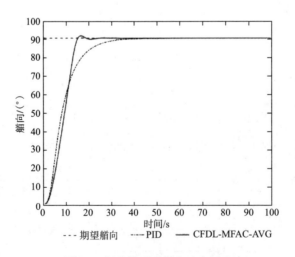

图 4.6　标称模型下艏向响应对比

从图 4.6 和图 4.7 可知，PID 艏向控制器的上升时间约 40s 无超调，趋向阶段舵角响应迅速并增加，接近阶段在微分项作用下提前减小舵角以有效抑制超调。

CFDL-MFAC 控制器上升时间约 15s，超调较小，无振荡，趋向阶段舵角响应相对较慢，接近阶段时能迅速收敛，从而削弱超调阶段的超调量及时间，舵角的变化特点与 CFDL-MFAC 控制器的增量式结构保持一致。

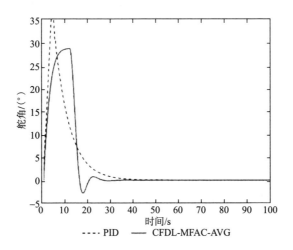

图 4.7　标称模型下舵角响应对比

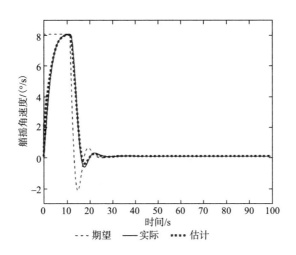

图 4.8　标称模型下艏摇角速度响应对比

作为对比，PID 艏向控制器的收敛时间更长，但超调很小，这是由于外环角速度制导 PID 控制器和对比 PID 艏向控制器的参数一致时，PID 艏向控制器中微分项降低超调的优势更加直接地作用于艏向控制子系统。

从图 4.8 可知，没有模型摄动及环境干扰影响时，艏摇角速度的估计值与实际值吻合较好。当期望艏摇角速度变化平缓时，实际艏摇角速度能迅速跟踪期望值；当期望艏摇角速度变化剧烈时，艏摇角速度实际值与期望值存在较小的滞后。一方面，这是受到水面机器人转艏运动惯性、时滞等影响，即艏摇角速度不能突变；另一方面，也是 CFDL-MFAC 控制器的增量式结构所决定，但是没有影响艏向控制的快速性。仿真结果表明，在标称模型下两种控制器均具有良好的控制性能。

3. 不确定性影响下艏向镇定控制对比试验

艏向控制子系统的初始状态、控制器参数、期望艏向与"2.标称模型下艏向镇定控制对比试验"相同；艏向传感器噪声、模型参数摄动与"1.艏向数据滤波对比试验"一致。将 AKF 算法应用于 CFDL-MFAC-AVG 算法，对比的 PID 艏向控制器则采用 EKF 算法［基于式(4.12)描述的数学模型］。不确定性影响下艏向镇定控制结果如图 4.9～图 4.13 所示。

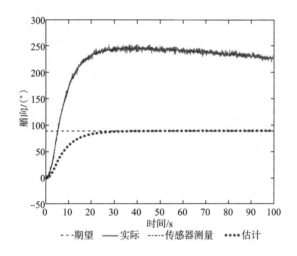

图 4.9　不确定性影响下艏向响应(PID)(见书后彩图)

从图 4.9 与图 4.10 可知，受模型参数摄动及噪声的耦合影响，采用基于数学模型的 EKF 算法，艏向及艏摇角速度的估计值与实际值存在较大的偏移。

从图 4.11 可知，尽管受到模型参数摄动及噪声影响，CFDL-MFAC-AVG 算法依然具有较好的艏向控制性能，上升时间约 40s，无超调，轻微振荡。图 4.12 是图 4.11 的局部放大图，从图 4.12 可知，基于 AKF 算法的艏向估计值变化趋势与实际艏向较为一致，且艏向估计值比传感器测量值更加平缓。艏向估计值与实际值的 RMS 为 1.07，而艏向测量值与实际值的 RMS 为 3.16。

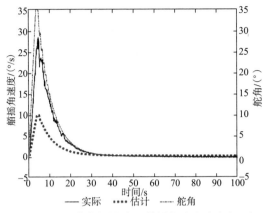

图 4.10 不确定性影响下艏摇角速度响应(PID)

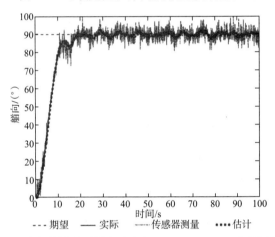

图 4.11 不确定性影响下艏向响应(CFDL-MFAC-AVG)(见书后彩图)

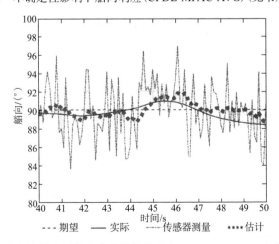

图 4.12 不确定性影响下艏向响应局部放大(CFDL-MFAC-AVG)(见书后彩图)

　　试验表明，AKF 算法很好地抑制了艏向传感器噪声的不利影响，若以 AKF 算法的估计值作为控制器输入，将有利于改善控制性能和稳定性。从图 4.13 可知，即使受到不确定性影响，内环角速度 CFDL-MFAC 控制器仍然可以快速跟踪期望艏摇角速度。

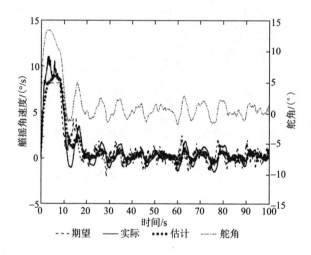

图 4.13　不确定性影响下艏摇角速度响应(CFDL-MFAC-AVG)(见书后彩图)

4. 不确定性影响下艏向跟踪控制对比试验

　　下面开展动态期望艏向下艏向跟踪试验研究，期望艏向设置为 90°(0s→50s)、180°(50s→100s)和 60°(100s→150s)，其他试验条件与"3.不确定性影响下艏向镇定控制对比试验"相同。艏向跟踪的仿真试验结果如图 4.14 和图 4.15 所示。

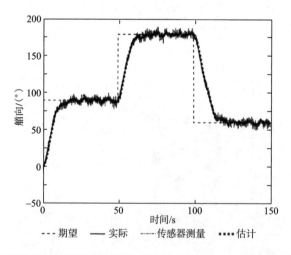

图 4.14　不确定性影响下艏向跟踪响应(CFDL-MFAC-AVG)(见书后彩图)

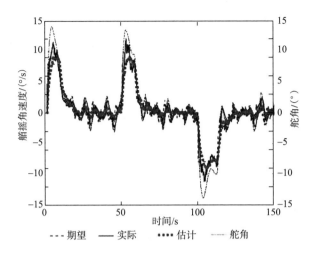

图 4.15　不确定性影响下艏摇角速度跟踪响应（CFDL-MFAC-AVG）（见书后彩图）

从图 4.14 和图 4.15 可知，实际艏向能快速地收敛到动态改变的期望艏向。艏向及艏摇角速度的估计值能迅速跟踪实际值的趋势，并且比传感器测量值的振荡较小。在艏向跟踪时，CFDL-MFAC-AVG 算法和 AKF 算法依然具有良好的控制性能。

综上所述，结合 AKF 算法和 CFDL-MFAC-AVG 算法的艏向控制方案，解决了 CFDL-MFAC 算法面临的超调与振荡问题，即使受到模型参数摄动及传感器噪声的不利影响，依然具有良好的鲁棒性和自适应性。

4.2.5　主要结论

本节针对模型摄动及测量噪声等影响下水面机器人的艏向控制问题，基于无模型自适应控制理论和卡尔曼滤波框架，分析了 CFDL-MFAC 算法的艏向控制应用局限，提出了 CFDL-MFAC-AVG 算法和 AKF 算法，并开展了数据滤波、艏向控制的仿真对比试验研究，主要结论如下。

（1）定性分析表明，如果 CFDL-MFAC 控制器直接将水面机器人的舵角作为系统（控制）输入、艏向作为系统（控制）输出，艏向将出现超调及振荡现象，并且难以仅通过调节控制器参数改善控制性能。

（2）得益于外环角速度制导 PID 控制器的微分项，对比基本 CFDL-MFAC 算法，本书所提出的 CFDL-MFAC-AVG 算法改善了水面机器人艏向控制中存在的超调、振荡等动态特性。

（3）独立于受控系统的数学模型，基于紧格式动态线性化模型提出了一种面向控制的 AKF 算法，该方法有效削弱了传感器噪声、模型摄动等不利影响。

(4) 仿真对比试验表明，即使受到模型摄动及环境干扰的耦合影响，CFDL-MFAC-AVG 算法及 AKF 算法仍维持了较好的控制(滤波)性能，即对不确定性影响具有较强的鲁棒性、自适应性。

4.3　重定义输出式无模型自适应艏向控制

4.3.1　控制问题分析

在水面机器人的运动控制原理图 4.1 中，ψ, ψ_d 分别表示实际艏向(系统输出)、期望艏向，δ, δ_d 分别表示实际舵角(或名义舵角)、期望舵角(控制器输入)。显然，水面机器人的艏向输出范围是-180°到180°，当控制输入(舵角)增大时，受控系统输出(艏向)并不是持续增大。艏向控制子系统可能出现输入增加时输出减小的现象，比如舵角从-30°增加到-20°，但是艏向依然是持续减小的。或考虑一种极端的情形，艏向从+180°迅速改变至-180°。很显然，艏向控制子系统不满足 CFDL-MFAC 算法对受控系统的"拟线性"假设 3.6(即控制输入增加时，相应的受控系统输出是不减的)，这导致 CFDL-MFAC 算法不能直接应用于艏向控制子系统。

考虑上述水面机器人艏向控制子系统存在的独特问题，本节考虑艏向控制子系统的动力学特性，基于 CFDL-MFAC 算法探索艏向的自适应控制问题。

4.3.2　重定义无模型自适应控制方法设计

针对艏向控制子系统不满足假设 3.6 的问题，本节探索一种基于重定义输出的改进 CFDL-MFAC 算法，即重定义输出 CFDL-MFAC(redefinition output CFDL-MFAC，RO-CFDL-MFAC)算法，并证明艏向闭环控制系统的稳定性[2]。

通过分析水面机器人艏向控制子系统的动力学特性，结合 CFDL-MFAC 方法对受控系统的要求，将新的系统受控输出定义为 $y(k+1) = \psi(k+1) + K_1 r(k+1)$，即将艏向子系统的艏向 ψ、艏摇角速度 r 的线性和作为系统的重定义输出信号。其中 $K_1 > K_{\min} > 0$ 为重定义输出增益(或角速度增益)，$K_{\min}$ 为某个最小正常数。对于镇定控制问题 $y^*(k+1) = \psi^*(k+1) + K_1 r^*(k+1) = \psi^* + K_1 r^* = \text{const}$，且期望艏摇角速度 r^* 恒为零，控制方案参考 3.3.1 节的 CFDL-MFAC 算法，即式(3.15)～式(3.17)。

选择合适的参数 K_1，使得控制输入 $u(k)$ 增大时[水面机器人的艏向控制输入为舵角 $\delta(k)$]，$K_1 r$ 也持续增大，抵消 ψ 超出[-180°，180°]范围导致重定义输出信号变小(突变)的问题,确保受控输出 $\psi+K_1r$ 也随之增大,从而满足假设 3.6 的要求,其中参数 K_1 根据艏向控制子系统特性进行设计。基于 RO-CFDL-MFAC 算法的艏向控制原理框图如图 4.16 所示。

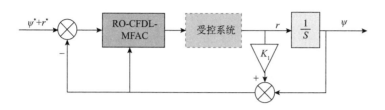

图 4.16 基于 RO-CFDL-MFAC 算法的艏向控制原理图

从图 4.16 可知,艏向控制子系统增加 1 个可调参数 K_1,将角速度信号加入外环反馈系统中,丰富并改变了受控系统输出信号的内涵,并满足 CFDL-MFAC 算法对受控系统"拟线性"假设条件的要求,从而实现对水面机器人的艏向控制。水面机器人 RO-CFDL-MFAC 艏向控制方案的算法工作流程如算法 4.2 所示。

算法 4.2: RO-CFDL-MFAC 艏向控制算法

条件	期望艏向 $\psi^*(k)$,实际艏向 $\psi(k)$	
初始化	$\lambda,\mu,\eta,\rho,\varepsilon,K_1$	// RO-CFDL-MFAC 算法的控制参数
	$\hat{\phi}(1),\hat{\phi}(2)$	// PPD 初值
循环		
	$y(k) \leftarrow \psi(k)+K_1r(k)$	//重定义输出更新
	$\Delta y(k) \leftarrow y(k)-y(k-1)$	//重定义输出误差更新
	$\hat{\phi}(k) \leftarrow \hat{\phi}(k-1)+\dfrac{\eta\Delta u(k-1)}{\mu+\Delta u(k-1)^2}\left(\Delta y(k)-\hat{\phi}(k-1)\Delta u(k-1)\right)$ //PPD 更新	
如果	$\|\Delta u(k-1)\| \leqslant \varepsilon$ 或 $\|\hat{\phi}(k)\| \leqslant \varepsilon$ 或 $\mathrm{sgn}\left(\hat{\phi}(k)\right) \neq \mathrm{sgn}\left(\hat{\phi}(1)\right)$ //PPD 重置机制	
	$\hat{\phi}(k) \leftarrow \hat{\phi}(1)$	
结束		
	$u(k) \leftarrow u(k-1)+\dfrac{\rho\hat{\phi}(k)}{\lambda+\left\|\hat{\phi}(k)\right\|^2}\left(y^*(k+1)-y(k)\right)$	//控制器输出更新
	$k=k+1$	//更新控制节拍
终止	停止指令	

综上所述,整个改进控制系统的结构简单、易于工程实现,下面对 RO-CFDL-MFAC 方案的稳定性进行深入分析。

4.3.3 系统稳定性分析

1. 重定义输出条件下 PPD 特性分析

结合 2.3.1 节水面机器人操纵性响应数学模型，为了简化分析不失一般性，考虑下列线性的离散时间艏向控制子系统（一阶艏摇响应模型的离散形式）：

$$\begin{cases} \psi(k+1) = \psi(k) + T_s r(k) \\ r(k+1) = r(k) + \dfrac{T_s}{T}\big(K\delta(k) - r(k)\big) \end{cases} \tag{4.13}$$

式中，K,T 为操纵性系数，T_s 为控制周期，均为正常数；$\psi(k), r(k), \delta(k)$ 分别表示系统在 k 时刻的输出（艏向角、艏摇角速度）和输入（舵角）。

设计艏向控制子系统的重定义输出为

$$y(k+1) = \psi(k+1) + K_1 r(k+1) \tag{4.14}$$

式中，$K_1 > 0$ 为重定义输出增益。

4.3.2 节的定性分析表明：选择合适的参数 K_1 可以使得艏向控制子系统满足假设 3.6 的要求，然而不合适的参数 K_1 将可能导致该方法失效。下面针对式(4.14)形式的重定义输出及参数 K_1 进行深入研究，为后续的稳定性分析奠定理论基础。

注 4.3   上述分析中，艏向控制子系统的重定义输出信号(4.14)是艏向 ψ 和艏摇角速度 r 的线性叠加形式，实际可依据动力学特性及控制需求，选取非线性等丰富的融合模式。为了便于控制系统的定性分析，以式(4.13)为例论述 K_1 的存在性，以及参数选取的主要影响因素。这并不改变 MFAC 理论的无模型控制核心特征，同时与"若已知模型，亦有助于控制器设计与分析"的思想相吻合。

依据式(4.13)，可得差分形式的艏向控制子系统模型

$$\begin{cases} \Delta\psi(k+1) = \Delta\psi(k) + T_s \Delta r(k) \\ \Delta r(k+1) = \dfrac{T - T_s}{T}\Delta r(k) + \dfrac{T_s K}{T}\Delta\delta(k) \end{cases} \tag{4.15}$$

由式(4.14)和式(4.15)，可得差分形式的重定义输出为

$$\begin{aligned} \Delta y(k+1) &= \Delta\psi(k+1) + K_1 \Delta r(k+1) \\ &= \Delta\psi(k) + T_s\Delta r(k) + \frac{K_1(T-T_s)}{T}\Delta r(k) + \frac{K_1 T_s K}{T}\Delta\delta(k) \\ &= \frac{T\Delta\psi(k) + TT_s\Delta r(k)}{T\Delta\delta(k)}\Delta\delta(k) \\ &\quad + \frac{K_1(T-T_s)\Delta r(k) + K_1 T_s K\Delta\delta(k)}{T\Delta\delta(k)}\Delta\delta(k) \end{aligned} \tag{4.16}$$

由引理 3.1 可知，对于离散时间艏向控制子系统(4.13)，任意时刻 k 满足 $\Delta\delta(k)\neq 0$ 时，有紧格式动态线性化模型(3.2)成立。对比式(4.16)和式(3.2)可知，艏向控制子系统的 PPD 可等价表示为

$$\phi(k)=\frac{T\Delta\psi(k)+TT_s\Delta r(k)}{T\Delta\delta(k)}+\frac{K_1(T-T_s)\Delta r(k)+K_1T_sK\Delta\delta(k)}{T\Delta\delta(k)} \quad (4.17)$$

即对于离散时间艏向控制子系统(4.13)，可以将 $\phi(k)$ 显式地表示为式(4.17)。显然，对于更为一般的艏向控制子系统，可以对 $\phi(k)$ 进行类似的等价处理。

接下来重点分析参数 K_1 在何种取值范围下，才能够使得 $\phi(k)$ 满足假设 3.6。首先，讨论 $\Delta\delta(k)>0$ 的情况，即对于任意时刻 k，当满足 $\Delta\delta(k)>0$ 时，伪偏导数 $\phi(k)>0$ 恒成立。由于 $T,\Delta\delta(k)$ 均为正数，结合式(4.17)可知，$\phi(k)>0$ 等价于下列不等式：

$$T\Delta\psi(k)+\left(TT_s+K_1(T-T_s)\right)\Delta r(k)+K_1T_sK\Delta\delta(k)>0 \quad (4.18)$$

水面机器人的转艏惯性较大，且控制系统采样时间一般在 1s 以内，所以对艏向控制子系统而言，满足条件 $T>T_s$。考虑一种极端情况，$\Delta\delta(k)>0$ 时，艏向 $\psi(k)$ 逐渐增大，当增大到 180°时，下一时刻变为-180°。因此，考虑此情况时 $T\Delta\psi(k)=-2\pi T$，且依据式(4.15)有 $\Delta\delta(k)>0$ 时 $\Delta r(k)>0$ 恒成立，式(4.18)变为以下不等式：

$$-2\pi T+\left(TT_s+K_1(T-T_s)\right)\Delta r(k)+K_1T_sK\Delta\delta(k)\geqslant -2\pi T+K_1T_sK\Delta\delta(k)>0 \quad (4.19)$$

若选择合适的参数 K_1 满足下列条件，则有不等式(4.19)成立：

$$K_1>\frac{2\pi T}{T_sK\Delta\delta(k)}>0 \quad (4.20)$$

即参数 K_1 存在一个最小值，$K_1>\dfrac{2\pi T}{T_sK\Delta\delta(k)}$，使得对于任意时刻 k 当满足 $\Delta\delta(k)>0$ 时，PPD 可满足 $\phi(k)>0$。对水面机器人的舵机伺服模块而言，其具有相对固定的动力学特性，即一个控制周期内舵角改变量满足 $\Delta\delta(k)\leqslant\hat{\delta}_{max}T_s$，$\hat{\delta}_{max}$ 为单位时间内最大正向转舵角速度，满足 $\Delta\delta(k)>0,\hat{\delta}_{max}>0$。

结论 4.1 针对艏向控制子系统(4.13)，对于式(4.14)定义的重定义输出型 CFDL-MFAC 算法，当选择参数 $K_1>K_{1min}=\dfrac{2\pi T}{T_s^2K\hat{\delta}_{max}}$ 时，PPD 满足 $\phi(k)>0$ 恒成立；同理，当 $\Delta\delta(k)<0$，PPD 也满足 $\phi(k)>0$，即假设 3.6 得以满足。

注 4.4 上述分析是针对一种线性的离散形式艏向控制子系统(4.13)进行的，理论证明了通过引入重定义输出 $y(k+1)=\psi(k+1)+K_1r(k+1)$，可使艏向控制子系统满足 CFDL-MFAC 算法的假设 3.6，并获得参数 K_1 的最小取值范围。同理，对

于水面机器人更为一般性的艏向控制子系统，只需改变参数 K_1 的取值范围，从而使得结论 4.1 依然成立。

注 4.5 上述分析表明，重定义输出增益 K_1 与系统动力学特性、采样周期等密切相关，上述研究有助于简化实际控制系统的设计与参数调节。在调节参数 K_1 时发现，K_1 越小系统的响应越快，同时超调也越大；反之，K_1 越大系统响应速度越慢，超调越小。显然，选择合适的 K_1 值并配合适宜的 CFDL-MFAC 控制参数，才能达到理想的控制性能。

2. 系统的稳定性证明

定理 4.1 针对离散时间非线性艏向控制子系统(4.13)，在假设 3.1、假设 3.2、假设 3.5 和假设 3.6 均满足的条件下，当设计重定义输出期望信号为 $y^*(k+1)=\psi^*(k+1)+K_1r^*(k+1)=y^*=\text{const}$ 时，选择合适的正常数 $K_1>K_{1\min}$，采用 RO-CFDL-MFAC 算法，存在一个正数 $\lambda_{\min}>0$，使得当 $\lambda>\lambda_{\min}$ 时有：

(1)系统输出跟踪误差单调收敛，且 $\lim\limits_{k\to\infty}\left|y^*-y(k+1)\right|=0$；

(2)闭环系统 BIBO 稳定，即输出序列 $\{y(k)\}$ 和输入序列 $\{u(k)\}$ 有界。

证明 如果满足条件 $\left|\hat{\phi}(k)\right|\le\varepsilon$ 或 $\left|\Delta u(k-1)\right|\le\varepsilon$ 或者 $\text{sgn}(\hat{\phi}(k))\ne\text{sgn}(\hat{\phi}(1))$，则 $\hat{\phi}(k)$ 明显有界。

定义 $\tilde{\phi}(k)=\hat{\phi}(k)-\phi(k)$ 为 PPD 的估计误差，在 PPD 估计算法(3.15)两边同时减去 $\phi(k)$，可得到下式：

$$\tilde{\phi}(k)=\left(1-\frac{\eta\left|\Delta u(k-1)\right|^2}{\mu+\left|\Delta u(k-1)\right|^2}\right)\tilde{\phi}(k-1)+\phi(k-1)-\phi(k) \tag{4.21}$$

对式(4.21)两边取绝对值可得

$$\left|\tilde{\phi}(k)\right|\le\left|1-\frac{\eta\left|\Delta u(k-1)\right|^2}{\mu+\left|\Delta u(k-1)\right|^2}\right|\times\left|\tilde{\phi}(k-1)\right|+\left|\phi(k-1)-\phi(k)\right| \tag{4.22}$$

式中，$\dfrac{\eta\left|\Delta u(k-1)\right|^2}{\mu+\left|\Delta u(k-1)\right|^2}$ 是关于 $\left|\Delta u(k-1)\right|^2$ 单调递增的，若 $\left|\Delta u(k-1)\right|\le\varepsilon$，则存在最小值 $\dfrac{\eta\varepsilon^2}{\mu+\varepsilon^2}$。当 $0<\eta\le 1,\mu>0$，存在常数 d_1，满足下式：

$$0\le\left|1-\frac{\eta\left|\Delta u(k-1)\right|^2}{\mu+\left|\Delta u(k-1)\right|^2}\right|\le 1-\frac{\eta\varepsilon^2}{\mu+\varepsilon^2}=d_1<1 \tag{4.23}$$

根据引理 3.1, $\phi(k)$ 对任意时刻 k 有界, 即有 $|\phi(k)| \leqslant \bar{b}$, 可推得 $|\phi(k-1)-\phi(k)| \leqslant 2\bar{b}$, 根据式 (4.22) 和式 (4.23) 可得下式:

$$
\begin{aligned}
\left|\tilde{\phi}(k)\right| &\leqslant d_1\left|\tilde{\phi}(k-1)\right| + 2\bar{b} \\
&\leqslant d_1^2\left|\tilde{\phi}(k-2)\right| + 2d_1\bar{b} + 2\bar{b} \\
&\leqslant \cdots \leqslant d_1^{k-1}\left|\tilde{\phi}(1)\right| + \frac{2\bar{b}(1-d_1^{k-1})}{1-d_1}
\end{aligned}
\tag{4.24}
$$

式 (4.24) 证明了 $\tilde{\phi}(k)$ 的有界性。由于 $\phi(k)$ 有界, 从 $\hat{\phi}(k) = \tilde{\phi}(k) + \phi(k)$ 可知, $\hat{\phi}(k)$ 亦有界。

定义系统跟踪误差为

$$
\begin{aligned}
e(k+1) &= y^* - y(k+1) \\
&= \psi^* - \psi(k+1) + K_1\left(r^* - r(k+1)\right)
\end{aligned}
\tag{4.25}
$$

将 CFDL 模型代入式 (4.25), 并对等式两边取绝对值, 可得

$$
\begin{aligned}
|e(k+1)| &= \left|y^* - y(k+1)\right| = \left|y^* - y(k) - \phi(k)\Delta u(k)\right| = \left|e(k) - \phi(k)\Delta u(k)\right| \\
&= \left|e(k) - \phi(k)e(k)\frac{\rho\hat{\phi}(k)}{\lambda + \left|\hat{\phi}(k)\right|^2}\right| \\
&\leqslant \left|1 - \frac{\rho\hat{\phi}(k)\phi(k)}{\lambda + \left|\hat{\phi}(k)\right|^2}\right||e(k)|
\end{aligned}
\tag{4.26}
$$

由假设 3.6 和重置算法 (3.16), 可得 $\hat{\phi}(k)\phi(k) \geqslant 0$。

同时, 令 $\lambda_{\min} = \dfrac{\bar{b}^2}{4}$, 基于不等式 $\alpha^2 + \beta^2 \geqslant 2\alpha\beta$, 假设 3.6 中 $\phi(k) > \varepsilon$ 及重置算法 (3.16) 确保的 $\hat{\phi}(k) > \varepsilon$, 以及上述得到的 $\hat{\phi}(k)$ 有界性可知, 选取 $\lambda > \lambda_{\min}$, 则存在一个正常数 $0 < M_1 < 1$, 使得下列不等式成立:

$$
0 < M_1 \leqslant \frac{\hat{\phi}(k)\phi(k)}{\lambda + \left|\hat{\phi}(k)\right|^2} \leqslant \frac{\bar{b}\hat{\phi}(k)}{\lambda + \left|\hat{\phi}(k)\right|^2} \leqslant \frac{\bar{b}\hat{\phi}(k)}{2\sqrt{\lambda}\hat{\phi}(k)} = \frac{\bar{b}}{2\sqrt{\lambda}} < \frac{\bar{b}}{2\sqrt{\lambda_{\min}}} = 1
\tag{4.27}
$$

式中, $\bar{b}$ 是满足引理 3.1 结论 $\phi(k) \leqslant \bar{b}$ 的正常数。

根据式 (4.27) 以及 $0 < \rho \leqslant 1$ 和 $\lambda > \lambda_{\min}$, 存在一个常数 d_2, 可得

$$\left|1-\frac{\rho\hat{\phi}(k)\phi(k)}{\lambda+\left|\hat{\phi}(k)\right|^2}\right|=1-\frac{\rho\hat{\phi}(k)\phi(k)}{\lambda+\left|\hat{\phi}(k)\right|^2}\leqslant 1-\rho M_1=d_2<1 \qquad (4.28)$$

通过式(4.26)和式(4.28)可得

$$\left|e(k+1)\right|\leqslant d_2\left|e(k)\right|\leqslant d_2^2\left|e(k-1)\right|\leqslant\cdots\leqslant d_2^k\left|e(1)\right| \qquad (4.29)$$

式(4.29)证明了定理4.1的结论(1)成立，即输出跟踪误差是单调收敛的。同时，对于镇定控制问题，期望重定义输出 $y^*(k+1)=\psi^*+K_1 r^*=\mathrm{const}$。从式(4.25)可知，水面机器人的重定义输出 $y(k+1)=\psi(k+1)+K_1 r(k+1)$ 亦是有界的。

接下来证明 $u(k)$ 的有界性，利用不等式 $\left(\sqrt{\lambda}\right)^2+\left|\hat{\phi}(k)\right|^2\geqslant 2\sqrt{\lambda}\hat{\phi}(k)$ 以及 $\lambda>\lambda_{\min}$，由控制算法(3.17)可得

$$\begin{aligned}\left|\Delta u(k)\right|&=\left|\frac{\rho\hat{\phi}(k)(y^*-y(k))}{\lambda+\left|\hat{\phi}(k)\right|^2}\right|\leqslant\frac{\rho\hat{\phi}(k)}{\lambda+\left|\hat{\phi}(k)\right|^2}\left|e(k)\right|\\&\leqslant\left|\frac{\rho\hat{\phi}(k)}{2\sqrt{\lambda}\hat{\phi}(k)}\right|\left|e(k)\right|\leqslant\frac{\rho}{2\sqrt{\lambda_{\min}}}\left|e(k)\right|\\&\leqslant M_2\left|e(k)\right|\end{aligned} \qquad (4.30)$$

式中，$M_2=\left|\rho/\left(2\sqrt{\lambda_{\min}}\right)\right|$ 为一个有界正常数。结合式(4.29)和式(4.30)，可得下式：

$$\begin{aligned}\left|u(k)\right|&\leqslant\left|u(k)-u(k-1)\right|+\left|u(k-1)\right|\\&\leqslant\left|u(k)-u(k-1)\right|+\left|u(k-1)-u(k-2)\right|+\left|u(k-2)\right|\\&\leqslant\left|\Delta u(k)\right|+\left|\Delta u(k-1)\right|+\cdots+\left|\Delta u(2)\right|+\left|u(1)\right|\\&\leqslant M_2\left(\left|e(k)\right|+\left|e(k-1)\right|+\left|e(k-2)\right|+\cdots+\left|e(2)\right|\right)+\left|u(1)\right|\\&\leqslant M_2\left(d_2^{k-1}\left|e(1)\right|+d_2^{k-2}\left|e(1)\right|+\cdots+d_2\left|e(1)\right|\right)+\left|u(1)\right|\\&\leqslant M_2\frac{d_2}{1-d_2}\left|e(1)\right|+\left|u(1)\right|\end{aligned} \qquad (4.31)$$

由式(4.31)证明了 $u(k)$ 的有界性，从而证明定理4.1的结论(2)成立，即输出序列 $y(k+1)$、输入序列 $u(k)$ 是BIBO稳定的。

定理4.1证毕。

注4.6 定理4.1证明了RO-CFDL-MFAC算法用于离散时间非线性艏向控制子系统常值期望信号时镇定问题的稳定性、单调收敛性。同理，时变期望信号的跟踪问题时亦可推广理论证明。首先，考虑建立增广系统

$$z(k+1) = f\left(y(k), \cdots, y(k-n_y), u(k), \cdots, u(k-n_u)\right) - y^*(k+1)$$

针对该增广系统，应用上述 CFDL-MFAC 方案及证明过程，也可证明其稳定性和单调收敛性，即增广系统与原非线性系统(3.1)具有等价的收敛性、稳定性。

4.3.4 仿真试验与分析

为了检验 RO-CFDL-MFAC 算法用于水面机器人艏向控制的有效性及可行性，本节基于"海豚-I"号数学模型开展艏向控制仿真对比试验。针对艏向控制子系统(4.13)，仿真中选择"海豚-I"号标称的艏向操纵性参数为 $K=0.186, T=1.068$。

1. 标称模型下对比试验

艏向控制子系统的初始状态为 $[\psi_0 \quad r_0] = [0° \quad 0°/s]$，RO-CFDL-MFAC 算法的控制参数 $\lambda=10, \mu=100, \eta=1, \rho=0.35, K_1=22$，PID 算法的控制参数 $k_p=1.4, k_i=0.001, k_d=1$，期望艏向为 180°。两种控制算法作用下，艏向控制的阶跃响应试验结果如图 4.17 所示。

为了后续对比的公平性，两种控制算法参数均已经手动调到较优。从图 4.17 可知 PID 和 RO-CFDL-MFAC 算法的艏向阶跃曲线几乎吻合，艏向响应时间均约 40s，无超调和振荡现象，舵角响应趋势也基本相同。对比试验表明，在标称模型和无扰动影响条件下，两种控制算法具有一致的控制性能。

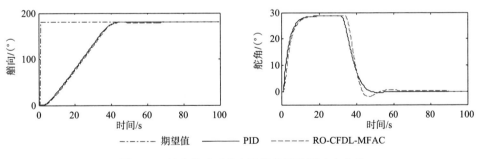

图 4.17　标称模型下艏向及舵角的阶跃响应曲线

2. 不确定性影响下对比试验

在实际系统或工程应用场景中，难以获得精准数学模型以描述水面机器人动力学，这将导致模型的失配问题。同时，航态、环境等影响会造成水面机器人模型摄动，这种模型摄动会恶化模型导向控制方法的性能，甚至导致系统失稳。并且，海洋扰动力、测量噪声等对水面机器人亦具有显著影响。然而，数据导向控制方法的性能优劣需要进一步探究、验证。因此，下面讨论在模型摄动、环境干扰等不确定性影响下，PID、RO-CFDL-MFAC 算法的鲁棒性、自适应能力。

　　艏向控制子系统的初始状态、控制参数、期望艏向等与 "1. 标称模型下对比试验" 保持一致。其他仿真条件设置为：①测量噪声 $w(k)$ 为高斯白噪声，噪声协方差为 15°（最大值可达期望艏向的 55%），均值为 0；②艏向控制子系统的模型参数为 K,T，不失一般性仿真试验通过改变 K 值，模拟随机性的模型参数摄动，将 K 值中加入随机变量，即 $K=0.186+0.8\mathrm{rand}(1)$（430%的摄动量）。

　　艏向控制的仿真对比试验结果如图 4.18 所示，艏向控制误差的 RMS 计算结果如表 4.2 所示。

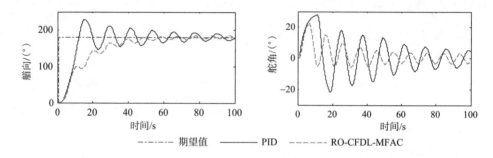

图 4.18　不确定性影响下艏向及舵角的阶跃响应曲线

表 4.2　艏向控制误差的 RMS 对比表（仿真试验）

仿真条件	RMS/(°)	
	PID	RO-CFDL-MFAC
标称模型	0.2	0.8
不确定性影响	17.3	4.5

　　从表 4.2 可知，RO-CFDL-MFAC 算法的艏向响应误差 RMS 为 4.5°，明显优于 PID 算法（RMS 高达 17.3°）。从图 4.18 及表 4.2 可知，艏向控制子系统受到的不确定性影响，使得 PID 算法的控制性能显著下降，艏向响应振荡剧烈，抗干扰能力较差；相比而言，虽然亦受到不确定性影响，RO-CFDL-MFAC 算法的艏向响应误差较小，仍具有较强的鲁棒性和自适应性，但是存在约±4°的输出误差。针对噪声干扰问题，实际应用中可引入数据滤波器（如 4.2.2 节）以进一步改善控制性能。

4.3.5　外场试验与分析

　　为了进一步验证上述方法的可行性与实用性，深化理论研究并推进工程应用，本节基于 "海豚-I" 号小型水面机器人，对所提出控制方法进行物理实现及算法嵌入。2016

年秋季,"海豚-I"号在哈尔滨市松花江真实水域环境开展外场试验研究。

1. 设定航态及操纵模式下对比试验

设定水面机器人航速约 0.5 m/s(模拟航态的改变)、操纵模式为双推进器+舵,如图 2.3(a)所示,进行 PID 算法、RO-CFDL-MFAC 算法的舾向控制对比试验。RO-CFDL-MFAC 控制器参数为 $\lambda = 10, \mu = 100, \eta = 1, \rho = 0.35, K_1 = 22$(与仿真时一致),PID 控制器参数为 $k_p = 3, k_i = 0.01, k_d = 3$(外场试验中重新调节),期望舾向为−50°。舾向控制的外场试验对比结果如图 4.19 所示。

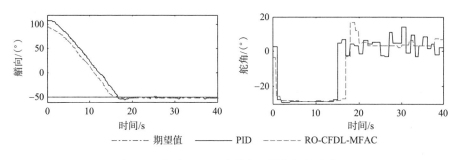

图 4.19　航速 0.5m/s 时舾向及舵角的响应曲线

外场试验中通过调节 PID、RO-CFDL-MFAC 算法的控制参数,使其具有相似的动态响应和控制性能,以体现对比试验的公平性。从图 4.19 可知,两种控制算法均使水面机器人的舾向收敛到期望值,响应过程超调小、无振荡现象,均具有较好的动态性能,相比之下 PID 算法的舵角输出振荡较大。

2. 航态及操纵模式改变后对比试验

设定水面机器人航速约 1.2 m/s,操纵模式为单推进器+舵,如图 2.3(b)所示,保持 PID、RO-CFDL-MFAC 的控制参数不变进行对比试验。舾向控制的外场试验对比结果如图 4.20 所示。舾向控制误差的 RMS 计算结果如表 4.3 所示。

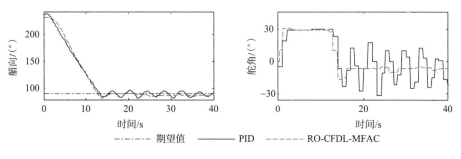

图 4.20　航速 1.2m/s 时舾向及舵角的响应曲线

表 4.3　艏向控制误差的 RMS 对比表(外场试验)

仿真条件	RMS/(°)	
	PID	RO-CFDL-MFAC
设定航态及操纵模式	1.3	1.3
航态及操纵模式改变后	4.0	2.4

从表 4.3 可知,航态变化后 RO-CFDL-MFAC 算法的艏向响应误差 RMS 为 2.4°, 优于 PID 算法(RMS 为 4.0°)。对比图 4.19、图 4.20 及表 4.3 可知,水下机器人的 航态,尤其是操纵模式发生较大变化后,PID 算法作用下艏向输出振荡剧烈、难 以收敛,舵角输出振荡严重,控制性能明显恶化。而 RO-CFDL-MFAC 算法保证 艏向收敛到期望值,超调较小、无振荡,仍然维持一致的动态控制性能。

外场试验分析可知,随着水下机器人航速(航态)、操纵模式改变,PID 算法 需要重新调节参数,而 MFAC 算法则不用。这意味着 MFAC 算法对水下机器人的 航态改变(控制数学模型改变)具有较好的自适应性,并保持一致的控制性能,这 有助于提升控制系统的鲁棒性。同时,MFAC 算法可简化参数的调试过程,显著 节约宝贵的试验时间,这对于推进工程应用具有重要意义。

4.3.6　主要结论

本节针对不确定性影响下水面机器人的艏向控制问题,基于无模型自适应控 制理论开展深入研究,创新提出一种 RO-CFDL-MFAC 艏向控制算法,证明了闭 环系统的稳定性,并开展仿真、外场对比试验研究,主要结论如下。

(1)对 CFDL-MFAC 算法及水面机器人运动控制应用的分析表明,水面机器 人艏向控制子系统呈现的特殊动力学特性导致其不符合"拟线性"假设 3.6,这使 得 CFDL-MFAC 算法不能直接应用于艏向控制。

(2)结合艏向控制子系统的动力学特性,提出 RO-CFDL-MFAC 算法。理论分 析表明,选择合适的重定义输出增益可使得 RO-CFDL-MFAC 算法满足"拟线性" 假设 3.6,解决基本 CFDL-MFAC 算法不适用于艏向控制的局限。

(3)理论证明了在 RO-CFDL-MFAC 算法作用下艏向控制子系统的稳定性,从 而首次将 CFDL-MFAC 算法拓展到水面机器人运动控制领域。

(4)仿真及外场试验表明,对比 PID 算法,RO-CFDL-MFAC 算法对航态变化、 操纵性模式改变等不确定性影响不敏感,体现出良好的自适应性。

参 考 文 献

[1]　Li Y, Wang L F, Liao Y L, et al. Heading MFA control for unmanned surface vehicle with angular velocity

guidance[J]. Applied Ocean Research, 2018, 80（11）: 57-65.

[2] Liao Y L, Jiang Q Q, Du T P, et al. Redefined output model-free adaptive control method and unmanned surface vehicle heading control[J]. IEEE Journal of Oceanic Engineering, 2019, 10.1109/JOE.2019.2896397: 1-10.

[3] Manley J E. Unmanned surface vehicles, 15 years of development[C]//Proceedings of the Oceans 2008 MTS/IEEE Quebec Conference and Exhibition, Quebec City, Canada, 2008: 1-4.

[4] Breivik M, Hovstein V E, Fossen T I. Straight-line target tracking for unmanned surface vehicles[J]. Modeling Identification and Control, 2008, 29（4）: 131-149.

[5] Liao Y L, Zhang M J, Wan L, et al. Trajectory tracking control for underactuated unmanned surface vehicles with dynamic uncertainties[J]. Journal of Central South University of Technology, 2016, 23（2）: 370-378.

[6] 廖煜雷, 张铭钧, 董早鹏, 等. 无人艇运动控制方法的回顾与展望[J]. 中国造船, 2014, 55（4）: 206-216.

[7] 胡志强, 周焕银, 林扬, 等. 基于在线自优化 PID 算法的 USV 系统航向控制[J]. 机器人, 2013, 35（3）: 263-268.

[8] Kumar V, Nakra B C, Mittal A P. A review on classical and fuzzy PID controllers[J]. Intelligent Control and Systems, 2011, 16（3）: 170-181.

[9] 周焕银, 封锡盛, 胡志强, 等. 基于多辨识模型优化切换的 USV 航向动态反馈控制[J]. 机器人, 2013, 35（5）: 552-558.

[10] Naeem W, Xu T, Sutton R, et al. The design of a navigation, guidance and control system for an unmanned surface vehicle for environmental monitoring[J]. Institution of Mechanical Engineers Part M: Journal of Engineering for the Maritime Environment, 2008, 222（2）: 67-79.

[11] Sharma S K, Naeem W, Sutton R. An autopilot based on a local control network design for an unmanned surface vehicle[J]. Journal of Navigation, 2012, 65（2）: 281-301.

[12] Sonnenburg C R, Woolsey C A. Modeling identification and control of an unmanned surface vehicle[J]. Journal of Field Robotics, 2013, 30（3）: 371-398.

[13] Shr S H, Jeng Y J. Robust nonlinear ship course-keeping control under the influence of high wind and large wave disturbances[C]//Proceedings of the 8th Control Conference, Gaoxiong, Taiwan, China, 2011: 393-398.

[14] Ashrafiuon H, Muske K R, McNinch L C, et al. Sliding-mode tracking control of surface vessels[J]. IEEE Transactions on Industrial Electronics, 2008, 55（11）: 4004-4012.

[15] Piotr S. Course control of unmanned surface vehicle[J]. Solid State Phenomena, 2013, 196（2）: 117-123.

[16] Malecki J, Zak B. Design a fuzzy trajectory control for ship at low speed[C]//Proceedings of the 12th WSEAS International Conference on Signal Processing, Computational Geometry and Artificial Vision, Istanbul, Turkey, 2012: 119-123.

[17] Peng Z H, Wang D, Chen Z Y, et al. Adaptive dynamic surface control for formations of autonomous surface vehicles with uncertain dynamics[J]. IEEE Transactions on Control Systems Technology, 2013, 21（2）: 513-520.

[18] Khaled N, Chalhoub N G. A self-tuning guidance and control system for marine surface vessels[J]. Nonlinear Dynamics, 2013, 73（1/2）: 897-906.

[19] Liao Y L, Wang L F, Li Y M, et al. The intelligent control system and experiments for an unmanned wave glider[J]. PLOS ONE, 2016, 11（12）: 1-24.

[20] Liao Y L, Li Y M, Wang L F, et al. The heading control method and experiments for an unmanned wave glider[J]. Journal of Central South University of Technology, 2017, 24（11）: 2504-2512.

[21] Hou Z, Liu S, Tian T. Lazy-learning-based data-driven model-free adaptive predictive control for a class of discrete-time nonlinear systems[J]. IEEE Transactions on Neural Networks & Learning Systems, 2016, 28（8）: 1-15.

[22] 侯忠生, 金尚泰. 无模型自适应控制: 理论与应用[M]. 北京: 科学出版社, 2013.

[23] Sunahara Y, Yamashita K. An approximate method of state estimation for nonlinear dynamical systems[J]. Transactions of the Society of Instrument and Control Engineers, 1969, 5(4): 326-334.

[24] 韩京清. 自抗扰技术[M]. 北京: 国防工业出版社, 2008.

[25] Ou L L, Zhang W D, Yu L. Low-order stabilization of LTI systems with time delay[J]. IEEE Transactions Automatic Control, 2009, 54(4): 774-787.

5

改进无模型自适应艏向控制技术

紧格式无模型自适应控制方法属于含积分结构的增量式控制方法，在水面机器人应用中面临一些特有问题[1-4]，主要体现在：①将紧格式无模型自适应控制方法直接用于艏向控制子系统，艏向响应呈现出严重超调与振荡现象和收敛缓慢、甚至失稳等固有问题，本质上归为控制对象动力学特性与控制算法模式的不匹配问题；②受到历史数据的"累积"效应影响，且水面机器人艏向控制子系统存在响应时滞、机械饱和等内在动力学特性，使得控制算法对系统动态时变过程的跟踪性能较差，且对系统状态初值及过程值[5]、控制参数较为敏感。

在此背景下，本章主要从历史信息权重调节[1]、输入/输出信息融合[2-3]、控制器结构叠加[4]等角度，探索 CFDL-MFAC 算法的改进策略，解决其在水面机器人艏向控制应用中面临的固有缺陷及难题。

5.1 遗忘因子式重定义输出无模型自适应艏向控制

本节针对水面机器人艏向控制子系统动力学特性与 MFAC 算法模式的不匹配问题，引入遗忘因子调节机制和专家动态控制行为，提出一种自适应变遗忘因子式 RO-CFDL-MFAC 算法[1]。

5.1.1 基于遗忘因子机制的控制方案设计

由 CFDL-MFAC 算法的控制输入表达式 (3.17)，可得

$$k=1, u_m(1) = u_m(0) + \frac{\rho\hat{\phi}(1)}{\lambda + |\hat{\phi}(1)|^2}\left(y^*(2) - y(1)\right) \tag{5.1}$$

$$k=2, u_m(2) = u_m(1) + \frac{\rho\hat{\phi}(2)}{\lambda + |\hat{\phi}(2)|^2}\left(y^*(3) - y(2)\right)$$

$$= u_m(0) + \frac{\rho\hat{\phi}(1)}{\lambda + |\hat{\phi}(1)|^2}\left(y^*(2) - y(1)\right)$$

$$+ \frac{\rho\hat{\phi}(2)}{\lambda + |\hat{\phi}(2)|^2}\left(y^*(3) - y(2)\right)$$

$$\vdots \tag{5.2}$$

$$k = n, u_m(n) = u_m(n-1) + \frac{\rho\hat{\phi}(n)}{\lambda + |\hat{\phi}(n)|^2}\left(y^*(n+1) - y(n)\right)$$

$$= u_m(0) + \sum_{i=1}^{n-1} \frac{\rho\hat{\phi}(i)}{\lambda + |\hat{\phi}(i)|^2}\left(y^*(i+1) - y(i)\right)$$

$$+ \frac{\rho\hat{\phi}(n)}{\lambda + |\hat{\phi}(n)|^2}\left(y^*(n+1) - y(n)\right) \tag{5.3}$$

定义 U_{old} 为历史信息、U_{new} 为当前新信息

$$\begin{cases} U_{old} = u_m(0) + \sum_{i=1}^{n-1} \frac{\rho\hat{\phi}(i)}{\lambda + \left|\hat{\phi}(i)\right|^2}\left(y^*(i+1) - y(i)\right) \\ U_{new} = \frac{\rho\hat{\phi}(n)}{\lambda + \left|\hat{\phi}(n)\right|^2}\left(y^*(n+1) - y(n)\right) \end{cases} \tag{5.4}$$

则 $k=n$ 时刻，控制输入表达式可表示为

$$u_m(n) = U_{old} + U_{new} \tag{5.5}$$

从上述分析可知，CFDL-MFAC 算法是一种离散增量式控制方法，即 $k=n$ 时刻的控制输入 $u_m(n)$ 包含 $k=1,2,\cdots,n-1$ 时刻的历史信息 $U_{old} = \sum_{i=1}^{n} u_m(i-1)$ 以及 $k=n$ 时刻的新信息 U_{new}（呈现历史控制数据"累积"效应）。

理论分析和试验表明，将 CFDL-MFAC 算法直接用于水面机器人艏向控制子系统，将导致一些固有问题。

（1）受到历史数据"累积"效应的影响，当实际艏向趋近于期望值时，控制输入并不能迅速减小以避免超调，类似于 PID 算法的"积分饱和"现象，且缺乏控制过程的预测能力。

主要原因是：①当期望值快速变化时，算法解算的控制输入将超出可调节范围 u_{max}（执行机构存在固有的机械饱和约束），此时实际控制输入为 u_{max} 而非理论计算值 $u_m(n)$；受到控制输入的饱和约束影响，艏向输出误差 $e(k)$ 将长时间维持正值而非负值，增量式控制算法将使得历史信息 U_{old} 有较大的累积量。②当实际艏向接近或超过期望值时，需要控制输入迅速变负值以避免超调，然而历史数据

的累积量很大，使得解算的控制输入将需要很长时间才能移出控制饱和范围，导致出现显著的超调，进而激发出振荡现象。③受舰向控制子系统的时滞特性影响，实际舰向存在明显的时间滞后，进一步加剧了振荡现象。因此，在基本的 CFDL-MFAC 算法作用下，舰向必然产生严重的超调和振荡问题，并使得收敛速度变慢。

(2)从式(5.4)可知，控制输入与舰向输出初值 $y(1)$、历史数据 $y(i)$ 和 $y^*(n+1)$ 直接相关，即对输出过程值较为敏感(详见仿真试验与分析)。

(3)受历史信息 $U_{old} = \sum\limits_{i=1}^{n} u_m(i-1)$ 的 "累积" 效应影响，控制输入 $u_m(n) = U_{old} + U_{new}$ 不能充分地响应当前的偏差信息 U_{new}，难以有效跟踪系统的时变过程。

(4)控制性能对控制参数改变的影响敏感(详见仿真试验与分析)。

基于 RO-CFDL-MFAC 算法，下面提出遗忘因子式 RO-CFDL-MFAC 算法的控制方案为

$$u_m(k) = F_f u_m(k-1) + \frac{\rho\hat{\phi}(k)}{\lambda + \left|\hat{\phi}(k)\right|^2}\left(y^*(k+1) - y(k)\right) \tag{5.6}$$

$$\hat{\phi}(k) = \hat{\phi}(k-1) + \frac{\eta\Delta u_m(k-1)}{\mu + \left|\Delta u_m(k-1)\right|^2} \times \left(\Delta y(k) - \hat{\phi}(k-1)\Delta u_m(k-1)\right) \tag{5.7}$$

$$\hat{\phi}(k) = \hat{\phi}(1)，如果\left|\hat{\phi}(k)\right| \leqslant \varepsilon 或 \left|\Delta u_m(k-1)\right| \leqslant \varepsilon 或 \mathrm{sgn}\left(\hat{\phi}(k)\right) \neq \mathrm{sgn}\left(\hat{\phi}(1)\right) \tag{5.8}$$

式中，F_f 为遗忘因子，满足 $0 < F_f \leqslant 1$，可以是一个常数或随系统过程动态改变。

由遗忘因子式 RO-CFDL-MFAC 算法的控制输入表达式(5.6)，结合式(5.1)~式(5.3)，可得 $k = n$ 时刻的控制输入 $u_m(n)$ 为

$$u_m(n) = F_f u_m(n-1) + \frac{\rho\hat{\phi}(n)}{\lambda + \left|\hat{\phi}(n)\right|^2}\left(y^*(n+1) - y(n)\right)$$

$$= F_f^{n-1} u_m(0) + \sum_{i=1}^{n-1} F_f^i \frac{\rho\hat{\phi}(i)}{\lambda + \left|\hat{\phi}(i)\right|^2}\left(y^*(i+1) - y(i)\right)$$

$$+ \frac{\rho\hat{\phi}(n)}{\lambda + \left|\hat{\phi}(n)\right|^2}\left(y^*(n+1) - y(n)\right) \tag{5.9}$$

历史信息 U_{old}、当前新信息 U_{new} 为

$$\begin{cases} U_{old} = F_f^{n-1} u_m(0) + \sum\limits_{i=1}^{n-1} F_f^i \frac{\rho\hat{\phi}(i)}{\lambda + |\hat{\phi}(i)|^2}\left(y^*(i+1) - y(i)\right) \\ U_{new} = \frac{\rho\hat{\phi}(n)}{\lambda + |\hat{\phi}(n)|^2}\left(y^*(n+1) - y(n)\right) \end{cases} \tag{5.10}$$

从式(5.9)和式(5.10)可知，在遗忘因子机制作用下，将历史信息 U_{old} 对 $u_m(n)$ 的作用赋予不同的权重(随着时间的推移呈指数衰减)，其目的是恰当地降低历史数据的影响，而显著提升新信息 U_{new} 的权重。这符合控制器的设计习惯，有助于弱化"积分饱和"现象，提高对系统时变过程的跟踪能力，降低输出过程值的影响，从而改善控制性能。

5.1.2 自适应变遗忘因子式 RO-CFDL-MFAC 算法

针对上节的遗忘因子式 RO-CFDL-MFAC 算法，提出自适应变遗忘因子式 RO-CFDL- MFAC(CFDL-MFAC with variable forgetting factor，CFDL-MFAC-VFF) 算法。借鉴船舶操纵的经验行为(艏向偏差大时操纵大舵角以快速响应，偏差小时操纵小舵角避免超调，并快速稳定)，针对不同控制阶段进行区别对待，提出遗忘因子的自适应调节机制，以模拟船长的动态控制行为。

$$F_f(k) = \begin{cases} F_{f\max}, & |e(k)| \geqslant e_{\max} \\ F_{f\min} + \left(F_{f\max} - F_{f\min}\right)\dfrac{|e(k)|}{e_{\max}}, & |e(k)| < e_{\max} \end{cases} \tag{5.11}$$

式中，$[F_{f\min}, F_{f\max}]$ 为遗忘因子的上下界，满足 $0 < F_{f\min} \leqslant F_{f\max} \leqslant 1$；$e(k) = y^*(k+1) - y(k)$ 为第 k 时刻的输出误差(比如水面机器人的艏向)；$e_{\max}$ 为遗忘因子的切换阈值。

通过引入遗忘因子的自适应调节机制，$F_f(k)$ 不仅可以降低历史数据对当前数据的影响，还可以根据艏向输出偏差大小动态调节这种影响程度。当艏向偏差较大时，取较大的 $F_f(k)$ 增加历史数据对当前控制器解算出数据的影响程度(类似于积分过程)，加快实际艏向的收敛速度；当艏向偏差变小时，减小 $F_f(k)$ 以降低这种影响程度，从而避免艏向出现大的超调或振荡，加快实际艏向过渡到稳态值。基于 CFDL-MFAC-VFF 算法的水面机器人艏向控制原理图如图 5.1 所示。

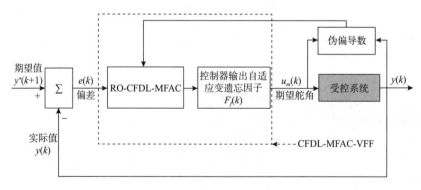

图 5.1 基于 CFDL-MFAC-VFF 算法的艏向控制原理图

针对水面机器人的舵向控制问题，该控制方案的工作流程如算法 5.1 所示。

算法 5.1： CFDL-MFAC-VFF 舵向控制算法

条件	期望舵向 $\psi^*(k)$，实际舵向 $\psi(k)$	
初始化	$\lambda,\mu,\eta,\rho,\varepsilon,K_1$	//算法的基本控制参数
	$F_{f\min},F_{f\max},e_{\max}$	//遗忘因子相关参数
	$\hat{\phi}(1),\hat{\phi}(2)$	//伪偏导数估计值的初始值
	$u_m(1),u_m(2),y(1),y(2)$	//输入输出信息的初始值

循环

$$e(k) \leftarrow y^*(k)-y(k) \qquad \text{//更新跟踪误差}$$

$$\hat{\phi}(k) \leftarrow \hat{\phi}(k-1)+\frac{\eta\Delta u_m(k-1)}{\mu+\left|\Delta u_m(k-1)\right|^2}\left(\Delta y(k)-\hat{\phi}(k-1)\Delta u_m(k-1)\right) \quad \text{//更新伪偏导数的估计值}$$

如果 $\left|\Delta u_m(k-1)\right| \leqslant \varepsilon$ 或 $\left|\hat{\phi}(k)\right| \leqslant \varepsilon$ 或 $\mathrm{sgn}\big(\hat{\phi}(k)\big) \neq \mathrm{sgn}\big(\hat{\phi}(1)\big)$

$$\hat{\phi}(k) \leftarrow \hat{\phi}(1) \qquad \text{//伪偏导数的重置机制}$$

结束

$$F_f(k)=\begin{cases} F_{f\max}, & |e(k)| \geqslant e_{\max} \\ F_{f\min}+\left(F_{f\max}-F_{f\min}\right)\dfrac{|e(k)|}{e_{\max}}, & |e(k)| < e_{\max} \end{cases} \qquad \text{//自适应更新遗忘因子}$$

$$u_m(k) \leftarrow F_f u_m(k-1)+\frac{\rho\hat{\phi}(k)}{\lambda+\left|\hat{\phi}(k)\right|^2}(y^*(k+1)-y(k)) \qquad \text{//更新控制输入}$$

$$k=k+1 \qquad \text{//更新控制节拍}$$

终止   停止指令

5.1.3 仿真试验与分析

本节开展典型控制参数的对比试验，以检验 CFDL-MFAC-VFF 算法的有效性。对 MFAC 算法而言，λ,ρ 是最为关键的两个控制参数[6-7]，下面分别对 λ,ρ 进行对比试验研究。仿真中选取一种常用的水面机器人数学模型[8]，具体模型和参数如下：

$$\begin{cases} \dot{x}=u\cos\psi-v\sin\psi \\ \dot{y}=u\sin\psi+v\cos\psi \\ \dot{\psi}=r \\ \dot{u}=\dfrac{m_{22}}{m_{11}}vr-\dfrac{d_{11}}{m_{11}}\bar{u}+\dfrac{F_u}{m_{11}} \\ \dot{v}=-\dfrac{m_{11}}{m_{22}}ur-\dfrac{d_{22}}{m_{22}}v \\ \dot{r}=\dfrac{m_{11}-m_{22}}{m_{33}}uv-\dfrac{d_{33}}{m_{33}}r+\dfrac{T_r}{m_{33}} \end{cases} \qquad (5.12)$$

$$m_{11} = 200\text{kg}, \ m_{22} = 250\text{kg}, \ m_{33} = 80\text{kg} \cdot \text{m}^2$$
$$d_{11} = 70\text{kg/s}, \ d_{22} = 100\text{kg/s}, \ d_{33} = 50\text{kg} \cdot \text{m}^2/\text{s}$$

(5.13)

系统的初始运动状态为 $x(0) = \overline{y}(0) = \psi(0) = u(0) = v(0) = r(0) = 0$ ，设定 RO-CFDL-MFAC 算法的标称控制参数为 $\lambda_{\text{std}} = 0.5, \mu_{\text{std}} = 1, \eta_{\text{std}} = 0.1, \rho_{\text{std}} = 1, \ K_1 = 10$ ，CFDL-MFAC-VFF 算法的遗忘因子相关参数为 $F_{f\min} = 0.99, F_{f\max} = 1, e_{\max} = 90°$ ，期望艏向 ψ_d 为 $90°(0 \leqslant t \leqslant 100) \rightarrow 0°(100 < t \leqslant 200)$ ， $u_m(0) = 0$ ， t 为仿真时间。

1. 参数 λ 的对比试验

首先讨论参数 λ ，考虑备选参数为 $\lambda_{\min} = \lambda_{\text{std}} \div 10 = 0.05, \lambda_{\max} = \lambda_{\text{std}} \times 3 = 1.5$ ，仿真结果如图 5.2、图 5.3 所示。

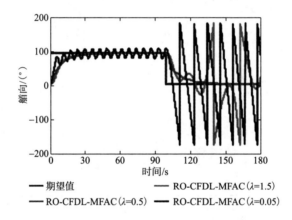

图 5.2　参数 λ 改变时艏向响应曲线（RO-CFDL-MFAC）（见书后彩图）

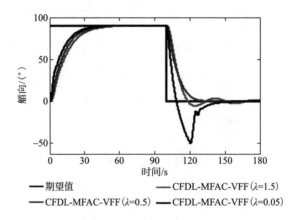

图 5.3　参数 λ 改变时艏向响应曲线（CFDL-MFAC-VFF）（见书后彩图）

对比图 5.2、图 5.3 可知，在标称参数 $\lambda_{\text{std}}, \rho_{\text{std}}$ 下，RO-CFDL-MFAC 算法和 CFDL-MFAC-VFF 算法具有相似的响应性能。当 λ 增大或减小数倍时，RO-CFDL-MFAC 算法出现严重的振荡现象，难以收敛，这对于水面机器人的艏向控制而言是不可接受的。然而，在 CFDL-MFAC-VFF 算法作用下，虽然出现较大的超调（λ_{max} 时超调较小），但是没有振荡并最终实现艏向的快速收敛，即在参数 λ 的较大变化范围内，CFDL-MFAC-VFF 算法对 λ 的改变不敏感，能维持较好的控制性能。

2. 参数 ρ 的对比试验

然后讨论参数 ρ，考虑备选参数为 $\rho_{\text{min}} = \rho_{\text{std}} \div 2.5 = 0.4, \rho_{\text{max}} = \rho_{\text{std}} \times 2.5 = 2.5$，仿真结果如图 5.4、图 5.5 所示。

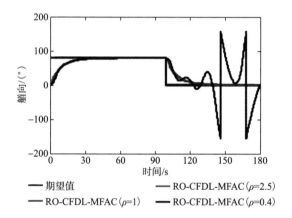

图 5.4　参数 ρ 改变时艏向响应曲线（RO-CFDL-MFAC）（见书后彩图）

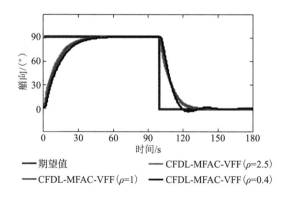

图 5.5　参数 ρ 改变时艏向响应曲线（CFDL-MFAC-VFF）（见书后彩图）

对比图 5.4、图 5.5 可知，当 $\rho_{\min} = 0.4$ 时，RO-CFDL-MFAC 算法出现了严重的振荡现象、没有收敛，即没有完成水面机器人的艏向控制任务；在 CFDL-MFAC-VFF 算法作用下超调较小、收敛迅速，依然保持了较好的控制性能。而在 $\rho_{\max} = 2.5$ 时，两种方法的艏向响应性能相似。

综合对比可知，CFDL-MFAC-VFF 算法对控制参数变化的敏感性较低，可以维持一致的控制性能，这有助于提高控制系统的鲁棒性，节约宝贵的参数外场调试时间。

3. 系统输出误差敏感性的对比试验

对水面机器人而言，艏向控制子系统的输出误差可表示为 $y_e(n) = y^*(n+1) - y(n) = \psi_d(n+1) - \psi(n)$，将期望艏向 ψ_d 重新设为 90°（$0 \leqslant t \leqslant 100$），−90°（$100 < t \leqslant 200$），RO-CFDL-MFAC 算法采用标称控制参数，CFDL-MFAC-VFF 算法的参数不变，仿真结果如图 5.6 所示。

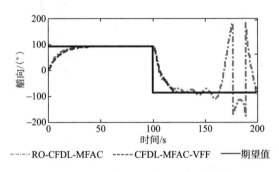

图 5.6　初值改变时艏向响应曲线

从图 5.2 和图 5.6 可知，当 $\psi_d = 0°$（$100 < t \leqslant 200$）时，RO-CFDL-MFAC 算法具有较好的控制性能，而设置 $\psi_d = -90°$（$100 < t \leqslant 200$）时，RO-CFDL-MFAC 算法已发生剧烈振荡问题，且艏向不能实现收敛。虽然期望艏向 ψ_d 发生较大改变，CFDL-MFAC-VFF 算法依然保持一致的控制性能，即对动态输出值不敏感。

对于水面机器人的艏向调节或跟踪问题，系统输出误差变化范围为 $y_e(n) = \psi_d(n+1) - \psi(n) \in [-180°, 180°]$，由于 CFDL-MFAC-VFF 算法对 $y_e(n)$ 的改变不敏感，具有较好的控制品质，有利于实现水面机器人的艏向跟踪控制。

5.1.4　外场试验与分析

为了验证 CFDL-MFAC-VFF 算法应用于水面机器人艏向控制的有效性及工程实用性，下面利用"海豚-I"号水面机器人开展了艏向控制外场试验。

　　试验中设置"海豚-I"号的直航航速约为 0.5 m/s，采用双推进器+舵机的操纵模式。CFDL-MFAC-VFF 算法与 RO-CFDL-MFAC 算法的基本参数均为：$\lambda = 0.5$，$\mu = 100, \eta = 1, \rho = 1, K_1 = 10$。遗忘因子相关参数为：$F_{f\min} = 0.6, F_{f\max} = 1, e_{\max} = 90°$。舵向控制的外场试验结果如图 5.7～图 5.9 所示。

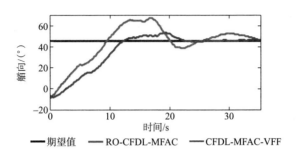

图 5.7　期望舵向 45°时的响应曲线

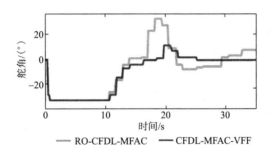

图 5.8　期望舵向 45°时的舵角响应曲线

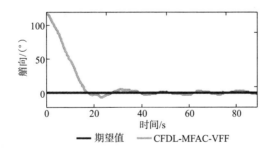

图 5.9　期望舵向 0°时的响应曲线（CFDL-MFAC-VFF）

　　从图 5.7 和图 5.8 可知，外场试验中 RO-CFDL-MFAC 算法尽管经过了多次参数调节，但是水面机器人的舵向响应仍有较大的超调，产生振荡现象，收敛较慢，舵向控制性能较差（水面机器人舵向响应存在明显的振荡，不利于精确控制）。然而在 CFDL-MFAC-VFF 算法作用下，舵向响应快速收敛到期望值，且超调较小，没有振荡现象。

从图 5.9 可知，当期望艏向变为 0°时，CFDL-MFAC-VFF 算法保持了一致的控制性能(对系统初值不敏感)。

上述外场试验结果表明，通过引入遗忘因子调节机制，有效地解决了 CFDL-MFAC 艏向控制算法存在的超调、振荡、收敛缓慢等问题。

5.1.5 主要结论

针对不确定性影响下水面机器人的艏向控制问题，分析阐明了 CFDL-MFAC 算法应用于水面机器人艏向控制面临的固有难题，引入遗忘因子机制，提出了一种自适应变遗忘因子式 CFDL-MFAC 算法(CFDL-MFAC-VFF 算法)，并开展了仿真及外场对比试验研究，主要结论如下。

(1)理论分析表明，受到 CFDL-MFAC 算法控制结构和水面机器人艏向控制子系统动力学特性的耦合、内在不匹配性影响，CFDL-MFAC 算法用于艏向控制时，存在超调大、振荡强、收敛缓慢、误差敏感等固有问题。因此，CFDL-MFAC 算法难以获得理想的艏向控制性能，甚至不能保障系统的稳定性。

(2)融合自适应遗忘因子机制并模拟专家(船长)操控行为，提出了 CFDL-MFAC-VFF 算法。理论分析了该算法的工作原理，揭示其有效地突破 CFDL-MFAC 算法在艏向控制应用中存在的内在局限，促进 MFAC 算法扩展到海洋航行器的运动控制领域。

(3)仿真和外场试验表明，CFDL-MFAC-VFF 算法对于参数改变、输出误差不敏感，并解决了 CFDL-MFAC 算法存在的超调大、振荡强、收敛缓慢等固有问题。同时，展示出 CFDL-MFAC-VFF 算法具有优异的自适应性及鲁棒性。

5.2 融合输入输出信息的无模型自适应艏向控制

在 5.1 节中，理论分析和试验结果均表明，在艏向控制子系统中直接应用 CFDL-MFAC 算法，将不可避免地产生超调和振荡现象，并存在对初值、主要控制参数较敏感等问题。本节则针对 RO-CFDL-MFAC 算法控制性能对重定义输出增益较为敏感，导致算法鲁棒性较弱的问题，挖掘系统的输入/输出信息利用价值，将其引入控制器设计中，提出输出动态调节型、输入输出信息融合型两种 CFDL-MFAC 算法，进一步改善水面机器人的艏向控制性能。

5.2.1 输出动态调节型 RO-CFDL-MFAC 算法

本节聚焦水面机器人的艏向控制问题，充分考虑执行器的机械饱和特性，提出一种考虑控制系统输出约束的 RO-CFDL-MFAC(variable output constraints RO-CFDL-MFAC，简称 VOC-MFAC)算法[2]。

1. VOC-MFAC 算法设计

在水面机器人艏向控制应用中，由于 RO-CFDL-MFAC 算法的控制性能与增益系数 K_1 密切相关，分析表明如果 K_1 选择不合适，将导致算法的控制性能显著恶化。针对此问题，对系统输出提出如下约束函数：

$$u_p(k) = \frac{1}{2}\arctan\left(y^*(k+1) - y(k+1)\right) \tag{5.14}$$

式中，$u_p(k)$ 表示控制器在 k 时刻的输出上限，其根据系统的跟踪误差在线动态调节。同时，考虑到水面机器人执行机构（如舵机、喷水推进器喷口）的机械幅值，将控制器的输出上限定义为以下形式：

$$u_{\mathrm{UP}}(k) = \min\left\{u_{\max}, u_p\right\} \tag{5.15}$$

$$u_{\mathrm{LP}}(k) = \max\left\{u_{\min}, u_p\right\} \tag{5.16}$$

式中，$u_{\max}$、$u_{\min}$ 分别表示执行机构可以输出的最大舵角、最小舵角（或等效舵角）；$u_{\mathrm{UP}}(k)$ 和 $u_{\mathrm{LP}}(k)$ 分别表示考虑执行机构机械饱和特性时，控制器可以输出的最大值及最小值。

综上所述，控制系统有效、可行的输出实际值 $u_m(k)$，可以通过式 (5.17)～式 (5.19) 进行约束：

$$u_m(k) = u_m(k), \ u_{\mathrm{LP}} \leqslant u_m(k) \leqslant u_{\mathrm{UP}} \tag{5.17}$$

$$u_m(k) = u_{\mathrm{LP}}(k), \ u_m(k) \leqslant u_{\mathrm{LP}} \tag{5.18}$$

$$u_m(k) = u_{\mathrm{UP}}(k), \ u_m(k) \geqslant u_{\mathrm{UP}} \tag{5.19}$$

式 (3.15)～式 (3.17)、式 (4.14) 及式 (5.14)～式 (5.19) 共同构成了 VOC-MFAC 算法，其中式 (5.17)～式 (5.19) 为控制器输出的动态调节机制。该算法的控制原理图如图 5.10 所示。

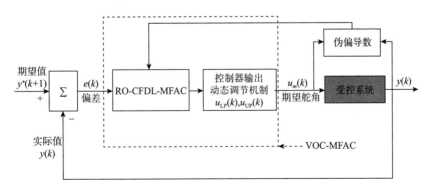

图 5.10　VOC-MFAC 算法的控制原理图

针对水面机器人的艏向控制问题，该控制方案的工作流程如算法 5.2 所示。

算法 5.2： VOC-MFAC 艏向控制算法

条件	期望艏向 $\psi^*(k)$，实际艏向 $\psi(k)$
初始化	$\lambda, \mu, \eta, \rho, \varepsilon, K_1$ //VOC-MFAC 算法参数
	$\hat{\phi}(1), \hat{\phi}(2)$ //伪偏导数估计值的初始值
	$r(1), u_m(1), u_m(2), \psi(1), \psi(2)$ //艏向控制子系统的初始化
	$u_{\max}, u_{\min}$ //最大舵角、最小舵角约束
循环	$e(k) \leftarrow y^*(k) - y(k)$ //更新跟踪误差
	$u_p(k) = \dfrac{1}{2}\arctan\left(y^*(k+1) - y(k+1)\right)$ //输出约束函数
	$u_{UP}(k) = \min\left\{u_{\max}, u_p\right\}$ //在时刻 k 时控制器的最大输出
	$u_{LP}(k) = \max\left\{u_{\min}, u_p\right\}$ //在时刻 k 时控制器的最小输出
	$\hat{\phi}(k) \leftarrow \hat{\phi}(k-1) + \dfrac{\eta \Delta u_m(k-1)}{\mu + \left|\Delta u_m(k-1)\right|^2}\left(\Delta y(k) - \hat{\phi}(k-1)\Delta u_m(k-1)\right)$ //更新伪偏导数
判断	$\left|\Delta u_m(k-1)\right| \leqslant \varepsilon$ 或 $\left|\hat{\phi}(k)\right| \leqslant \varepsilon$ 或 $\text{sgn}\left(\hat{\phi}(k)\right) \neq \text{sgn}\left(\hat{\phi}(1)\right)$ //伪偏导数的重置机制
	$\hat{\phi}(k) \leftarrow \hat{\phi}(1)$
	$u_m(k) \leftarrow u_m(k-1) + \dfrac{\rho\hat{\phi}(k)}{\lambda + \left|\hat{\phi}(k)\right|^2}\left(y^*(k+1) - y(k)\right)$ //更新控制器输出
结束	$u_{LP} \leqslant u_m(k) \leqslant u_{UP}$ //控制器输出调节机制
判断	$u_m(k) = u_m(k)$
结束	
判断	$u_m(k) \leqslant u_{LP}$ //控制器输出调节机制
	$u_m(k) = u_{LP}(k)$
结束	
判断	$u_m(k) \geqslant u_{UP}$ //控制器输出调节机制
	$u_m(k) = u_{UP}(k)$
结束	
	$k = k+1$ //更新控制节拍
终止	停止指令

2. 系统稳定性分析

依据 4.3 节可知，艏向控制子系统的重定义输出为 $y(k+1) = \psi(k+1) + K_1 \times r(k+1)$，可得下式成立：

$$\Delta y(k+1) = \Delta\psi(k+1) + K_1 \times \Delta r(k+1) \tag{5.20}$$

根据式(3.1)，水面机器人的艏向控制子系统可以表示为式(5.21)和式(5.22)：

$$r(k+1) = g\big(r(k), \cdots, r(k-n_{yy}), u_m(k), \cdots, u_m(k-n_{uu})\big) \qquad (5.21)$$

$$\psi(k+1) = G\big(\psi(k), \cdots, \psi(k-n_t), u_m(k), \cdots, u_m(k-n_w)\big) \qquad (5.22)$$

式中，$\psi(k) \in \mathbb{R}, r(k) \in \mathbb{R}, u_m(k) \in \mathbb{R}$ 分别表示在 k 时刻水面机器人的艏向、艏摇角速度以及舵角；n_{yy}, n_{uu} 表示系统(5.21)的阶数；n_t, n_w 表示系统(5.22)的阶数。同理，系统(5.21)和系统(5.22)满足假设 3.1 和假设 3.2。

根据 3.2 节，一定存在有界的时变参数 $\phi_1(k) \in \mathbb{R}$ 和 $\phi_2(k) \in \mathbb{R}$，使得系统(5.21)和系统(5.22)转化为式(5.23)形式的 CFDL 数据模型。

$$\Delta r(k+1) = \phi_1(k) \Delta u_m(k)$$
$$\Delta \psi(k+1) = \phi_2(k) \Delta u_m(k) \qquad (5.23)$$

式中，$\phi_1(k)$ 和 $\phi_2(k)$ 在任意时刻都是有界的；$\Delta r(k+1) = r(k+1) - r(k)$，$\Delta u_m(k) = u_m(k) - u_m(k-1)$；$\Delta \psi(k+1) = \psi(k+1) - \psi(k)$。

当舵角 $u_m(k)$ 增大时，显然水面机器人的艏摇角速度 $r(k)$ 是增大的，因此系统(5.21)满足假设 3.6。根据假设 3.6，满足 $\phi_1(k) > \varepsilon_1 > 0$ 或者 $\phi_1(k) < -\varepsilon_1$ 成立。不失一般性，本节仅讨论 $\phi_1(k) > \varepsilon_1 > 0$ 的情况。根据式(5.20)和式(5.23)可得

$$\Delta y(k+1) = \Delta \psi(k+1) + K_1 \times \Delta r(k+1)$$
$$= \big(\phi_2(k) + K_1 \times \phi_1(k)\big) \Delta u_m(k) \qquad (5.24)$$

因此，可得下式成立：

$$\phi(k) = \phi_2(k) + K_1 \times \phi_1(k) \qquad (5.25)$$

根据假设 3.2 和式(5.23)，$\phi_2(k)$ 满足条件 $|\phi_2(k)| \leqslant b$。因此，当式(5.26)满足时，可得 $\phi(k) > 0$ 成立。

$$K_1 \geqslant \frac{b}{\varepsilon_1} > \frac{-\phi_2(k)}{\phi_1(k)} \qquad (5.26)$$

综上所述，一定存在正常数 M，当 $K_1 \geqslant M \geqslant \dfrac{b}{\varepsilon_1}$ 时，水面机器人的艏向控制子系统满足"拟线性"假设 3.6。

结论 5.1 针对线性的离散时间艏向控制子系统(4.13)，在假设 3.1、假设 3.2 和假设 3.5、假设 3.6 均满足的条件下，当设计重定义输出期望信号为 $y^*(k+1) = \psi^*(k+1) + K_1 r^*(k+1) = y^* = \mathrm{const}$ 时，选择合适的正常数 $K_1 \geqslant M$，采用 VOC-MFAC 算法，存在一个正数 $\lambda_{\min} > 0$，使得当 $\lambda > \lambda_{\min}$ 时有：

(1)系统输出跟踪误差是单调收敛的，且 $\lim\limits_{k \to \infty} \big|y^* - y(k+1)\big| = 0$；

(2)闭环系统 BIBO 稳定，即输出序列 $\{y(k)\}$ 和输入序列 $\{u(k)\}$ 是有界的。

证明 参考 4.3.3 节闭环系统的稳定性证明过程，上述结论可以同理证明，在此不再赘述。

3. 试验研究

根据船舶操纵性理论，并考虑水面机器人艏向控制子系统存在时滞的影响，水面机器人艏向控制子系统的离散形式数学模型可表示为

$$\begin{cases} \psi(k) = \psi(k-1) + \dot{\psi}(k) \times T_s \\ \dot{\psi}(k) = \dot{\psi}(k-1) + \ddot{\psi}(k) \times T_s \\ \ddot{\psi}(k) = \left(K u_m(k-\tau) - \dot{\psi}(k) \right) / T \end{cases} \tag{5.27}$$

式中，$\psi(k)$、$\dot{\psi}(k)$、$\ddot{\psi}(k)$ 分别为水面机器人的艏向、艏摇角速度以及艏向角加速度；τ 为系统的时滞时间；T_s 为采样周期。

仿真试验中采用"海豚-I"号水面机器人艏向控制子系统的模型参数[9]，航速约 1.0m/s 时操纵性模型参数为 $K = 0.186, T = 1.068$。

1) 不同重定义输出增益下仿真对比试验

为了掌握重定义输出增益 K_1 对 RO-CFDL-MFAC 和 VOC-MFAC 算法的控制性能影响，通过改变 K_1 进行算法对比试验。艏向控制子系统的初始状态为 $\psi(1) = \psi(2) = 0°$，$u_m(1) = u_m(2) = 0°$，$r(1) = r(2) = 0°/s$；采用标称的操纵性模型参数。设定期望艏向为 120°，两种算法基本参数均为 $\lambda = 5, \mu = 100, \eta = 1, \rho = 1$，且 $u_{max} = 30°, u_{min} = -30°$，时滞影响、控制周期分别为 $\tau = 0, T_s = 0.1s$。

开展不同重定义输出增益 K_1 时两种算法作用下水面机器人的艏向控制试验。仿真试验结果如图 5.11 和图 5.12 所示。

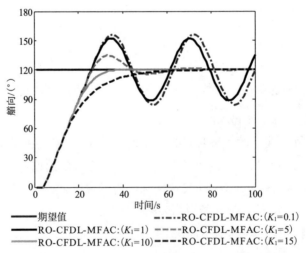

图 5.11 不同 K_1 下艏向响应曲线（RO-CFDL-MFAC 算法）（见书后彩图）

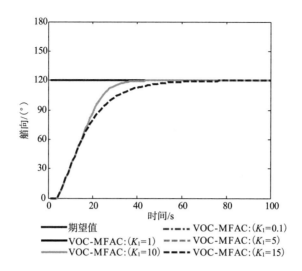

图 5.12 不同 K_1 下艏向响应曲线（VOC-MFAC 算法）（见书后彩图）

利用艏向控制误差的 RMS 比较控制器的性能，RMS 计算结果如表 5.1 所示。

表 5.1 重定义输出增益改变时艏向控制误差的 RMS 对比表

增益参数	RMS/(°)	
	RO-CFDL-MFAC	VOC-MFAC
$K_1 = 0.1$	25.27	0.17
$K_1 = 1.0$	23.84	0.17
$K_1 = 5.0$	2.62	0.17
$K_1 = 10$	0.18	0.17
$K_1 = 15$	2.66	2.66

对比图 5.11、图 5.12 和表 5.1 可知，RO-CFDL-MFAC 算法的控制效果对重定义输出增益较为敏感。当 K_1 减小时，系统将发生振荡，难以收敛；而当 K_1 增大时，系统的响应速度明显降低。只有当 K_1 在一个较小的范围内变化时，RO-CFDL-MFAC 算法才能获得较好的控制性能（对于算法与物理平台的匹配性不利）。作为对比，VOC-MFAC 算法对 K_1 改变不敏感，当 K_1 在一个较大范围内变化时，系统保持了优良、一致的控制性能。从表 5.1 可知，对比 RO-CFDL-MFAC 算法，VOC-MFAC 算法具有更好的艏向控制性能及鲁棒性。

2) 标称模型下仿真对比试验

水面机器人艏向控制子系统的初始状态、期望艏向与前保持一致，$\tau=0, T_s=0.1s$。仿真试验中控制算法参数通过手动调节到较优状态，其中 CFDL-MFAC、RO-CFDL-MFAC、VOC-MFAC 算法的基本参数均为 $\lambda=5, \mu=100$，$\eta=1, \rho=1$。同时，重定义输出增益 $K_1=10$，执行机构的输出限值为 $u_{max}=30°$，$u_{min}=-30°$。PID 算法的参数为 $K_p=1.5, K_i=0.12, K_d=0.1$。艏向控制仿真试验结果如图 5.13 所示。

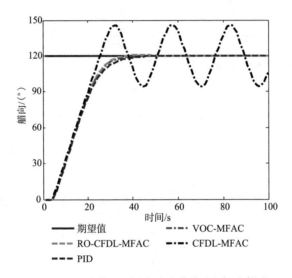

图 5.13　标称模型下艏向响应曲线（见书后彩图）

从图 5.13 可知，在标称模型下，VOC-MFAC、RO-CFDL-MFAC 及 PID 算法具有几乎相同的、良好的控制性能，这为下面的仿真对比试验奠定了基础。同时，仿真结果也表明，基本的 CFDL-MFAC 算法难以保障水面机器人艏向控制子系统的收敛性。

3) 不确定性影响下仿真对比试验

本节开展了四个案例下仿真对比试验，以对比 VOC-MFAC、RO-CFDL-MFAC 及 PID 算法的控制性能。水面机器人艏向控制子系统的初始状态、控制器参数与前保持一致。艏向控制的仿真对比试验结果如图 5.14～图 5.17 所示。

案例 1：模型参数 K 增大 50%，且艏向控制子系统存在 2s 时滞。

案例 2：模型参数 K 增大 75%，且艏向控制子系统存在 4s 时滞。

案例 3：模型参数 T 增大 50%，且艏向控制子系统存在 2s 时滞。

案例 4：模型参数 T 增大 75%，且艏向控制子系统存在 4s 时滞。

从图 5.14～图 5.17 可知，当水面机器人舶向控制子系统存在模型摄动及时滞影响时，PID、RO-CFDL-MFAC 算法的控制性能将严重恶化(PID 算法最为明显)，舶向响应出现振荡，难以实现收敛。但在相同条件下，利用 VOC-MFAC 算法时实际舶向仍能收敛到期望舶向，且整个收敛过程超调较小、没有发生振荡现象。

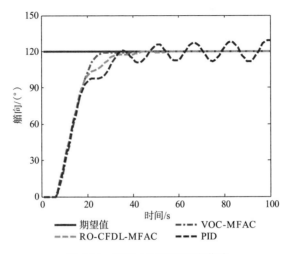

图 5.14 案例 1 下舶向响应曲线

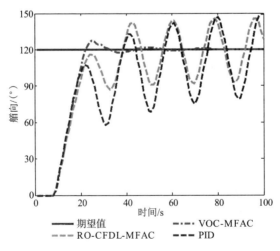

图 5.15 案例 2 下舶向响应曲线

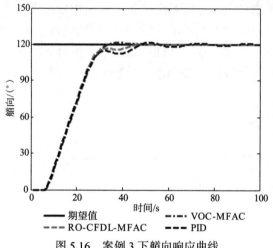

图 5.16　案例 3 下艏向响应曲线

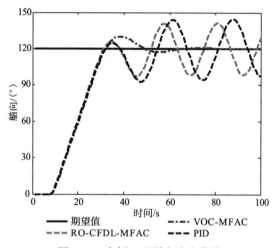

图 5.17　案例 4 下艏向响应曲线

　　为了更好地比较三种控制算法的性能，分别计算 40～100s 时三种算法作用下艏向控制误差的 RMS。RMS 的计算结果如表 5.2 所示。

表 5.2　不确定性影响下艏向控制误差的 RMS 对比表

试验案例	RMS/(°)		
	RO-CFDL-MFAC	VOC-MFAC	PID
标称模型	0.18	0.17	0.32
案例 1	0.49	0.07	5.94
案例 2	18.70	0.71	26.16
案例 3	0.91	0.28	2.05
案例 4	15.32	2.67	17.89

从表 5.2 知，当水面机器人的艏向控制子系统存在较小模型摄动及时滞影响（如案例 1 和案例 3)时，RO-CFDL-MFAC、VOC-MFAC 算法均能取得较好的控制性能。但是当艏向控制子系统存在较大的模型摄动及时滞影响（如案例 2 和案例 4)时，PID、RO-CFDL-MFAC 算法的控制性能将显著降低，难以满足艏向控制的精度需求。显然，对比 PID、RO-CFDL-MFAC 算法，VOC-MFAC算法对不确定性影响具有更强的鲁棒性，有利于算法获得工程应用。

图 5.18　"海豚-IB"号水面机器人
及外场试验(VOC-MFAC)

4）外场试验及分析

为了验证 VOC-MFAC 算法应用于水面机器人艏向控制的有效性及工程实用性，利用"海豚-IB"号水面机器人开展艏向控制外场试验（图 5.18)。对比试验中，$T_s = 0.1\text{s}$。RO-CFDL-MFAC、VOC-MFAC 算法的基本参数均为 $\lambda = 5, \mu = 100, \eta = 1, \rho = 1$。同时，重定义输出增益 $K_1 = 10$，执行机构的输出限值为 $u_{\max} = 30°$，$u_{\min} = -30°$。PID 算法的参数为 $K_p = 3.0, K_i = 0.01, K_d = 1.4$。

案例 1：期望艏向设为 100°，推进器电压设定为 5V。艏向控制对比试验结果如图 5.19 所示。

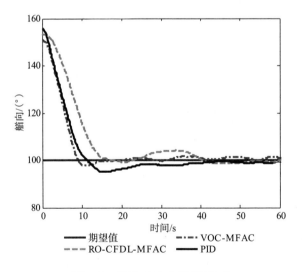

图 5.19　艏向响应曲线(案例 1)

案例 2：期望艏向设定为–90°，推进器电压设定为 12V。艏向控制对比试验结果如图 5.20 所示。

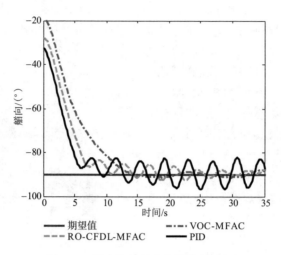

图 5.20　艏向及舵角响应曲线（案例 2）

上述两种情况下，艏向控制误差的 RMS 计算结果如表 5.3 所示。

表 5.3　外场试验中艏向控制误差的 RMS 对比表

试验案例	条件/s	RMS/(°)		
		RO-CFDL-MFAC	VOC-MFAC	PID
案例 1	20～60	1.24	1.72	2.42
案例 2	15～35	4.55	1.53	7.63

从图 5.19、图 5.20 及表 5.3 可知，若保持控制参数不变，水面机器人发生航速改变（导致艏向控制子系统的模型参数发生较大变化），将导致 PID、RO-CFDL-MFAC 算法的控制性能显著降低，艏向响应发生了较大振荡且难以收敛。但是在相同条件下，利用 VOC-MFAC 算法时艏向仍然能收敛到期望艏向，并保持了较好的控制性能。外场试验表明，在 RO-CFDL-MFAC 算法中引入输出动态调节机制，可使 VOC-MFAC 算法具有更强的鲁棒性。

4. 主要结论

考虑水面机器人艏向控制子系统存在的模型摄动、环境干扰及时滞等不利影响，针对 RO-CFDL-MFAC 算法控制性能对重定义输出增益 K_1 较为敏感的问题，提出一种具有较强鲁棒性的 VOC-MFAC 算法，并开展了仿真及外场对比试验研究，主要结论如下。

(1)通过引入输出约束函数，基于 RO-CFDL-MFAC 算法提出了 VOC-MFAC 算法，解决了 RO-CFDL-MFAC 算法应用于水面机器人舱向控制子系统，存在控制性能对 K_1 较为敏感、鲁棒性较差等问题。

(2)基于无模型自适应控制理论，分别建立了舵角与舱向、舵角与舱摇角速度的紧格式动态线性化数据模型，在此基础上分析了控制系统的稳定性。

(3)仿真和外场试验表明，增益 K_1、时滞因素对 RO-CFDL-MFAC 算法的控制性能具有显著不利影响，工程应用中需要重点关注。相比 RO-CFDL-MFAC 算法，VOC-MFAC 算法对舱向控制子系统存在的时滞、模型摄动影响等不敏感，具有更好的鲁棒性。

5.2.2 输入输出信息融合型 CFDL-MFAC 算法

针对水面机器人舱向控制子系统不满足 MFAC 理论，对受控系统"拟线性"假设 3.6 的要求，借鉴 4.3 节中重定义输出思想，本节提出一种控制输入与状态输出信息融合的无模型自适应控制(input-output information fusion CFDL-MFAC，简称为 IOIF-MFAC)算法[3]。

1. IOIF-MFAC 算法设计

为了使受控系统(即舱向控制子系统)满足假设 3.6，以及更加充分地利用受控系统的输入输出信息。4.3 节中通过重构控制系统的已有舱向、舱摇角速度等输出信息，为突破 MFAC 算法在舱向控制中应用局限，提供了一种解决方案。受此重定义输出思想启发，拟将受控系统的控制输入、状态输出信息相融合，即把受控系统的输出信息重新定义为水面机器人舱向与舵角的"线性和"：

$$y(k+1) = \psi(k+1) + \gamma \times u_m(k) \tag{5.28}$$

式中，$\gamma > 0$ 为输入信息融合系数；$\psi(k+1)$, $y(k+1)$ 分别为 $k+1$ 时刻水面机器人的实际舱向、系统新的输入输出信息融合输出；$u_m(k)$ 为 k 时刻的控制输入(即水面机器人的舵角)。

系统的期望输出仍然为期望舱向，如下所示：

$$y^*(k+1) = \psi^*(k+1) \tag{5.29}$$

式中，$\psi^*(k+1)$ 为 $k+1$ 时刻水面机器人的期望舱向；$y^*(k+1)$ 为系统期望输出。

式(3.15)～式(3.17)及式(5.28)和式(5.29)，共同构成了 IOIF-MFAC 算法的控制方案，其中式(5.28)为控制器的输出输入信息融合机制。该控制方案的控制原理图如图 5.21 所示。

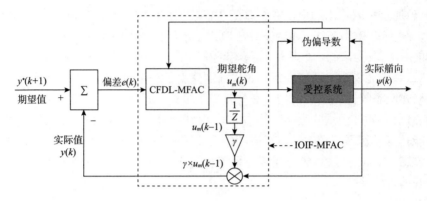

图 5.21　IOIF-MFAC 算法的控制原理图

针对水面机器人的艏向控制问题，该控制方案的工作流程如算法 5.3 所示。

算法 5.3：	IOIF-MFAC 艏向控制算法

条件　　　期望艏向 $\psi^*(k)$，实际艏向 $\psi(k)$

初始化　　$\lambda,\mu,\eta,\rho,\varepsilon,\gamma$　　　　　　　　　　　　//IOIF-MFAC 算法的控制参数

　　　　　　$\hat{\phi}(1),\hat{\phi}(2)$　　　　　　　　　　　　　//伪偏导数估计值的初始值

　　　　　　$u_m(1),u_m(2),y(1),y(2)$　　　　　　//输入输出信息的初始值

循环

　　　　　　$y(k) \leftarrow \left(\psi(k)+\gamma\times u_m(k-1)\right)$　　　　//系统输入输出信息融合输出

　　　　　　$e(k) \leftarrow y^*(k)-y(k)$　　　　　　　　//跟踪误差

　　　　　　$\hat{\phi}(k) \leftarrow \hat{\phi}(k-1)+\dfrac{\eta\Delta u_m(k-1)}{\mu+\left|\Delta u_m(k-1)\right|^2}\left(\Delta y(k)-\hat{\phi}(k-1)\Delta u_m(k-1)\right)$　　//更新伪偏导数的估计值

如果　　　$|\Delta u_m(k-1)| \leqslant \varepsilon$ 或 $|\hat{\phi}(k)| \leqslant \varepsilon$ 或 $\mathrm{sgn}\left(\hat{\phi}(k)\right) \neq \mathrm{sgn}\left(\hat{\phi}(1)\right)$

　　　　　　$\hat{\phi}(k) \leftarrow \hat{\phi}(1)$　　　　　　　　　//伪偏导数的重置机制

结束

　　　　　　$u_m(k) \leftarrow u_m(k-1)+\dfrac{\rho\hat{\phi}(k)}{\lambda+\left|\hat{\phi}(k)\right|^2}\left(y^*(k+1)-y(k)\right)$　　//更新控制器输出

　　　　　　$k=k+1$　　　　　　　　　　　　//更新控制节拍

终止　　　停止指令

2. 系统稳定性分析

根据 3.2.1 节可得

$$\Delta y(k+1) = \Delta\psi(k+1)+\gamma\times\Delta u_m(k)$$

$$= \left(\frac{\Delta\psi(k+1)}{\Delta u_m(k)}+\gamma\right)\times\Delta u_m(k) \tag{5.30}$$

对比式 (3.2)，可以得到式 (5.31)（即 IOIF-MFAC 算法的伪偏导数）：

$$\phi(k) = \frac{\Delta \psi(k+1)}{\Delta u_m(k)} + \gamma \tag{5.31}$$

由于水面机器人艏向控制子系统满足假设 3.2，因此可得

$$\left| \psi(k_1+1) - \psi(k_2+1) \right| \leqslant b \left| u_m(k_1) - u_m(k_2) \right| \tag{5.32}$$

式中，$b>0$ 为一个正常数。显然，有下列不等式成立：

$$\frac{\left| \Delta \psi(k+1) \right|}{\left| \Delta u_m(k+1) \right|} \leqslant b \tag{5.33}$$

由式 (5.33) 可知，$\dfrac{\left| \Delta \psi(k+1) \right|}{\left| \Delta u_m(k+1) \right|}$ 是有界的，因此 $\dfrac{\Delta \psi(k+1)}{\Delta u_m(k)}$ 也有界且满足 $-b \leqslant \dfrac{\Delta \psi(k+1)}{\Delta u_m(k)} \leqslant b$。

不失一般性，本节中仅讨论 $\phi(k)>0$ 的情况。根据式 (5.31) 和式 (5.33)，对任意时刻 k 以及 $\Delta u_m(k) \neq 0$，若 γ 满足 $\gamma > b$，则有 $\dfrac{\Delta \psi(k+1)}{\Delta u_m(k)} + \gamma > 0$ 成立，从而有 $\phi(k)>0$，即假设 3.6 成立。

综上所述，存在一个最小的正常数 M，当 $\gamma \geqslant M > b$ 时，水面机器人的艏向控制子系统满足假设 3.6，从而突破 MFAC 算法存在的艏向控制子系统应用局限。

结论 5.2 针对线性的离散时间艏向控制子系统 (4.13)，在假设 3.1、假设 3.2 和假设 3.5、假设 3.6 均满足的条件下，当设计系统输入与输出信息融合期望信号为 $y^*(k+1) = \psi^*(k+1) + \gamma u_m^*(k) = y^* = \text{const}$ 时，选择合适的正常数 $\gamma \geqslant M$，采用 IOIF-MFAC 算法，存在一个正数 $\lambda_{\min} > 0$，使得当 $\lambda > \lambda_{\min}$ 时有：

(1) 系统输出跟踪误差是单调收敛的，且 $\lim\limits_{k \to \infty} \left| y^* - y(k+1) \right| = 0$；

(2) 闭环系统 BIBO 稳定，即输出序列 $\{y(k)\}$ 和输入序列 $\{u(k)\}$ 是有界的。

证明 参考 4.3.3 节闭环系统的稳定性证明过程，上述结论可以同理证明，在此不再赘述。

3. 试验研究

1) 标称模型下仿真试验

艏向控制子系统模型及模型参数与 5.2.1 节保持一致，水面机器人的艏向控制子系统的初始状态为 $\psi(1) = \psi(2) = 0°$，$u_m(1) = u_m(2) = 0°$，$r(1) = r(2) = 0°/s$，即在

$k=1$ 和 $k=2$ 时刻艏向、舵角均为 $0°$。设置期望艏向在 $0\sim100s$、$100\sim200s$ 和 $200\sim300s$ 时分别为 $120°$、$30°$ 和 $120°$。

PID 控制器的参数为 $k_p=1.5,k_i=0.12,k_d=0.1$，IOIF-MFAC 算法的参数为 $\lambda=0.1,\mu=100,\eta=1,\rho=0.6,\varepsilon=0.1,\gamma=2.0$，RO-CFDL-MFAC 算法的参数为 $\lambda=5$，$\mu=100,\eta=1,\rho=1,\varepsilon=0.1,K_1=10$。时滞影响、控制周期分别为 $\tau=0,T_s=0.1s$。艏向控制的仿真试验结果如图 5.22 所示。

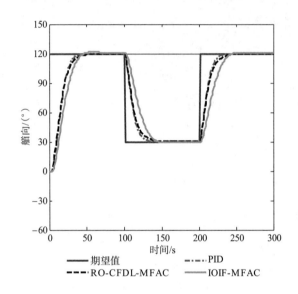

图 5.22　标称模型下艏向相应对比曲线

从图 5.22 可知，在标称模型工况时，PID、IOIF-MFAC 及 RO-CFDL-MFAC 三种算法具有几乎相同的控制性能，初步检验了 IOIF-MFAC 算法的有效性及可行性，这为下面的仿真对比试验奠定了基础。

2) 不确定性影响下仿真试验

本部分进行两种模型参数条件下的仿真对比试验，艏向控制子系统的初始条件以及控制参数同上部分保持一致。

案例 1：设置模型参数 K 增大 250%，艏向控制的仿真试验结果如图 5.23 所示。

案例 2：设置艏向控制子系统存在 4s 的时滞影响，艏向控制的仿真试验结果如图 5.24 所示。

利用艏向控制误差的 RMS 对比三种算法的控制性能。在 $50\sim100s$、$150\sim200s$、$250\sim300s$ 三个时间段，艏向控制误差的 RMS 计算结果如表 5.4 所示。

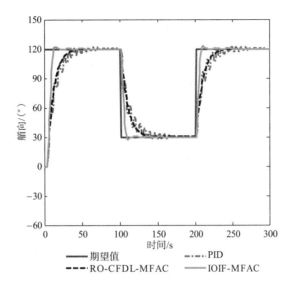

图 5.23　模型参数 K 增大 250% 时舶向响应曲线 (案例 1)

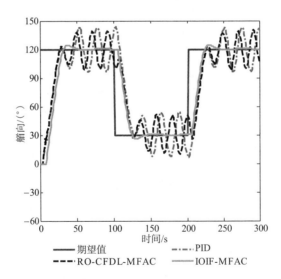

图 5.24　存在 4s 时滞影响下舶向响应曲线 (案例 2)

表 5.4　仿真试验中舶向控制误差的 RMS 对比表

试验案例	条件/s	RMS/(°)		
		PID	RO-CFDL-MFAC	IOIF-MFAC
标称模型	50~100	0.12	0.09	0.15
	150~200	0.13	0.08	0.12
	250~300	0.12	0.08	0.13

试验案例	条件/s	RMS/(°)		
		PID	RO-CFDL-MFAC	IOIF-MFAC
案例1	50～100	2.36	0.26	0.63
	150～200	2.12	0.25	0.94
	250～300	2.16	0.23	0.43
案例2	50～100	16.34	15.27	1.43
	150～200	16.53	15.46	1.32
	250～300	16.70	15.23	0.95

从图 5.23、图 5.24 及表 5.4 可知，水面机器人艏向控制子系统在标称模型条件下，利用 PID、RO-CFDL-MFAC 和 IOIF-MFAC 三种算法均能取得了相似的控制性能。但是当存在较大模型摄动影响时，PID 算法的控制性能有明显降低，艏向响应出现了振荡现象。当受到较大时滞影响时，在 PID 和 RO-CFDL-MFAC 算法作用下，艏向响应均出现显著的振荡，难以收敛。但是，利用 IOIF-MFAC 算法，艏向响应仍然能收敛到期望值，即不确定性影响下受控系统可以保持良好的稳定性。

3) 外场试验及分析

为了验证 IOIF-MFAC 算法应用于水面机器人艏向控制的有效性及工程实用性，利用"海豚-IB"号水面机器人开展艏向控制外场试验研究(图 5.25)，讨论两种试验条件下外场对比试验。

图 5.25　外场试验中的"海豚-IB"号水面机器人(IOIF-MFAC)

案例 1: 推进器电压设定为 5V，在该电压下水面机器人的直航航速约 0.5m/s。IOIF-MFAC 算法的参数为 $\lambda=0.6, \mu=100, \eta=1, \rho=0.4, \varepsilon=0.1, \gamma=0.5$，RO-CFDL-

MFAC 算法参数为 $\lambda=0.1, \mu=100, \eta=1, \rho=1, \varepsilon=0.1, K_1=5$ ，PID 算法的参数为 $K_p=3.0, K_i=0.01, K_d=1.4$ ，将期望艏向设为–100°。艏向控制的外场试验结果如图 5.26 所示。

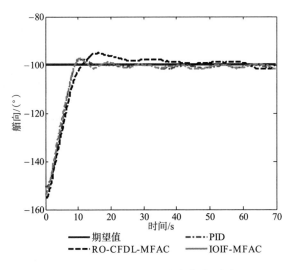

图 5.26　5V 电压下艏向响应曲线（案例 1）

案例 2：三种控制器的参数保持不变，将推进器电压设定为 12V，在该电压下水面机器人的直航航速约 1.5m/s，将期望艏向设为–120°。艏向控制的外场试验结果如图 5.27 所示。

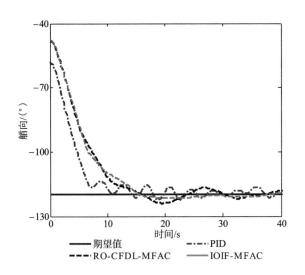

图 5.27　12V 电压下艏向响应曲线（案例 2）

上述两种试验条件下，利用艏向控制误差的 RMS 比较三种控制器的性能。RMS 计算结果如表 5.5 所示。

表 5.5　外场试验中艏向控制误差的 RMS 对比表

试验案例	条件/s	RMS/(°)		
		PID	RO-CFDL-MFAC	IOIF-MFAC
案例 1	10～70	1.04	2.34	1.12
案例 2	15～40	3.72	2.67	1.42

从图 5.26、图 5.27 及表 5.5 可知，控制参数不改变的条件下，当水面机器人航速发生改变时(导致艏向控制子系统的模型参数发生较大变化)，在 PID 算法作用下，艏向控制性能有明显的下降，并出现了较大的振荡。但是在 RO-CFDL-MFAC 和 IOIF-MFAC 算法作用下，艏向均能取得较好的控制性能，并且 IOIF-MFAC 算法对于不确定性影响具有更强的鲁棒性及自适应性。

4. 主要结论

考虑不确定性影响下水面机器人的艏向控制问题，针对艏向控制子系统不满足 MFAC 理论对受控系统的"拟线性"假设条件，借鉴重定义输出思想提出了 IOIF-MFAC 算法，并开展了仿真及外场对比试验研究，主要结论如下。

(1)通过融合受控系统的输入及输出信息，提出了输入输出信息融合型 IOIF-MFAC 算法，该算法解决了水面机器人艏向控制子系统不满足 MFAC 理论的"拟线性"假设问题，为推动 MFAC 理论应用于水面机器人提供了一种新方案。

(2)基于无模型自适应控制理论，构建了艏向控制子系统的动态线性化数据模型，并理论分析了 IOIF-MFAC 算法的稳定性。

(3)仿真和外场试验表明，对比 PID 算法及 RO-CFDL-MFAC 算法，IOIF-MFAC 算法能较好地抑制艏向控制子系统存在的模型摄动、时滞等不利影响，体现出更好的鲁棒性。

5.3　结构叠加式无模型自适应艏向控制

5.1 节和 5.2 节从历史信息权重调节、输入/输出信息利用的两个不同视角，研究了 CFDL-MFAC 算法的改进策略。本节则从控制器结构叠加的角度，深入探讨 CFDL-MFAC 算法的改进方案，试图解决其在水面机器人艏向控制应用中的固有缺陷与问题。

5.3.1　基于比例及积分分离式 CFDL-MFAC 算法

本节分析 CFDL-MFAC 算法的控制结构特点，并结合水面机器人舵向控制子系统的动力学特性，借鉴离散增量式 PI 算法的结构，提出一种融合比例控制的变积分分离式 CFDL-MFAC 算法[4]。

1. 融合比例控制的变积分分离式 CFDL-MFAC 算法

针对 CFDL-MFAC 算法直接应用到水面机器人舵向控制中不可避免地存在超调、振荡，甚至失稳的现象，将控制算法输出式(3.17)进行如下改进：

$$u_m(k) = u_m(k-1) + \frac{\rho\hat{\phi}(k)}{\lambda + \left|\hat{\phi}(k)\right|^2}\left(y^*(k+1) - y(k)\right) + k_p\left(e(k) - e(k-1)\right) \quad (5.34)$$

式中，$k_p \geq 0$ 为引入的比例系数；$e(k)$、$e(k-1)$ 分别为 k、$k-1$ 时刻的舵向控制误差，$e(k) = y^*(k) - y(k)$，$e(k-1) = y^*(k-1) - y(k-1)$；$y^*(k)$、$y^*(k-1)$、$y^*(k-2)$ 分别为 k、$k-1$、$k-2$ 时刻的期望舵向；$y(k)$、$y(k-1)$、$y(k-2)$ 分别为 k、$k-1$、$k-2$ 时刻的实际舵向。

类似于离散增量式 PI 算法的控制结构，将式(3.15)、式(3.16)、式(5.34)组成的改进 CFDL-MFAC 算法称为融合比例控制式 CFDL-MFAC（CFDL-MFAC with proportional control，MFAC-PC）算法。通过引入比例项 $k_p(e(k) - e(k-1))$，解决将 CFDL-MFAC 算法直接应用到水面机器人舵向控制存在的振荡、失稳等固有问题。

在式(5.34)中，积分项 $\frac{\rho\hat{\phi}(k)}{\lambda + \left|\hat{\phi}(k)\right|^2}\left(y^*(k+1) - y(k)\right)$ 的存在，可以消除静态误差以提高控制精度。但是在舵向控制的开始阶段，或者大幅度改变期望舵向时(工程应用中为了快速地操纵或跟踪期望航迹，这是一个常见场景)，短时间内实际舵向与期望舵向之间会累积很大的误差量，这时积分项的存在将导致 MFAC-PC 算法发生过度的积分累积(即"积分饱和"现象)，导致舵向产生较大的超调甚至振荡，从而增大调节时间。

积分分离控制的基本思想是：当被控量与设定值偏差较大时，取消或降低积分作用，避免由于积分作用过度影响而使系统稳定性降低、超调量增大；当被控量接近设定值时，引入积分机制，从而消除静差以提高控制的精度。

在 MFAC-PC 算法中引入一种积分分离机制，形成了融合比例控制的变积分分离式 CFDL-MFAC 算法(variable integral separation CFDL-MFAC with proportional control，VIS-MFAC-PC)，该算法可表示为

$$u_{v,m,p}(k) = u_{v,m,p}(k-1) + \frac{\gamma_I \rho \hat{\phi}(k)}{\lambda + \left|\hat{\phi}(k)\right|^2}\left(y^*(k+1) - y(k)\right) + k_p\left(e(k) - e(k-1)\right) \quad (5.35)$$

$$\gamma_i = \begin{cases} 1, & |e(k)| \leqslant e_0 \\ \dfrac{\overline{e} - e(k)}{\overline{e} - e_0}, & e_0 < |e(k)| < \overline{e} \\ 0, & |e(k)| \geqslant \overline{e} \end{cases} \quad (5.36)$$

$$\hat{\phi}(k) = \hat{\phi}(k-1) + \frac{\eta \Delta u_{v,m,p}(k-1)}{\mu + \Delta u_{v,m,p}(k-1)^2} \times \left(\Delta y(k) - \hat{\phi}(k-1)\Delta u_{v,m,p}(k-1)\right) \quad (5.37)$$

$$\hat{\phi}(k) = \hat{\phi}(1), \text{ 如果 } \left|\hat{\phi}(k)\right| \leqslant \varepsilon \text{ 或 } \left|\Delta u_{v,m,p}(k-1)\right| \leqslant \varepsilon \text{ 或 } \mathrm{sgn}\left(\hat{\phi}(k)\right) \neq \mathrm{sgn}\left(\hat{\phi}(1)\right) \quad (5.38)$$

式中，γ_i 为引入的变积分分离因子；$u_{v,m,p}(k)$、$u_{v,m,p}(k-1)$ 分别表示在 k、$k-1$ 时刻的系统输入；$e(k)$ 表示 k 时刻的艏向控制误差；e_0、$\overline{e}$ 表示与 γ_i 取值相关的跟踪误差阈值。

式(5.35)～式(5.38)共同构成了 VIS-MFAC-PC 算法的控制方案，应用该算法的水面机器人艏向控制原理图如图 5.28 所示。

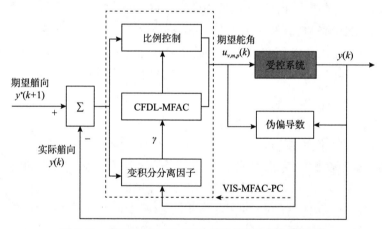

图 5.28　基于 VIS-MFAC-PC 算法的艏向控制原理图

针对水面机器人的艏向控制问题，该控制方案的工作流程如算法 5.4 所示。

算法 5.4：	VIS-MFAC-PC 艏向控制算法	
条件	期望艏向 $\psi^*(k)$，实际艏向 $\psi(k)$	
初始化	$\lambda, \mu, \eta, \rho, \varepsilon, k_p, \gamma_i$	//VIS-MFAC-PC 算法的控制参数
	$\hat{\phi}(1), \hat{\phi}(2)$	//伪偏导数估计值的初始值

$u_{v,m,p}(1),u_{v,m,p}(2),y(1),y(2)$ //输入输出信息的初始值

循环

$e(k) \leftarrow y^*(k)-y(k)$ //跟踪误差

$\gamma_i \leftarrow f(e(k))$ //变积分分离因子

$$\hat{\phi}(k) \leftarrow \hat{\phi}(k-1)+\frac{\eta \Delta u_{v,m,p}(k-1)}{\mu+\left|\Delta u_{v,m,p}(k-1)\right|^2}\left(\Delta y(k)-\hat{\phi}(k-1)\Delta u_{v,m,p}(k-1)\right) \quad //更新伪偏导数的估计值$$

如果 $\left|\Delta u_{v,m,p}(k-1)\right| \leq \varepsilon$ 或 $\left|\hat{\phi}(k)\right| \leq \varepsilon$ 或 $\mathrm{sgn}\left(\hat{\phi}(k)\right) \neq \mathrm{sgn}\left(\hat{\phi}(1)\right)$

$\hat{\phi}(k) \leftarrow \hat{\phi}(1)$ //伪偏导数的重置机制

结束

$$u_{v,m,p}(k) \leftarrow u_{v,m,p}(k-1)+\frac{\gamma_i \rho \hat{\phi}(k)}{\lambda+\left|\hat{\phi}(k)\right|^2}\left(y^*(k+1)-y(k)\right)+k_p\left(e(k)-e(k-1)\right) \quad //控制器输出更新$$

$k=k+1$ //更新控制节拍

终止   停止指令

---

2. 试验研究

1) 标称模型下仿真对比试验

舳向控制子系统模型及模型参数与 5.2.1 节保持一致，水面机器人的舳向控制子系统的初始状态为 $\psi(1)=\psi(2)=0°$，$u_{v,m,p}(1)=u_{v,m,p}(2)=0°$，$r(1)=r(2)=0°/\mathrm{s}$，即在 $k=1$ 和 $k=2$ 时刻舳向、舵角均为 0°，设置期望舳向为 90°，时滞影响、控制周期分别为 $\tau=0, T_s=0.1\mathrm{s}$。PID 算法的参数为 $k_p=1.5, k_i=0.12, k_d=0.1$，VIS-MFAC-PC 算法的参数为 $\lambda=0.1, \mu=100, \eta=1, \rho=0.5, k_p=3, e_0=1°, \overline{e}=20°$，为了后续对比的公平性，两种控制算法的参数均已经手动调到较优。舳向控制的仿真试验结果如图 5.29 所示。

从图 5.29 可知，标称模型时 VIS-MFAC-PC 算法和 PID 算法具有接近的控制性能；计算舳向控制误差的 RMS（30～100s 时），VIS-MFAC-PC 算法为 0.86°、PID 算法为 0.56°。仿真试验初步验证了 VIS-MFAC-PC 算法应用于水面机器人舳向控制的可行性。

2) 不确定性影响下仿真对比试验

舳向控制子系统的初始状态、控制参数、期望舳向等与前保持一致。仿真试验中改变模型参数 K 的值，设定 K 存在 50% 的模型摄动，并考虑舳向控制子系统的时滞影响为 $\tau=2\mathrm{s}$。舳向控制的仿真试验结果如图 5.30 所示。

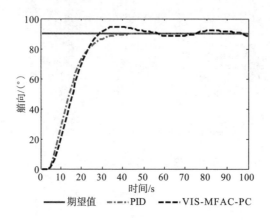

图 5.29　标称模型下艏向响应对比曲线

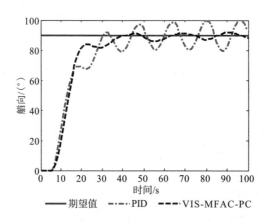

图 5.30　K 增大 50%且系统存在 2s 时滞时艏向响应对比曲线

　　从图 5.29、图 5.30 可知，受到模型摄动和时滞的影响，在 PID 算法作用下艏向响应发生了较大的振荡，难以收敛到期望值；在 VIS-MFAC-PC 算法作用下，艏向响应仍能快速地收敛到期望值，且整个艏向调节过程无超调，振荡较小，即艏向控制子系统保持了良好的控制性能。

　　计算艏向控制误差的 RMS(40～100s 时)，VIS-MFAC-PC 算法为 2.46°、PID 算法为 6.54°。仿真对比试验表明，系统存在模型摄动及较大时滞影响时，相比 PID 算法，VIS-MFAC-PC 算法具有更强的鲁棒性与自适应性。

　　3)外场试验与分析

　　为了进一步检验 VIS-MFAC-PC 算法应用于水面机器人艏向控制的工程实用性，下面利用"海豚-IB"号水面机器人，开展两种试验条件下艏向控制的外场对比试验(图 5.31)。

图 5.31 "海豚-IB"及艏向控制外场试验研究(VIS-MFAC-PC)

案例 1：设定水面机器人的期望航速为 0.5m/s，利用两种控制算法进行艏向控制的仿真试验。两种控制算法的参数均已经手动调到较优，其中 VIS-MFAC-PC 算法的控制参数为 $\lambda = 3.0, \mu = 100, \eta = 1, \rho = 1, k_p = 1.2, e_0 = 5, \bar{e} = 30$，PID 算法的控制参数为 $k_p = 3.0, k_i = 0.01, k_d = 1.4$，设定期望艏向为 $-100°$。艏向控制的外场试验结果如图 5.32 所示。

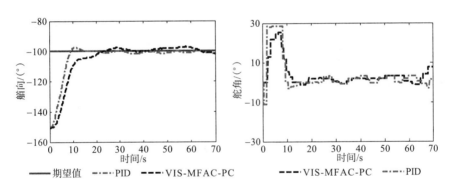

图 5.32 航速为 0.5m/s 时艏向和舵角响应曲线(案例 1)

从图 5.32 可知，当航速为 0.5m/s 时，利用两种控制算法，实际艏向都可以收敛到期望艏向，两种算法具有接近的控制性能。VIS-MFAC-PC 和 PID 算法的艏向控制误差的 RMS(20～70s 时)分别为 1.43° 和 0.99°。

案例 2：保持两个控制算法的参数不变，将水面机器人的期望航速设为 1.2m/s，期望艏向改为 $-120°$。艏向控制的外场试验结果如图 5.33 所示。

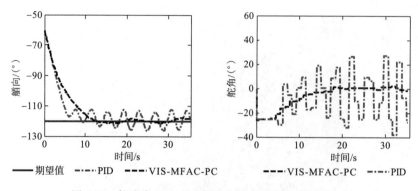

图 5.33　航速为 1.2m/s 时艏向和舵角响应曲线(案例 2)

从图 5.33 可知，保持两个算法的控制参数不变，利用 VIS-MFAC-PC 算法时实际艏向仍然可以收敛到期望艏向，艏向控制误差的 RMS 值为 0.76°。而利用 PID 算法，艏向响应出现了较大的振荡现象，难以收敛到期望艏向，艏向控制误差的 RMS 值为 4.57°。计算 10～35s 时舵角响应的累积值，VIS-MFAC-PC 算法为 163° 远小于 PID 算法的 2803°，舵角累积值的大小与系统的控制及航行能耗正相关，即应用 VIS-MFAC-PC 算法可获得更低的能耗、更佳的控制精度。

3. 主要结论

针对在不确定性影响下水面机器人的艏向控制问题，受到离散增量式 PI 算法的控制结构启发，将比例项引入 CFDL-MFAC 算法，提出了融合比例控制的积分分离式 VIS-MFAC-PC 算法，并开展了仿真及外场对比试验研究，主要结论如下。

(1)CFDL-MFAC 算法的分析表明，该方法具有增量式积分结构(类比于离散增量式 PI 算法的积分项)，如果直接将 CFDL-MFAC 算法用于水面机器人的艏向控制，系统将会出现超调、振荡甚至失稳问题。

(2)融合比例控制及积分分离机制，提出了 VIS-MFAC-PC 算法，可以适用于水面机器人的艏向控制，扩展了 MFAC 理论的应用范围。

(3)仿真和外场试验表明，对比 PID 算法，VIS-MFAC-PC 算法能较好地适应艏向控制子系统存在的模型摄动、时滞等不利影响，体现出更好的鲁棒性。

5.3.2　PID 式 CFDL-MFAC 算法

本节深入分析 CFDL-MFAC 算法的结构属性，从控制结构角度阐述 CFDL-MFAC 算法应用于水面机器人艏向控制中面临的特有问题。考虑水面机器人艏向控制子系统的动力学特性，探索一种 PID 式 CFDL-MFAC(proportional integral differential type CFDL-MFAC，简称为 PID-MFAC)算法。

1. PID-MFAC 算法设计与分析

分析表明 CFDL-MFAC 算法属于一种离散增量式控制算法。为了更好地阐述 PID-MFAC 算法的控制结构，先分析离散增量式 PID 算法的结构，即式(5.39)。

$$u(k) = u(k-1) + k_p\left(e(k) - e(k-1)\right)$$
$$+ k_i e(k) + \frac{k_d}{T_s}\left(e(k) - 2e(k-1) + e(k-2)\right) \tag{5.39}$$

式中，$e(k) = y^*(k) - y(k)$ 为舷向控制误差，$y^*(k)$、$y(k)$ 分别表示在 k 时刻的期望舷向、实际舷向；k_p、k_i、k_d 分别为 PID 算法的比例、积分及微分系数；$u(k)$ 表示舵角；T_s 为控制周期。

对比离散增量式 PID 算法的控制结构(5.39)可知，CFDL-MFAC 算法属于一种增量式的积分（integral，I）型结构。因此，如果将该算法直接应用到水面机器人的舷向控制中，系统将不可避免地发生失稳。为了解决上述问题，拟在 CFDL-MFAC 算法中引入自适应比例项和自适应微分项。①引入自适应比例项（proportional，P），以提高系统的响应速度，减小跟踪误差，提升控制精度；②引入自适应微分项（differential，D），可使得控制算法对系统状态具有预测功能，从而降低系统响应的超调，改善滞后及动态响应性能；③考虑到工程应用中执行机构的机械饱和(有限幅值)特性，提出由式(5.40)～式(5.44)共同构成的 PID-MFAC 算法控制方案。

$$u_{pm}(k) = u_{pm}(k-1) + \frac{\rho\hat{\phi}(k)}{\lambda + \left|\hat{\phi}(k)\right|^2} \times \left(y^*(k+1) - y(k)\right)$$
$$+ \frac{\beta\hat{\phi}(k)}{\lambda + \left|\hat{\phi}(k)\right|^2} \times \left(e(k) - e(k-1)\right)$$
$$+ \frac{\alpha\hat{\phi}(k)}{\lambda + \left|\hat{\phi}(k)\right|^2} \times \left(e(k) - 2e(k-1) + e(k-2)\right) \tag{5.40}$$

$$\hat{\phi}(k) = \hat{\phi}(k-1) + \frac{\eta\Delta u_{pm}(k-1)}{\mu + \left|\Delta u_{pm}(k-1)^2\right|} \times \left(\Delta y(k) - \hat{\phi}(k-1)\Delta u_{pm}(k-1)\right) \tag{5.41}$$

$$\hat{\phi}(k) = \hat{\phi}(1), 若\left|\hat{\phi}(k)\right| \leqslant \varepsilon\ 或\ \left|\Delta u_{pm}(k-1)\right| \leqslant \varepsilon\ 或\ \mathrm{sgn}\left(\hat{\phi}(k)\right) \neq \mathrm{sgn}\left(\hat{\phi}(1)\right) \tag{5.42}$$

$$u_{pm}(k) = u_{max}, 若\ u_{pm}(k) \geqslant u_{max} \tag{5.43}$$

$$u_{pm}(k) = u_{min}, 若\ u_{pm}(k) \leqslant u_{min} \tag{5.44}$$

式中，ρ 是步长因子；$\beta > 0$、$\alpha > 0$ 分别为比例系数、微分系数；$u_{pm}(k)$ 表示控制器输出（如舵角）；u_{min}、u_{max} 分别表示 $u_{pm}(k)$ 的最小值及最大值；$e(k)$ 表示在 k 时刻的艏向跟踪偏差，$e(k) = y^*(k) - y(k)$；$y^*(k)$ 和 $y(k)$ 分别表示在 k 时刻的期望艏向和实际艏向；$\dfrac{\beta\hat{\phi}(k)}{\lambda + \left|\hat{\phi}(k)\right|^2} \times (e(k) - e(k-1))$ 为自适应比例项；$\dfrac{\alpha\hat{\phi}(k)}{\lambda + \left|\hat{\phi}(k)\right|^2} \times (e(k) - 2e(k-1) + e(k-2))$ 表示自适应微分项。

基于 PID-MFAC 算法的水面机器人艏向控制原理图如图 5.34 所示。首先，该算法建立非线性系统等价的动态线性化数据模型；然后，利用系统在线的输入输出数据解算系统的伪偏导数；最后，设计基于数据驱动的一步向前自适应控制器。

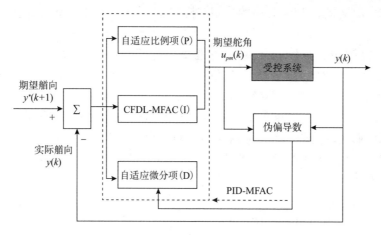

图 5.34　基于 PID-MFAC 算法的艏向控制原理图

为了清晰地展示 PID、CFDL-MFAC、PID-MFAC 算法之间的控制结构差异，在表 5.6 中呈现了三种算法的控制项及构成对比。

表 5.6　三种算法的控制结构比较

构成	PID	CFDL-MFAC	PID-MFAC
比例项	$k_p\left(e(k) - e(k-1)\right)$	—	$\dfrac{\beta\hat{\phi}(k)}{\lambda + \left|\hat{\phi}(k)\right|^2} \times \left(e(k) - e(k-1)\right)$
积分项	$k_i e(k)$	$\dfrac{\rho\hat{\phi}(k)}{\lambda + \left|\hat{\phi}(k)\right|^2} \times \left(y^*(k+1) - y(k)\right)$	$\dfrac{\rho\hat{\phi}(k)}{\lambda + \left|\hat{\phi}(k)\right|^2} \times \left(y^*(k+1) - y(k)\right)$
微分项	$\dfrac{k_d}{T_s} \times \left(e(k) - 2e(k-1) + e(k-2)\right)$	—	$\dfrac{\alpha\hat{\phi}(k)}{\lambda + \left|\hat{\phi}(k)\right|^2}$ $\times \left(e(k) - 2e(k-1) + e(k-2)\right)$

从表 5.6 可知，本节提出算法的控制结构与离散增量式 PID 算法的结构相似，因此将其称为 PID 式 CFDL-MFAC 算法（即 PID-MFAC 算法）。

根据假设 3.2，可得

$$\left|y(k+1)-y(1)\right|\leqslant b\left|u_{pm}(k)-u_{pm}(1)\right| \tag{5.45}$$

式中，$b>0$ 是一个正常数。根据算法的重置机制式 (5.43) 和式 (5.44)，系统输入是有界的，结合式 (5.45)，可得式 (5.46) 成立。

$$\begin{aligned}\left|y(k+1)\right| &\leqslant b\left|u_{pm}(k)-u_{pm}(1)\right|+\left|y(1)\right| \\ &\leqslant b\left(\left|u_{pm}(k)\right|+\left|u_{pm}(1)\right|\right)+\left|y(1)\right| \\ &\leqslant 2bu_{\max}+\left|y(1)\right|\end{aligned} \tag{5.46}$$

根据表达式 (5.46) 可知，闭环控制系统是输入输出有界的。

针对水面机器人的艏向控制问题，PID-MFAC 算法控制方案的工作流程如算法 5.5 所示。

算法 5.5： PID-MFAC 艏向控制算法

条件 期望艏向 $y^*(k)$，实际艏向 $y(k)$

初始化 $\lambda,\mu,\eta,\rho,\varepsilon,\alpha,\beta$ //PID-MFAC 算法控制参数

$\hat{\phi}(1),\hat{\phi}(2)$ //伪偏导数初始值

$u_{pm}(1),u_{pm}(2),y(1),y(2)$ //系统输入输出的初始值

$u_{\max},u_{\min}$ //执行机构的限位幅值

循环

$e(k) \leftarrow y^*(k)-y(k)$ //艏向误差

$\hat{\phi}(k) \leftarrow \hat{\phi}(k-1)+\dfrac{\eta\Delta u_{pm}(k-1)}{\mu+\left|\Delta u_{pm}(k-1)\right|^2}\left(\Delta y(k)-\hat{\phi}(k-1)\Delta u_{pm}(k-1)\right)$ //更新伪偏导数

判断 若 $|\Delta u(k-1)|\leqslant\varepsilon$ 或 $|\hat{\phi}(k)|\leqslant\varepsilon$ 或 $\text{sgn}\left(\hat{\phi}(k)\right)\neq\text{sgn}\left(\hat{\phi}(1)\right)$ //伪偏导数的重置机制

$\hat{\phi}(k) \leftarrow \hat{\phi}(1)$

结束

$$\begin{aligned}u_{pm}(k) \leftarrow\ &u_{pm}(k-1)+\frac{\rho\hat{\phi}(k)}{\lambda+\left|\hat{\phi}(k)\right|^2}\times\left(y^*(k+1)-y(k)\right) \\ &+\frac{\beta\hat{\phi}(k)}{\lambda+\left|\hat{\phi}(k)\right|^2}\times\left(e(k)-e(k-1)\right) \\ &+\frac{\alpha\hat{\phi}(k)}{\lambda+\left|\hat{\phi}(k)\right|^2}\times\left(e(k)-2e(k-1)+e(k-2)\right)\end{aligned}$$

//更新控制器输出

判断	$u_{pm}(k) \geqslant u_{max}$	//控制输出的重置机制
	$u_{pm}(k) = u_{max}$	
结束		
	$u_{pm}(k) \leqslant u_{min}$	//控制输出的重置机制
判断		
	$u_{pm}(k) = u_{min}$	
	$k=k+1$	//更新控制节拍
结束		
终止	停止指令	

2. 试验研究

1) 标称模型下数值仿真试验

艏向控制子系统模型及模型参数与 5.2.1 节保持一致,水面机器人的艏向控制子系统的初始状态为 $\psi(1) = \psi(2) = 0°$, $u_{mp}(1) = u_{mp}(2) = 0°$, $r(1)=r(2) = 0°/s$,即在 $k=1$ 和 $k=2$ 时刻艏向、舵角均为 0。在 $0\sim100s$、$100\sim200s$、$200\sim300s$ 时,期望艏向分别为 120°、30°、120°。

PID 算法的参数为 $k_p = 1.5, k_i = 0.12, k_d = 0.1$, PID-MFAC 算法的参数为 $\lambda = 0.1, \mu = 100, \eta = 1, \rho = 0.6, \varepsilon = 0.1, \alpha = 0.15, \beta = 0.8$;除了比例系数 β 和微分系数 α , CFDL-MFAC 算法与 PID-MFAC 算法的参数相同。时滞影响、控制周期分别为 $\tau=0$, $T_s=0.1s$,执行机构(如舵机、矢量推进器)的最小、最大转角分别设为 $u_{min} = -30°$ 和 $u_{max} = 30°$ 。艏向控制的仿真试验结果如图 5.35 所示。

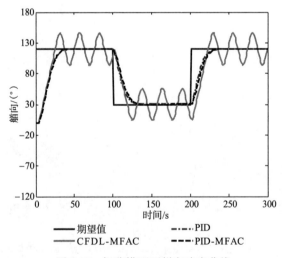

图 5.35 标称模型下艏向响应曲线

为了后续对比的公平性，三种控制参数已经手动调节到较优状态。从图 5.35 可知，CFDL-MFAC 算法出现了振荡现象，且通过简单地调节参数并不能有效解决该问题。从图 5.35 可知，在标称模型时，利用 PID 和 PID-MFAC 算法，实际艏向耗时约 30s 均能收敛到期望艏向，艏向响应平稳，没有超调和振荡现象，两种算法具有非常一致的控制性能。

2) 不确定性影响下仿真对比试验

下面开展两种案例下仿真对比试验，艏向控制子系统的初始状态、控制参数均与前保持一致。

案例 1: 艏向控制子系统的模型参数 K 增大 50%，且系统存在 2s 的时滞影响。艏向控制的仿真结果如图 5.36 所示。

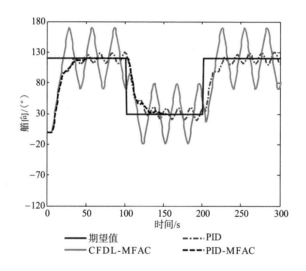

图 5.36　模型参数 K 增大 50%且系统存在 2s 时滞时艏向响应曲线(案例 1)

案例 2: 艏向控制子系统的模型参数 T 增大 50%，且系统存在 2s 的时滞影响。艏向控制的仿真结果如图 5.37 所示。

从图 5.36 和图 5.37 可知，当艏向控制子系统的模型参数 K 或 T 增加 50%且存在 2s 时滞影响时，在 PID 算法作用下，艏向响应发生明显的振荡，难以收敛；CFDL-MFAC 算法无法实现艏向的收敛(与图 5.35 类似)；但是在 PID-MFAC 算法作用下，在开始阶段虽然艏向响应发生较小的波动，但是实际艏向迅速地收敛到期望艏向，即系统仍能保持较好的控制性能。

利用艏向控制误差的 RMS 衡量三种算法的控制性能。在 50~100s、150~200s、250~300s 三个时间段时，艏向控制误差的 RMS 计算结果如表 5.7 所示。

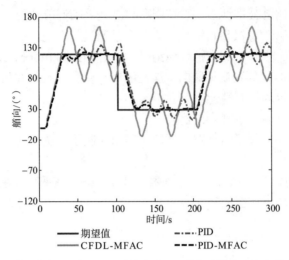

图 5.37 模型参数 T 增大 50%系统存在 2s 时滞时艏向响应曲线（案例 2）

表 5.7 三种控制算法作用下艏向控制误差的 RMS 对比表

试验案例	时间/s	RMS/(°)		
		PID	CFDL-MFAC	PID-MFAC
标称模型	50～100	0.12	18.09	0.13
	150～200	0.13	18.14	0.11
	250～300	0.12	18.11	0.11
案例 1	50～100	7.04	32.95	0.39
	150～200	8.52	34.28	0.38
	250～300	6.39	34.52	0.38
案例 2	50～100	10.74	30.68	1.90
	150～200	10.85	29.93	1.86
	250～300	11.52	30.88	1.86

从表 5.7 可知，在标称模型下，PID 和 PID-MFAC 算法具有相似的控制性能。但是当艏向控制子系统存在较大模型摄动及时滞影响时，PID-MFAC 算法具有更强的鲁棒性以及自适应性，这将有助于在工程应用中维持不确定性影响下系统的稳定性，并节约宝贵的参数调节时间。仿真对比试验验证了 PID-MFAC 算法的有效性。

3）外场试验及分析

为了验证 PID-MFAC 算法应用于水面机器人艏向控制的有效性及工程

实用性，利用"海豚-IB"号水面机器人开展艏向控制外场试验（图 5.38），利用 PID、CFDL-MFAC 和 PID-MFAC 算法，开展两种试验条件下外场对比试验研究。

PID-MFAC 算法的参数为 $\lambda=0.6, \mu=100, \eta=1, \rho=0.4, \beta=15, \alpha=50$，CFDL-MFAC 算法的参数与 PID-MFAC 算法相同（没有参数 α 和 β），PID 算法的参数为 $k_p=3.0, k_i=0.01, k_d=1.4$。执行机构（"海豚-IB"号为矢量推进器）的最小、最大转角分别为 $u_{\min}=-30°, u_{\max}=30°$，控制周期 $T_s=1\text{s}$。

案例 1：水面机器人的直航航速设定约为 0.5m/s，期望艏向为 $-100°$，在三种控制算法的作用下，艏向控制的外场试验结果如图 5.39 所示。

图 5.38　"海豚-IB"号水面机器人及外场试验（PID-MFAC）

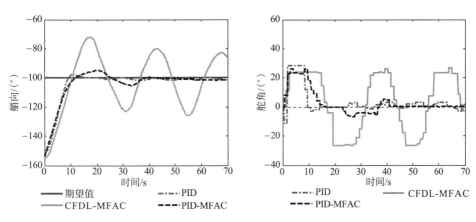

图 5.39　航速为 0.5m/s 时艏向和舵角响应曲线（案例 1）

案例 2：将水面机器人的直航航速设定约为 1.2m/s，期望艏向为 $-120°$，保持三种控制算法的参数不变。艏向控制的外场试验结果如图 5.40 所示。

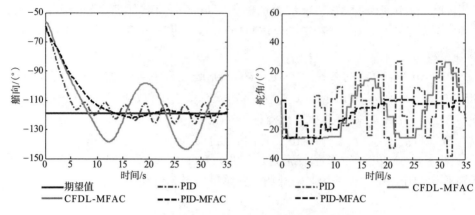

图 5.40　航速为 1.2m/s 时艏向和舵角响应曲线(案例 2)

从图 5.39 可知，当航速为 0.5m/s 时，在 PID 和 PID-MFAC 算法作用下，水面机器人的实际艏向均能收敛到期望艏向，两种算法的控制性能较为接近，PID算法的性能更优。从图 5.40 可知，当航速发生改变时，在 PID 算法作用下，实际艏向发生了明显的振荡现象，难以收敛；但在 PID-MFAC 算法作用下，艏向响应有较小的振荡，且最终收敛到期望艏向。而 CFDL-MFAC 算法在外场试验与仿真试验的表现相似，艏向响应均无法收敛。

利用艏向控制误差的 RMS 衡量三种算法的控制性能；同时，计算舵角变化量的绝对值之和以定性表征艏向控制过程中能耗(energy consumption,EC)。在 0~70s、0~35s(或 10~70s、10~35s)的两个时间段时，艏向控制误差的 RMS、艏向控制的能耗计算结果如表 5.8 所示。

表 5.8　三种控制算法的 RMS 和 EC 计算结果对比表

评价准则	试验案例	时间/s	PID 结果/(°)	CFDL-MFAC 结果/(°)	PID-MFAC 结果/(°)
RMS	案例 1	10~70	1.04	16.3	2.63
	案例 2	10~35	4.63	16.4	1.61
EC	案例 1	0~70	122	227	86.5
	案例 2	0~35	737	179	101

从表 5.8 可知，当水面机器人的航速发生改变时，PID 算法的控制性能将显著降低，艏向控制失效；但是 PID-MFAC 算法对不确定性及时滞影响不敏感，仍能保持较好的控制性能。从图 5.39、图 5.40 及表 5.8 可知，外场试验表明 CFDL-MFAC 算法不适宜直接用于艏向控制。

3. 主要结论

针对在不确定性影响下水面机器人的航向控制问题，受离散增量式 PID 算法的控制结构启发，将自适应比例项和微分项引入 CFDL-MFAC 算法，PID-MFAC 算法，并开展仿真及外场对比试验研究，主要结论如下。

(1) 通过对 CFDL-MFAC 算法的分析表明，CFDL-MFAC 算法具有增量式积分结构 (类比于离散增量式 PID 算法的积分项)。理论分析、仿真以及外场试验均表明，CFDL-MFAC 算法不适宜直接应用于水面机器人的航向控制。

(2) 借鉴离散增量式 PID 算法的控制结构，将自适应比例项和微分项引入 CFDL-MFAC 算法，提出了 PID-MFAC 算法，可以适用于水面机器人的航向控制。

(3) 仿真和外场试验表明，对比 PID 及 CFDL-MFAC 算法，PID-MFAC 算法对航向控制子系统存在的模型摄动、时滞等影响不敏感，体现出更好的控制性能一致性与鲁棒性。

参 考 文 献

[1] Liao Y L, Du T P, Jiang Q Q. Model free adaptive control method with variable forgetting factor for unmanned surface vehicle control[J]. Applied Ocean Research, 2019, 93(11): 1-7.

[2] Jiang Q Q, Liao Y L, Li Y, et al. Unmanned surface vessel heading control of model free adaptive method with variable integral separated and proportion control[J]. International Journal of Advanced Robotic Systems, 2019, 16(3): 1-8.

[3] Jiang Q Q, Li Y, Liao Y L, et al. Information fusion model-free adaptive control algorithm and unmanned surface vehicle heading control[J]. Applied Ocean Research, 2019, 90(9): 1-7.

[4] Jiang Q Q, Liao Y L, Li Y, et al. Heading control of unmanned surface vehicle with variable output constraints model-free adaptive control algorithm [J]. IEEE Access, 2019, 7(7): 131008-131018.

[5] 王卫红, 侯忠生, 霍海波, 等. 基于数据驱动方法的控制器设计及其参数整定[J]. 系统科学与数学, 2010, 30(6): 792-805.

[6] Hou Z, Liu S, Tian T. Lazy-learning-based data-driven model-free adaptive predictive control for a class of discrete-time nonlinear systems[J]. IEEE Transactions on Neural Networks & Learning Systems, 2016, 28(8): 1-15.

[7] 侯忠生, 金尚泰. 无模型自适应控制: 理论与应用[M]. 北京: 科学出版社, 2013.

[8] Do K D, Pan J. Control of Ships and Underwater Vehicles: Design for Underactuated and Nonlinear Marine Systems[M]. London: Springer Press, 2009.

[9] 付悦文. 小型无人艇的无模型自适应跟踪方法研究[D]. 哈尔滨: 哈尔滨工程大学, 2017.

6

水面机器人的航迹规划技术

本章以欠驱动小型水面机器人为研究对象，从全局路径规划、局部路径规划（危险规避）两个角度，分别探索水面机器人的航迹规划问题。

首先，聚焦水面机器人的节能航行需求，结合网格地图及水面机器人的能耗模型，设计考虑海流影响的寻优函数，研究海流影响下节能 A*全局路径规划算法。然后，针对动态拥挤环境中水面机器人的自主避碰问题，深入分析考虑水面机器人运动特性约束的可行避碰航速矢量，探索水面机器人面向动态拥挤环境的危险规避算法。同时，开展海流环境中全局路径规划、复杂动态拥挤环境下危险规避等仿真对比试验研究，以检验所提出算法的有效性。

6.1 全局路径规划方法相关理论

6.1.1 问题描述

目前，水面机器人的路径规划算法方面已开展较多研究。路径规划算法从空间角度，可分为全局和局部算法[1]；从实时性角度，又分为离线和在线算法[2]；从工作机制角度，则分为经典和智能算法[3]。

全局路径规划就是设定运动体的当前位置信息和目标点的位置信息，在给定全局地图的前提下，根据一定的目标函数计算出一条目标最优路径。其主要难点在于如何建立合适的环境模型和设计合适的目标函数，针对水面机器人全局路径规划任务。目前，水面机器人的全局路径规划算法多数以路线图的方式建立环境模型，以路径最短为目标设计目标函数。

近年来，小型、海洋能驱动水面机器人的种类及数量日益增多，对其环境能源捕获、航行节能性、续航力要求也不断提高。在此背景下，考虑海洋环境干扰影响，探索节能的全局路径规划算法具有重要意义，对小型、海洋能驱动机器人而言尤为关键。

6.1.2　地图模型构建

水面机器人的全局路径规划中需要四个已知条件，包括：①水面机器人的当前位置，即起点信息；②水面机器人的目的地位置，即终点信息；③起点和终点之间的全局地图信息，即可行路线；④进行路径规划时的参考目标，即目标函数[4-5]。关于这四个条件，条件①②的获取相对较易，条件③④则是水面机器人全局路径规划的重点和难点，同时，也体现出不同全局路径规划算法的差异。

地图模型构建方法主要有三类：路线图、树形图、网格地图。下面进行简要介绍。

1. 路线图

基于这类地图的路径规划算法，都是将 n 维(二维或者三维)空间压缩成一维的线型路径，然后基于压缩后路径进行搜索，其中典型代表是可视图法和沃罗努瓦图法(泰森多边形)。下面简单介绍这两种方法。

1) 可视图法

基于可视图法的地图构建方法，首先，连接各个障碍物顶点的连线，其中不经过障碍物的连线称为可视线；然后，由多条可视线构成可视网络，如图 6.1 所示。可视网络中从起点到终点的最短路径，是由起点到终点的多条可视线的组合[6]，该方法的优点是其路径可以达到距离最优，但代价是计算时间较长。

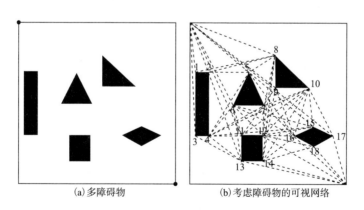

(a)多障碍物　　　　　(b)考虑障碍物的可视网络

图 6.1　可视图法的示意图

2) 沃罗努瓦图法

沃罗努瓦图由一组连接两邻点直线的垂直平分线的连续多边形组成[7-8]。即先将地图随机离散成多个密度均匀的散点，连接各个散点形成三角形网络，再连接三角形每条边的垂直平分线到各自三角形的外心(三角形边垂直平分线的交点)，形成沃罗努瓦图网络，如图 6.2 所示。该方法的优点是计算速度快，缺点则是存在多余的路径点且路线非最优。

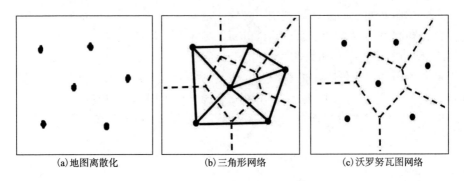

|(a)地图离散化|(b)三角形网络|(c)沃罗努瓦图网络|

图 6.2　沃罗努瓦图法的示意图

2. 树形图

树形图中比较著名的是快速随机拓展树(rapid-exploration random tree，RRT)算法。这种地图以树形结构代替路线图中的有向线。从起点开始，以起点作为根节点，逐渐快速地向目标点扩散，直至树的叶子节点抵达目标点，此时便可沿着叶子节点依次寻找其双亲节点，最后搜索到根节点完成路径规划[9]，算法原理如图 6.3 所示。该算法的最大优点是速度快，缺点是路线过于冗余，需要结合其他优化算法进行路径优化。

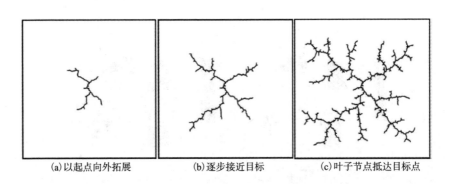

|(a)以起点向外拓展|(b)逐步接近目标|(c)叶子节点抵达目标点|

图 6.3　快速随机拓展树法的示意图

3. 网格地图

网格地图又称栅格法，即直接把地图离散成多个正方形网格，然后取各个正方形的中心作为路径点，在此基础上进行路径搜索[10]。本章研究水面机器人的全局节能路径规划算法，即选用该地图构建方法进行算法设计及仿真试验，采用的全局网格化地图如图 6.4 所示。在图 6.4 中蓝色部分表示陆地,网格部分表示海洋;红色圆点表示水面机器人的起点位置,绿色圆点则表示目标点位置。

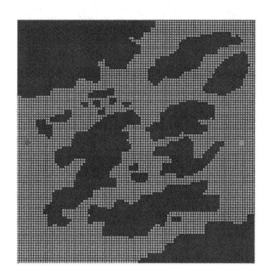

图 6.4　全局网格化地图的示意图(见书后彩图)

需要说明的是,地图构建方法与路径规划算法之间并没有严格明确的界限,比如可视图法和 RRT 法,既可理解成地图构建方法,也可当作是路径规划算法。上述路径规划算法属于经典的方法,后续许多算法常在上述算法基础上加以改进,通过结合更智能的搜索算法(如遗传算法、神经网络算法、强化学习算法等),形成性能更优异的新算法。所以,对这些经典算法而言,其主要作用逐渐从规划路径转移到地图构建。

6.1.3　A*算法原理

1. Dijkstra 算法

阐述 A*算法之前,简要介绍 Dijkstra 算法。首先,将地图离散成多个正方形网格,然后取各个正方形的中心作为节点;然后,从物体所在的起点开始,访问图中节点,把距离当前节点最近且未访问的节点加入待访问节点集,并依次访问待访问节点集的每个节点;最后,该待访问节点集从初始节点不断向外扩展,直到抵达目标节点[11]。

经理论证明,只要两个节点之间的路程值非负,Dijkstra 算法能够找到一条从起点到目标点的最短路径[12]。考虑无障碍和有障碍的两种地图环境,Dijkstra 算法的路径规划结果如图 6.5 所示。

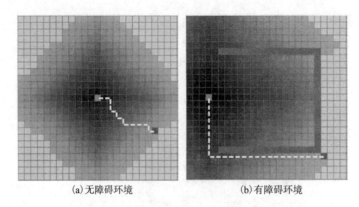

(a)无障碍环境   (b)有障碍环境

图 6.5　Dijkstra 算法的示意图(见书后彩图)

在图 6.5 中，蓝色部分表示访问过的区域，阴影最外层表示待访问的节点集。该算法需要耗费大量的时间，依次访问成倍增长的待访问节点集，属于一种典型的时间换空间算法。

对离线路径规划而言，规划算法不必具有实时性；但是，对周围节点的无差别访问，不仅浪费时间，也浪费计算机软硬件及电量；同时，地图范围较大或复杂度较高时，成本将较为可观。因此，需要让算法对周围节点有选择性地访问。这就需要设计一种规则，智能地选择节点进行访问，这就是启发式算法。

2. 广度优先搜索算法

广度优先搜索(breadth first search，BFS)算法是一种典型的启发式算法。不同于 Dijkstra 算法，BFS 算法可启发式地估算任意节点到目标点的路程值[13]。在选择待访问节点时，BFS 算法根据估算获得的距离值，选择性访问距离目标最近的节点[14]。考虑同样的地图环境，BFS 算法的路径规划结果如图 6.6 所示。从图 6.6

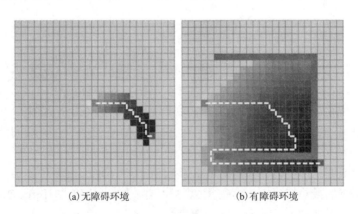

(a)无障碍环境   (b)有障碍环境

图 6.6　BFS 算法的示意图(见书后彩图)

可知，BFS 算法的访问区域比 Dijkstra 小得多；但在障碍环境下，BFS 算法无法得到一条路程最优的路径。

由于 BFS 算法均以估算的路程值为参考进行搜索，所以 BFS 算法不能保证找到最短路径。BFS 算法通过引入启发函数，使其快于 Dijkstra 算法，并通过启发函数估算当前节点到目标点的路程值，进而快速地向目标点进行引导搜索。

3. A*算法

A*算法可以看作是前两种算法的结合算法[15]。它继承了 Dijkstra 和 BFS 两种算法的优点，可以在保证路径最优的同时启发式地对待访问节点进行筛选[16]，从而降低算法的计算时间。考虑同样的地图环境，A*算法的路径规划结果如图 6.7 所示。

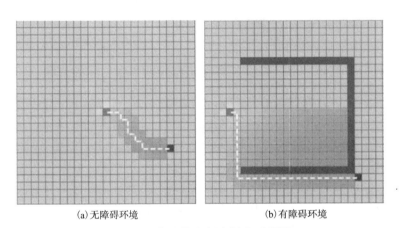

(a) 无障碍环境　　　　　　　　　　(b) 有障碍环境

图 6.7　A*算法的示意图（见书后彩图）

从图 6.7 可知，在无障碍环境中，A*算法与 BFS 算法访问的区域大小几乎相同，说明 A*算法不需要耗费大量的计算时间；当环境存在障碍时，A*算法同样能搜索到一条与 Dijkstra 算法结果相同的最优路径。由此可知，A*算法在计算时间和计算最优结果方面均具有良好的性能，在一定程度上，A*算法是路径搜索的最佳选择。

下面简要介绍 A*算法的核心思想，A*算法的工作原理图如图 6.8 所示。

(1) 在图 6.8(a)中，圆球表示运动体(水面机器人)，S 和 G 分别表示起点和终点，黑色区域表示障碍物。首先，将水面机器人所在当前节点加入 CLOSED 集(深阴影部分)，所谓 CLOSED 集就是指已经访问过的节点；然后，依次将当前节点四周的节点加入待访问节点集(即图中浅阴影部分，A*算法中被称为 OPEN 集)，并将当前节点设为周围节点的父节点，在添加节点到 OPEN 集的过程中，应自动跳过障碍节点。

(2) 利用某个特定的寻优函数依次对 OPEN 集中节点进行计算。寻优函数常由一个代价函数和一个启发函数构成。代价函数——计算从起始点经过父节点到该节点的消耗[17]，一般是准确值；启发函数——对从该点到目标点所需要消耗的估算，一般是估计值。依次计算完毕后，OPEN 集中每个节点就赋予了各自权值，再根据需求选择权值最大(或最小)的节点作为下次搜索的起点；同时，将该节点从 OPEN 集转移到 CLOSED 集中。

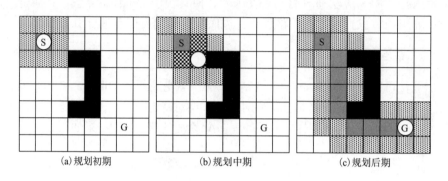

(a) 规划初期　　　　　　　(b) 规划中期　　　　　　　(c) 规划后期

图 6.8　A*算法的工作原理图

(3)如图 6.8(b)所示，第二轮搜索过程中，如果添加某个节点到 OPEN 集时，该节点已经存在于 OPEN 集中，那么由于该节点的父节点发生了变化，所以需要利用代价函数重新计算从起始点经过新的父节点到该节点的消耗。若新的消耗比旧的消耗小，那么就说明新的父节点要比旧的父节点好，所以将该节点的父节点改为当前节点，路径也随之发生变化。

(4)循环上述过程，直至目标点被访问并加入 CLOSED 集，此时路径搜索完毕。只要从最终点开始依次搜索其父节点，即可完成路径规划，如图 6.8(c)所示。

需要说明的是，A*算法最终能否输出最优路径，与寻优函数中的代价函数和启发函数均相关。当启发函数的值小于从当前节点到目标节点的实际消耗时，A*算法能够搜索到最优解，此时的 A*算法也被称为 Simple A 算法。特别地，当启发函数的值等于 0 时，A*算法会退化成 Dijkstra 算法[18]。而当启发函数的值大于实际值时，A*算法将失去最优解特性，但是搜索速度更快，若启发函数的值特别大时，A*算法可转化成 BFS 算法[19]。因此，启发函数的好坏决定了 A*算法性能的优劣，各种 A*算法也因为各自启发函数的不同而表现出性能的差异。

6.2　海流影响下节能 A*全局路径规划算法

6.2.1　A*算法的寻优函数

由 6.1 节可知，不同的 A*算法采用不一样的寻优函数，并依据全局路径规划的地图、目标函数两个前提条件确定寻优函数。下面简单介绍两种基于网格的寻优函数，它们均以距离最短为设计目标。

1. 基于曼哈顿距离的寻优函数

曼哈顿距离为从一个节点到另一个节点的水平距离与竖直距离之和[20]，基于该距离设计的标准寻优函数为

$$\mathrm{astar\_fun}\left(p_{\mathrm{start}}, p_{\mathrm{cur}}\right) = c \times \left(\mathrm{Manhattan}\left(p_{\mathrm{start}}, p_{\mathrm{cur}}\right) + \mathrm{Manhattan}\left(p_{\mathrm{cur}}, p_{\mathrm{aim}}\right)\right) \quad (6.1)$$

式中，c 表示从一个节点到达另一个相邻节点的消耗；$\mathrm{Manhattan}\left(p_1, p_2\right)$ 表示从 p_1 节点到 p_2 节点的曼哈顿距离。

利用上述寻优函数进行路径规划时，路径只能沿着坐标轴方向搜索，其路径规划结果如图 6.9 所示。

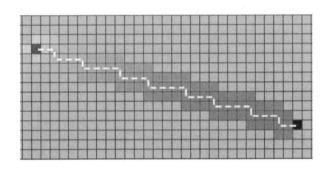

图 6.9 基于曼哈顿距离的路径规划示意图(见书后彩图)

2. 基于对角线距离的寻优函数

对角线距离[21]在曼哈顿距离基础上，将对角线节点加入 A*的 OPEN 集，基于该距离的寻优函数为

$$\mathrm{astar\_fun}\left(p_{\mathrm{start}}, p_{\mathrm{cur}}\right) = c \times \left(\mathrm{Diagonal}\left(p_{\mathrm{start}}, p_{\mathrm{cur}}\right) + \mathrm{Diagonal}\left(p_{\mathrm{cur}}, p_{\mathrm{aim}}\right)\right) \quad (6.2)$$

式中，$\mathrm{Diagonal}\left(p_1, p_2\right)$ 表示从 p_1 节点到 p_2 节点的对角线距离，具体表示为

$$\begin{aligned} \mathrm{Diagonal}(x, y) = {} & \min\left(\mathrm{Manhattan\_x}(x, y) + \mathrm{Manhattan\_y}(x, y)\right) \cdot (\sqrt{2} - 2) \\ & + \mathrm{Manhattan}(x, y) \end{aligned} \quad (6.3)$$

其中，$\mathrm{Manhattan\_x}(x, y)$ 表示节点 x 和 y 之间沿 x 轴方向的曼哈顿距离；$\mathrm{Manhattan\_y}(x, y)$ 表示节点 x 和 y 之间沿 y 轴方向的曼哈顿距离。

对角线距离的引入，使路径可沿对角线的方向进行搜索，其路径规划结果如

图 6.10 所示。

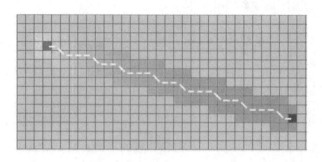

图 6.10　基于对角线距离的路径规划示意图(见书后彩图)

对比图 6.9 和图 6.10 可知，对角线距离对曼哈顿距离进行了优化，获得的路径长度更短。但是当地图网格的分辨率足够高时，二者在宏观上的差距很小。上述两种寻优函数均以距离最短作为设计目标，而本章探索考虑海流影响的水面机器人全局节能路径规划算法，拟选择能耗最小作为优化目标。因此，下面讨论构建水面机器人的能耗模型。

6.2.2　水面机器人能耗模型建立

对于从节点 n 到节点 n' 的水面机器人，水面机器人相对于大地的速度矢量用 $\boldsymbol{v}_{u2e}$ 表示，海流相对于大地的速度矢量用 $\boldsymbol{v}_{c2e}$ 表示，水面机器人相对于海流的速度矢量用 $\boldsymbol{v}_{u2c}$ 表示[1]，三者满足

$$\boldsymbol{v}_{u2e} = \boldsymbol{v}_{u2c} + \boldsymbol{v}_{c2e} \tag{6.4}$$

根据流体力学知识可知，海水对水面船舶的阻力系数[22]可表示为

$$C_d = \frac{F_t}{\frac{1}{2} \cdot \rho \cdot v^2 \cdot S} \tag{6.5}$$

式中，F_t 为推进器的推力；S 为船舶的湿表面积；v 为船舶航速；ρ 为水的密度。

对于研究中讨论的欠驱动小型水面机器人，运动相对缓慢，其相对于水的运动速度 v 的变化可忽略不计，此时可得下式：

$$\begin{cases} \alpha = \frac{1}{2} \cdot \rho \cdot C_d \cdot S \\ F_d = F_t \\ F_d = \alpha \cdot |\boldsymbol{v}_{u2c}|^2 \end{cases} \tag{6.6}$$

式中，F_d 为阻力；α 为计算系数。水面机器人运行于水面，其湿表面积 S 改变较小，所以 α 可近似为常数。同时，根据功等于力与距离的乘积关系，水面机器人的能耗 E 可以通过下式计算：

$$E=|\boldsymbol{v}_{u2c}|\cdot\alpha\cdot|\boldsymbol{v}_{u2c}|^2\cdot\frac{\overline{|n\times n'|}}{|\boldsymbol{v}_{u2e}|}=\alpha\cdot|\boldsymbol{v}_{u2c}|^3\cdot\frac{\overline{|n\times n'|}}{|\boldsymbol{v}_{u2e}|}=\alpha\cdot|\boldsymbol{v}_{u2c}|^3\cdot\frac{\overline{|n\times n'|}}{|\boldsymbol{v}_{u2e}+\boldsymbol{v}_{c2e}|} \quad (6.7)$$

因此，若已知水面机器人的航行路线、水面机器人与海流之间的相对速度 $\boldsymbol{v}_{u2c}$ 和海流流速 $\boldsymbol{v}_{c2e}$，可以测算出该路径的能耗值。

6.2.3 考虑海流影响的寻优函数设计

考虑海流影响，设计水面机器人的节能寻优函数 Estar_fun，根据标准寻优函数的定义，Estar_fun 的函数框架为

$$\text{Estar\_fun}\left(p_{\text{start}}, p_{\text{cur}}\right)=\mu\cdot\text{Estar\_cost}\left(p_{\text{start}}, p_{\text{cur}}\right)+\nu\cdot\text{Estar\_heuristic}\left(p_{\text{cur}}, p_{\text{aim}}\right) \quad (6.8)$$

式中，$\text{Estar\_cost}\left(p_{\text{start}}, p_{\text{cur}}\right)$ 表示从起点到当前节点的考虑海流的能耗函数；$\text{Estar\_heuristic}\left(p_{\text{cur}}, p_{\text{aim}}\right)$ 表示从当前节点到目标点的考虑海流的能耗启发函数；μ 和 ν 分别表示它们的系数常量。

接下来分别设计寻优函数 $\text{Estar\_cost}\left(p_{\text{start}}, p_{\text{cur}}\right)$ 和 $\text{Estar\_heuristic}\left(p_{\text{cur}}, p_{\text{aim}}\right)$。

1. 考虑海流影响的能耗函数

设计能耗函数之前，首先建立水面机器人在海流作用下对地速度 $\boldsymbol{v}_{u2e}$ 的数据结构。基于网格地图的 A*算法，从每个节点到它的子节点共有八种可能的运动方向，即正东(east，E)、正西(west，W)、正南(south，S)、正北(north，N)、东北(northeast，NE)、东南(southeast，SE)、西北(northwest，NW)和西南(southwest，SW)。因此，每个节点上水面机器人相对于海流的速度 $\boldsymbol{v}_{u2c}$，存在八种可行的方向，即当水面机器人相对海流速度 $\boldsymbol{v}_{u2c}$ 固定时，利用式(6.4)计算 $\boldsymbol{v}_{u2e}$ 会得到八种可行解(假设每个节点的 $\boldsymbol{v}_{c2e}$ 固定不变)。

为了便于对八个可行解进行讨论，本节引入水面机器人的速度堆(以下简写为 U_stack)概念，其结构如图 6.11 所示。在图 6.11 中，从最下层到最上层依次代表在 $n\times n$ 的网格地图上，每个节点水面机器人在海流作用下向东、西、南、北、东南、西南、西北和东北八个方向行驶时，水面机器人相对于大地的速度 $\boldsymbol{v}_{u2e}$，从而实现全局地图中对不同情况下水面机器人航速的估算。

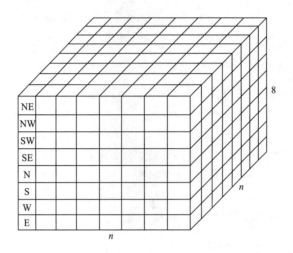

图 6.11 水面机器人的速度堆示意图

结合 U_stack，依次对每个节点八个方向的速度设计能耗函数，依次访问水面机器人当前所在节点 $p_{cur}(x,y)$ 周围的八个节点 (x_i, y_i), $i \in [1,8]$。并在 U_stack 中选择对应行、列和层的 v_{u2e}，利用式 (6.9) 计算八个节点 (x_i, y_i) 的能耗，并取最小值作为下一步的能耗 $e_{cost}(x,y)$，其中，floor 为 v_{u2e} 所在的层数，d 为网格中两个相邻节点之间的单步代价。

$$e_{cost}(x_i, y_i) = \begin{cases} |\boldsymbol{v}_{u2c}|^3 \big/ |\boldsymbol{v}_{u2e}| \cdot d, & \text{floor}=1,2,3,4 \\ |\boldsymbol{v}_{u2c}|^3 \big/ |\boldsymbol{v}_{u2e}| \cdot d \cdot \sqrt{2}, & \text{floor}=5,6,7,8 \end{cases} \tag{6.9}$$

$$e_{sumcost}(x,y) = \sum_{j=p_{start}}^{p_{cur}} e_{cost}(x_j, y_j) + e_{cost}(x,y) \tag{6.10}$$

最后，通过式 (6.10) 计算得到从起点 p_{start} 到当前节点 p_{cur} 的实际能耗 $e_{sumcost}(x,y)$。

2. 考虑海流影响的能耗启发函数

为了该启发函数的估算结果尽可能地接近实际能耗，同样需要用到水面机器人的能耗模型 E 和 U_stack，如图 6.12 所示。在图 6.12 中，网格内带箭头的虚线表示海流流向；阴影部分表示 CLOSED 集中节点，S 表示起点，G 表示终点，阴影部分路径消耗的能量为 $\mu \cdot e_{sumcost}(x,y)$。同时，需要计算启发路径上能耗，其中启发路径长度 $L_{heu} = D_{heu} + S_{heu}$。

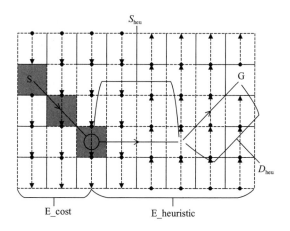

图 6.12　启发函数中各变量的示意图

D_{heu} 和 S_{heu} 分别为从当前节点 $p_{\mathrm{cur}}(x,y)$ 周围的八个节点 (x_i,y_i) 到达目标点 $(x_{\mathrm{goal}},y_{\mathrm{goal}})$ 的斜线距离和直线距离，其计算公式如下：

$$\begin{cases} D_{\mathrm{heu}}(x_i,y_i) = \min\left\{\mathrm{abs}(x_i - x_{\mathrm{goal}}), \mathrm{abs}(y_i - y_{\mathrm{goal}})\right\} \\ S_{\mathrm{heu}}(x_i,y_i) = \mathrm{abs}(x_i - x_{\mathrm{goal}}) + \mathrm{abs}(y_i - y_{\mathrm{goal}}) - 2\times D_{\mathrm{heu}}(x_i,y_i) \end{cases} \quad (6.11)$$

接着计算 (x_i,y_i) 与 $(x_{\mathrm{goal}},y_{\mathrm{goal}})$ 之间的相对位置角度 A_{rp}，并根据 A_{rp} 所在的象限确定 U_stack 中层数，具体计算规则如表 6.1 所示。

表 6.1　能耗启发函数算法规则表

相对位置角度 A_{rp} /(°)	U_stack 层数
0	1
90	4
180	2
−90	3
(0, 90)	8
(90, 180)	7
(−90, 0)	5
(−180, −90)	6

然后，根据 (x_i,y_i)、A_{rp}、D_{heu} 和 S_{heu} 选择 U_stack 中对应的启发路径上所有水面机器人相对于大地的速度 $\{v_{u2e}\}$，例如当 A_{rp} 为 60° 时，视为驶向东北方向。依次选择 U_stack 中第 $(x, x+1, \cdots, x+x_{\mathrm{heu}})$ 行、第 $(y, y+1, \cdots, y+y_{\mathrm{heu}})$ 列中第 NE 层（第 8 层）的所有速度，其中：x_{heu} 和 y_{heu} 分别为由 D_{heu} 和 S_{heu} 计算获得的目标点与

当前节点之间 x 和 y 方向上垂直距离。同时，利用式(6.12)依次计算从当前节点 $p_{cur}(x,y)$ 周围的八个节点 (x_i,y_i) 到目标点 (x_{goal},y_{goal}) 的启发能耗量，并取最小值作为下一步预测的能耗 $e_{heuristic}(x,y)$。

$$e_{heuristic}(x_i,y_i)=\begin{cases} |\boldsymbol{v}_{u2c}|^3 \cdot d \cdot \dfrac{S_{heu}}{\sum\limits_{1}^{S_{heu}}|\boldsymbol{v}_{u2e}|}, & floor=1,2,3,4 \\[4mm] |\boldsymbol{v}_{u2c}|^3 \cdot d \cdot \left(\dfrac{\sqrt{2}\cdot D_{heu}}{\sum\limits_{1}^{D_{heu}}|\boldsymbol{v}_{u2e}|} + \dfrac{S_{heu}}{\sum\limits_{1}^{S_{heu}}|\boldsymbol{v}_{u2e}|} \right), & floor=5,6,7,8 \end{cases} \quad (6.12)$$

$$e_{ans}(x,y) = \mu \cdot e_{sumcost}(x,y) + \nu \cdot e_{heuristic}(x,y) \quad (6.13)$$

式中，$\sum\limits_{1}^{D_{heu}}|\boldsymbol{v}_{u2e}|$ 和 $\sum\limits_{1}^{S_{heu}}|\boldsymbol{v}_{u2e}|$ 分别表示启发路径的对角线距离和直线距离上，每个节点水面机器人相对于大地的速度求和；e_{ans} 表示总的节能寻优函数。最后，利用式(6.13)获得寻优函数 Estar_fun 的输出。

将上述寻优函数 Estar_fun 代入 A*算法，可得考虑海流影响的节能 A*全局路径规划算法。通过调整参数 μ 和 ν 的大小，还可得到考虑海流影响的节能 Simple A 全局路径规划算法。

6.2.4 仿真试验与分析

本节设定四种海流工况，开展传统 A*算法、考虑海流影响的节能 A*算法和节能 Simple A 算法的仿真对比试验研究，检验所提算法的可行性及有效性。

仿真试验中，设置网格分布为 100 个×100 个，起点位置(50,5)，终点位置(50,95)；水面机器人相对海流的速度为 1.2m/s，网格单位距离为 1km。同时，不失一般性，设置海流流向以地图中线为界，左侧流向为 90°(正北)，右侧流向为 −90°(正南)。仿真试验中软件平台为 MATLAB R2014a，硬件平台的处理器为 Inter Core i7-7700(主频 2.8GHz)、运行内存 8G。

1. 静水中对比试验

设置静水工况(即海流流速为 0m/s)，传统 A*算法的路径规划结果如图 6.13 所示，考虑海流影响的节能 Simple A 算法、考虑海流影响的节能 A*算法的路径规划结果如图 6.14 所示。本节数据图中，绿色部分表示全局地图中陆地，网格部分为水面机器人的可航行区域；红色圆点为起点，绿色圆点为终点，两点之间的白色连线为算法的输出路径；从起点到中间逐渐扩散的彩色区域为算法的搜索区域，颜色最深部分为最早被搜索的区域，最浅部分为最新搜索的区域。该搜索区域的面积越大，表示算法搜索的范围越广，同时耗时也更多。

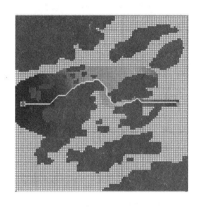

图 6.13 传统 A*算法的试验结果（见书后彩图）

三种算法的主要性能对比结果如表 6.2 所示。本节的表格中，传统 A*算法简称传统 A*；考虑海流影响的节能 A*算法简称节能 A*；考虑海流影响的节能 Simple A 算法简称节能 Simple A。

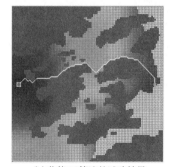

(a) 节能 Simple A 算法的试验结果   (b) 节能 A*算法的试验结果

图 6.14 静水中改进 A*算法的试验结果（见书后彩图）

表 6.2 静水中算法性能对比

算法名称	算法耗时/s	路径长度/km	能耗/kJ
传统 A*	1137	107.01	812.09
节能 Simple A	4495	113.05	857.94
节能 A*	4133	115.54	876.80

从图 6.13、图 6.14 及表 6.2 可知，静水情况下考虑海流影响的节能 A*算法及节能 Simple A 算法的效果并不理想，获得的路径长度、能耗均较大，且算法耗时很长。由于传统 A*算法在静水中能够获得最短路径，所以其航行的能耗最少。同时，传统 A*算法的搜索区域远小于节能 A*算法及节能 Simple A 算法，因此算法的耗时最短。另外，对比节能 Simple A 算法，节能 A*算法的耗时稍短，但是路径长度、能耗均更大，这符合 A*算法与 Simple A 算法的差异。

2. 海流流速 0.3m/s 中对比试验

设置海流流速为 0.3m/s 时，传统 A*算法的路径规划结果如图 6.13 所示，考虑海流影响的节能 Simple A 算法、节能 A*算法的路径规划结果如图 6.15 所示。三种算法的主要性能对比结果如表 6.3 所示。

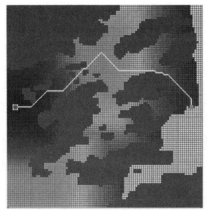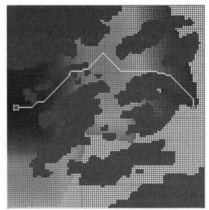

(a) 节能 Simple A 算法　　　　　　　　　　　　(b) 节能 A*算法

图 6.15　海流流速 0.3m/s 中改进 A*算法的试验结果 (见书后彩图)

表 6.3　海流流速 0.3m/s 中算法性能对比

算法名称	算法耗时/s	路径长度/km	能耗/kJ
传统 A*	1137	107.01	755.49
节能 Simple A	4362	114.71	677.25
节能 A*	3477	115.30	682.36

从图 6.13、图 6.15 及表 6.3 可知，在 0.3m/s 的海流环境中，传统 A*算法的路径结果没有改变，由于航迹的某一段可借助海流的能量，助力水面机器人能耗降低 56.6kJ。对比静水工况传统 A*算法，节能 A*算法与节能 Simple A 算法均能节约更多能源 (总能耗下降 130~135kJ)。在流速 0.3m/s 时，虽然它们的规划路径

长度比传统 A*算法长，但是能耗却比传统 A*算法降低 73～78kJ。同时，对比节能 Simple A 算法，节能 A*算法的规划路径能耗稍大，但是算法耗时降低了 20%。

3. 海流流速 0.6m/s 中对比试验

设置海流流速为 0.6m/s 时，传统 A*算法的路径规划结果如图 6.13 所示，考虑海流影响的节能 Simple A 算法、节能 A*算法的路径规划结果如图 6.16 所示。三种算法的主要性能对比结果，如表 6.4 所示。

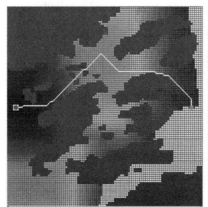

(a)节能Simple A算法　　　　　　　　(b)节能A*算法

图 6.16　海流流速 0.6m/s 中改进 A*算法的试验结果（见书后彩图）

表 6.4　海流流速 0.6m/s 中算法性能对比

算法名称	算法耗时/s	路径长度/km	能耗/kJ
传统 A*	1137	107.01	876.55
节能 Simple A	4205	114.71	667.76
节能 A*	2836	111.40	693.17

从表 6.4 可知，在 0.6m/s 的海流环境中，传统 A*算法的规划路径能耗比静水工况增加 64.46kJ；节能 Simple A 算法与节能 A*算法的节能效果更佳，同环境下对比传统 A*算法，节能 Simple A 算法能耗降低 24%、节能 A*算法能耗降低 21%，这对于提升水面机器人的续航力和作业范围非常重要。同时，节能 A*算法的节能效果逊于节能 Simple A 算法，但是算法耗时降低 33%，算法快速性改善显著。

4. 海流流速 1.2m/s 中对比试验

设置海流流速为 1.2m/s 时，传统 A*算法的路径规划结果如图 6.13 所示，考虑海流影响的节能 Simple A 算法、节能 A*算法的路径规划结果如图 6.17 所示。三种算法的主要性能对比结果如表 6.5 所示。

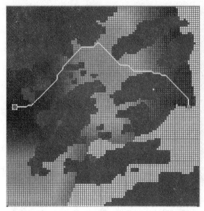

(a) 节能 Simple A 算法　　　　　　　　(b) 节能 A*算法

图 6.17　海流流速 1.2m/s 中改进 A*算法的试验结果（见书后彩图）

表 6.5　海流流速 1.2m/s 中算法性能对比

算法名称	算法耗时/s	路径长度/km	能耗/kJ
传统 A*	1137	107.01	1700.44
节能 Simple A	3806	120.61	1045.48
节能 A*	1435	124.12	1145.40

从表 6.5 可知，在 1.2m/s 的海流环境中，传统 A*算法的规划路径能耗比静水工况剧增 109%；同环境下对比传统 A*算法，节能 Simple A 算法能耗降低 39%、节能 A*算法能耗降低 33%。同时，节能 Simple A 算法比节能 A*算法的能耗低 9%，而节能 A*算法的算法耗时仅是节能 Simple A 算法的 37.7%。

综合上述仿真对比试验可知，环境存在海流影响时，对比传统 A*算法，节能 A*算法与节能 Simple A 算法所规划路径的能耗更低、节能显著，其节能效果随着海流的增加而变大，同时，节能 A*算法的节能性能不如节能 Simple A 算法，但是，节能 A*算法的算法耗时显著优于节能 Simple A 算法。实践应用中，可以综合考虑任务特点和技术需求选择适宜的算法。

6.2.5　主要结论

面向海流环境中欠驱动小型水面机器人的节能全局路径规划需求，分析海流作用下水面机器人的能耗模型，设计出考虑海流影响的寻优函数，提出两种节能

A*全局路径规划算法，并开展仿真对比试验研究，主要结论如下。

（1）对比分析全局路径规划的常用地图构建方法，并梳理 Dijkstra 算法、BFS 算法和 A*算法的基本原理，分析并建立海流作用下水面机器人的能耗模型。

（2）基于水面机器人能耗模型，设计出考虑海流影响的能耗函数和能耗启发函数，共同构成水面机器人的节能寻优函数；结合网格地图与 A*算法原理，提出考虑海流影响的节能 A*、节能 Simple A 两种全局路径规划算法。

（3）仿真对比试验表明，对比传统 A*算法，在海流环境中节能 A*算法与节能 Simple A 算法具有优异的节能路径规划能力，海流越大节能效益越突出，有助于提升水面机器人的续航能力。节能 A*算法的搜索速度优于节能 Simple A 算法，而节能 Simple A 算法的节能性能优于节能 A*算法。仿真对比试验验证了本节所提算法的有效性。

6.3　危险规避算法相关理论

6.3.1　问题描述

对水面机器人而言，危险规避能力是实现水面机器人自主安全航行的基础，也是反映自主等级高低的一个核心特征。危险规避属于局部路径规划范畴，相对全局路径规划问题而言，危险规避算法需要考虑更多的因素。

首先，关注相对小范围（局部）环境内的可行路径时，需要考虑该范围内存在的静态（或动态）障碍物的位置（或时历航迹），障碍物也可能存在不确定性或对抗性。

然后，不同硬件平台的航速、机动性、操控性等运动属性具有显著差异。危险规避算法需要考虑系统自身的动力学特性，如对欠驱动小型水面机器人而言，危险规避算法应考虑其欠驱动特性及运动约束。

同时，危险规避算法的输入为障碍物数据（由感知模块决定）、输出为局部航迹或运动指令（运动控制模块负责执行），危险规避行为能否有效地实施，还依赖于感知及控制性能。

特别地，危险规避算法对实时性的要求远高于全局路径规划算法。因为局部环境较复杂、信息不透明且变化迅速，如果算法的实时性欠佳，即使获得一个近乎完美的避碰方案，也只是上一时刻的结果。因此，水面机器人的危险规避算法属于在线的路径规划算法。

此外，对水面机器人而言，全局规划算法常以航点形式输出给运动控制模块，进而实现航迹跟踪（或作业任务）；危险规避算法一般输出避碰所需的期望艏向/航速指令给运动控制模块，以提高系统的实时性。

因此，危险规避算法只有充分考虑到复杂航行环境态势、平台动力学特性、避碰算法实时性及鲁棒性、感知/控制模块性能等因素，才能实现避碰任务并提升整体的安全航行性能。下面简要介绍四种典型的危险规避算法。

6.3.2　典型危险规避算法

1. 人工势场法

人工势场(artificial potential field，APF)法的原理是通过计算一种虚拟力以进行路径规划。把障碍物、目标点、机器人等看作人造势场中的质点，在该虚拟力场中，机器人会受到障碍物的斥力、目标点的引力；多个障碍物产生的斥力进行矢量叠加，求出其合力，再将该合力与目标点产生的引力进行适量求和，计算出总合力的方向；该方向即是机器人下一步的运动方向，通过预先设置的步长，确定机器人下一步的位置[23]，如图 6.18 所示。该算法的优势是计算量非常小，但容易陷入局部极小点而导致规划失败，是局部路径规划中一种常用的算法。

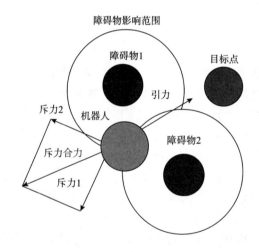

图 6.18　人工势场法的示意图

2. 动态窗口法

动态窗口(dynamic window，DW)法是专为移动机器人的局部路径规划而设计。算法充分考虑移动机器人的运动学特性，根据当前移动机器人的数据反馈，计算出一个控制节拍内机器人能够获得的所有速度矢量的集合，并将其定义为当前时刻下移动机器人的动态窗口[24]；依据具体工况构造出合适的目标函数和约束条件，在动态窗口中进行寻优，从而完成局部路径规划任务，如图 6.19 所示。

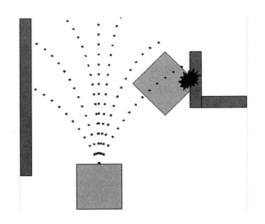

图 6.19　动态窗口法的示意图

3. 速度障碍法

速度障碍法是针对运动障碍物而设计的移动机器人局部规划算法，属于直接对障碍物绝对速度进行分析的一种移动机器人危险规避算法[25]，如图 6.20 所示。速度障碍法具有非常好的实时性，在高速机器人的自主避碰领域获得了广泛应用。

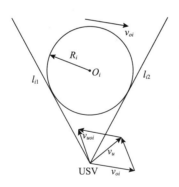

图 6.20　速度障碍法的示意图

4. 向量场直方图法

向量场直方图（vector field histogram，VFH）法常用于移动机器人在未知环境中局部避碰规划。VFH 通过测距传感器信息，建立向量场直方图进行两级环境数据压缩；考虑移动机器人前向运动的代价，获得当前最优的可行方向。该算法具有实时性高、避碰可靠等优点，近年来已获较多应用和发展。

6.3.3　基于速度障碍法的水面机器人运动特性分析

针对复杂动态环境中欠驱动小型水面机器人的自主安全航行需求，结合改进速度障碍法，探索面向动态拥挤环中水面机器人的危险规避算法。考虑复杂环境的实际工况，研究中主要关注以下几个方面。

(1)水面机器人的欠驱动特性、动力学约束条件。

(2)动态拥挤环境中水面机器人的航速较低，除了需要考虑动力学约束以外，还需要考虑水面机器人的运动学约束。

(3)航道、港口、码头等典型区域存在大量来往船只，属于一类复杂、拥挤的水面航行环境，需要对多个运动障碍物同时实施有效避碰机动。

(4)由于局部环境复杂度较高，危险规避时应以最低成本(如航速与舵向改变小、航迹平缓/冗余度小)的避让机动实现动态避碰，即输出一条综合性能最优的避碰航迹。因为动态拥挤环境中，过大避让机动常会使水面机器人陷入更大的危机。

(5)当前尚无针对水面机器人的明确避碰规则。目前，水面机器人的危险规避行为一般优先遵守由国际海事组织于 1972 年制定的 COLREGs[26]。

下面简要论述速度障碍法的工作原理，并分析水面机器人的运动特性。

1. 碰撞锥与速度障碍

由上节可知,速度障碍法利用速度矢量信息以确定潜在碰撞危机并实现避碰。首先，将移动机器人与运动障碍物的速度矢量描述为碰撞锥(collision cone，CC)的形式，如图 6.21(a)所示；为了应付多个运动障碍物的情况，该算法又将碰撞锥转化成速度障碍的形式，如图 6.21(b)所示。接下来分别阐述碰撞锥和速度障碍。

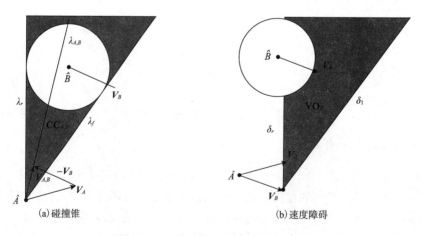

(a)碰撞锥　　　　　　　　　　(b)速度障碍

图 6.21　碰撞锥及速度障碍的示意图

1) 碰撞锥[27]

如图 6.21(a)所示,该算法先将水面机器人与障碍物均视为圆形,忽略其旋转运动。考虑某一时刻下两个运动的圆形对象 A(机器人)和 B(障碍物),其航速分别为 V_A 和 V_B。然后,将障碍物 B 映射到机器人 A 的空间中,即将 A 缩小半径长度到点 $\hat{A}$,并将 B 的半径增加 A 的半径长度获得 $\hat{B}$。最后,将 $\hat{A}$ 和 $\hat{B}$ 之间会产生碰撞的相对速度集合定义为碰撞锥 $\mathbf{CC}_{A,B}$,并表示为

$$\mathbf{CC}_{A,B} = \left\{ V_{A,B} \mid \lambda_{A,B} \cap \hat{B} \neq \varnothing \right\} \tag{6.14}$$

式中,$V_{A,B}$ 是 $\hat{A}$ 相对于 $\hat{B}$ 的速度,即将 $\hat{B}$ 视为静止;$\lambda_{A,B}$ 表示速度矢量 $V_{A,B}$ 所在的射线。从图 6.21(a)可知,碰撞锥内任何一点均将导致 $\hat{A}$ 和 $\hat{B}$ 发生碰撞。同时,只要 $\hat{B}$ 保持当前的速度矢量不变,碰撞锥以外任意一个速度矢量均不会引起 $\hat{A}$ 和 $\hat{B}$ 发生碰撞。

2) 速度障碍[27]

存在多个运动障碍物时,由于不同的机器人和障碍物的组合之间存在不一样的碰撞锥,所以将碰撞锥转化到一个坐标系下,即将参考系 $\hat{B}$ 中速度矢量转为参考系 $\hat{A}$ 中。因此,可以将碰撞锥中所有速度矢量与 $\hat{B}$ 的绝对速度矢量进行矢量求和,从而获得点 $\hat{A}$ 的绝对速度矢量集合,即速度障碍 $\mathbf{VO}_B$ 表示为

$$\mathbf{VO}_B = \mathbf{CC}_{A,B} \oplus V_B \tag{6.15}$$

式中,$\oplus$ 为矢量集合相加。$\hat{A}$ 参考系下速度障碍 $\mathbf{VO}_B$ 的示意图如图 6.21(b)所示。

从图 6.21(b)可知,在 $\mathbf{VO}_B$ 之外选择 $\hat{A}$ 的绝对速度可以避免 $\hat{A}$ 和 $\hat{B}$ 相撞,对于 $\mathbf{VO}_B$ 边界上的速度矢量则是 $\hat{A}$ 和 $\hat{B}$ 相撞的临界值,即碰撞临界速度矢量。在动态拥挤的环境中,对于碰撞速度矢量临界值的选择尤为重要。为了躲避多个运动障碍物,可以计算多个速度障碍的集合,表示为

$$\mathbf{VO}_{\text{sum}} = \bigcup_{i=1}^{m} \mathbf{VO}_i \tag{6.16}$$

当存在多个运动障碍物时,为了提高避碰效率,可以将障碍物进行优先级排序,即暂缓考虑危险性相对低的障碍物。由于运动障碍物的航速并非保持固定,对于较远的障碍物,测算出速度障碍的准确性较低。因此,算法中设置一个时间阈值 T_h,该时间内即将发生的碰撞定义为迫近碰撞,而利用该时间阈值计算获得的速度障碍,定义为非紧迫速度障碍 $\mathbf{VO}_H$,表示为

$$\mathbf{VO}_H = \left\{ V_A \mid V_A \in \mathbf{VO}_{\text{sum}}, \left\| V_{A,B} \right\| \leqslant \frac{d_m}{T_h} \right\} \tag{6.17}$$

式中,d_m 表示水面机器人与障碍物的相对最短距离。而 $\mathbf{VO}_H$ 并不会在 T_h 内引起

水面机器人与障碍物相碰撞。

对于一些更复杂的情况，同时考虑所有障碍物的速度障碍集合，可能会导致当前状态下水面机器人的速度矢量无解，因此，对速度障碍集合进行筛选是必要的。如图 6.22(a) 所示，浅色阴影部分表示非紧迫速度障碍，深色阴影部分的速度障碍表示在 T_h 时间内会引发碰撞的速度矢量。

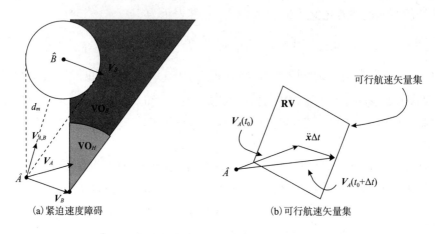

(a) 紧迫速度障碍   (b) 可行航速矢量集

图 6.22　紧迫速度障碍及可行航速矢量集的示意图

2. 水面机器人的运动特性分析

对水面机器人来说，一定时间步长内可获得有限的速度矢量，由水面机器人的当前航速、动力学特性及推进器可输出的最大动力等因素决定。将一个时间步长 Δt 后，水面机器人所能获得的可行航速矢量集合定义为 $\mathbf{RV}(t+\Delta t)$，表示为

$$\mathbf{RV}(t+\Delta t) = \left\{ V \mid V = V_A(t) \oplus \Delta t \cdot \ddot{x} \right\} \tag{6.18}$$

式中，$\ddot{x}$ 是水面机器人在 Δt 内可以获得的最大加速度。获得的集合 $\mathbf{RV}(t+\Delta t)$ 如图 6.22(b) 中矩形所示。

将可行航速矢量集合 $\mathbf{RV}(t+\Delta t)$ 与速度障碍集合 $\mathbf{VO}(t)$ 取交集，可以获得移动机器人的可行避碰航速(reachable avoid velocity，RAV)集合 $\mathbf{RAV}$，可由式(6.19)描述，其中 $\ominus$ 为矢量集合相减。

$$\mathbf{RAV}(t+\Delta t) = \mathbf{RV}(t+\Delta t) \ominus \mathbf{VO}(t) \tag{6.19}$$

需要注意的是，上文中 $\mathbf{RV}$ 是指考虑水面机器人动力学特性的速度矢量集合，称为机器人的动力学约束。在某些情况下(例如速度较低时)，不仅要考虑水面机器人的动力学约束，还需要考虑水面机器人的运动学约束，即阻碍水面机器人横向移动的约束，由水面机器人当前航速下的最小回转半径获得。若 V_A 很小，机器人的 $\mathbf{RV}$ 会被运动学约束切割；而当 V_A 足够大时，其动力学约束是运动学约束的一个子集，即不再考虑运动学约束。

获得可行避碰航速集合 **RAV** 后，应对各个速度矢量进行分类以便处理。依据文献[25]可知，碰撞的临界速度矢量由速度障碍集合的边界确定。因此，可以通过它们对可行避碰航速集合 **RAV** 中速度矢量进行归类，如图 6.23 中浅色阴影部分所示。在图 6.23 中，集合 **RAV** 由经过 $\hat{A}$ 和 **VO**$_B$ 两点的直线以及 **VO**$_B$ 的边界，分为 S_f、S_r 和 S_d 三个子集，S_f 和 S_r 两个子集分别表示水面机器人从障碍物前方和后方越过的速度矢量集合，而 S_d 子集表示水面机器人远离障碍物的速度矢量集合。

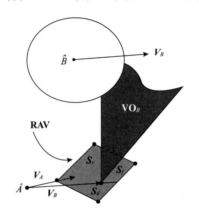

图 6.23　可行避碰航速集合的示意图

6.4　面向动态拥挤环境的危险规避算法

6.4.1　椭圆速度障碍原理与 COLREGs

1. 椭圆速度障碍原理

参考文献[28]中描述，局部区域中水面机器人同时应对三个及以上运动障碍物时，可将该区域定义为动态拥挤环境。

从 6.3 节可知，若考虑两个同机器人尺度相近运动障碍的速度障碍集合时，机器人的可行避碰航速集合 **RAV** 将很小。虽然理论上可以采用多运动障碍情况下优先级策略，依次对各个运动障碍进行避碰。然而，在动态拥挤环境中，即使通过时间阈值过滤较远处的障碍物，在阈值内依然存在多个运动障碍物。因此，如何对速度障碍集合 **VO** 进行优化，将是一个关键。拟引入椭圆速度障碍理论，即将障碍物模型从圆形优化成椭圆形，实践中椭圆形比圆形更接近实际船型。椭圆碰撞锥的示意图如图 6.24 所示。

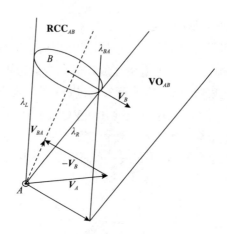

图 6.24　椭圆碰撞锥的示意图

在图 6.24 中，A 表示水面机器人，B 表示椭圆化后的运动障碍物；V_A、V_{BA} 分别为水面机器人自身及相对于障碍物的速度矢量，V_B 为障碍物的速度矢量，其中 $V_{BA} = V_A - V_B$；λ_{BA} 是速度矢量 V_{BA} 的方向线，若 λ_{BA} 与 B 相交，即表明 V_{BA} 会导致碰撞，所有可能导致碰撞的 V_{BA} 所构成的集合为 $\mathbf{RCC}_{AB}$（由切线 λ_L、λ_R 表示）；所有可能导致碰撞的 V_A 所构成的集合为 $\mathbf{VO}_{AB}$，即 $\mathbf{VO}_{AB} = \mathbf{RCC}_{AB} + V_B$。

以上分析可知，椭圆速度障碍理论与速度障碍理论的原理相同，但椭圆速度障碍理论的难点则在如何求解切线。圆形障碍物的求切线方式简单，只需要知道圆形障碍物的半径和位置，依据简单的三角函数与几何关系即可计算获得切线方程；但是求解椭圆速度障碍的边界切线，则需要求解复杂的方程，详见文献[29]中第 1.2 节，在此不再赘述。

2. COLREGs

在获得可行避碰航速集合 $\mathbf{RAV}$ 之后，可以根据某种启发式算法对速度进行选择。此处针对小型水面机器人的实际工况需求，结合 COLREGs，设计多个运动障碍物下兼容 COLREGs 的启发式算法，对避障速度矢量进行筛选。COLREGs 示意图如图 6.25 所示。

在图 6.25 中，设水面机器人与障碍物的艏向差为 $\Delta\theta$。将水面机器人与船舶会遇时构成碰撞危险的局面分为以下三类[30]。

（1）$|180° - \Delta\theta| \leqslant 15°$ 时，判定为正面相遇情况，此时水面机器人应向右转向，从障碍物左侧通行。

（2）$|\Delta\theta| \leqslant 45°$ 时，判定为超越（追越）情况，此时水面机器人应向左转向，从障碍物右侧通行。

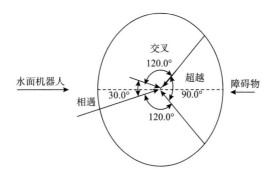

图 6.25 COLREGs 示意图

(3) $45° < |\Delta\theta| < 165°$ 时，判定为交叉相遇情况，此时水面机器人从障碍物后方通行（$45° < \Delta\theta < 165°$ 时水面机器人应左侧航行，否则为右侧航行）。

6.4.2 考虑运动特性约束的可行避碰航速矢量分析

对航行于动态拥挤环境中的水面机器人而言，为了将危险规避模块的输出与运动控制模块有效地结合（即获得满足运动控制模块需求的期望艏向与航速），拟结合制导方法设计水面机器人的可行航速矢量集合。本节借鉴 LOS 算法的基本原理[31]，将其改进之后结合水面机器人的欠驱动特性以及低航速下运动学特性，设计可行航速矢量集合的解算方法，主要求解方法如下。

(1) 考虑水面机器人的船型、动力和质量等因素，测算（或试验测得）水面机器人的最大加速度。结合该加速度和当前航速，计算出当前水面机器人航速下动力学约束，如图 6.26 (a) 中 Dyn 区域所示，求解公式为

$$
\begin{cases}
v_{dymin} = v_c - a_{max} \times t \\
v_{dymax} = v_c + a_{max} \times t \\
f_{dymin} = f_c + \omega_c - \alpha_{max} \times t^2 / 2 \\
f_{dymax} = f_c + \omega_c + \alpha_{max} \times t^2 / 2
\end{cases}
\tag{6.20}
$$

式中，v_c、ω_c 和 f_c 分别为当前状态下航速、艏摇角速度和艏向；a_{max}、α_{max} 分别为最大加速度、最大艏摇角加速度。

(2) 依据当前状态下水面机器人的航速 v_c 和艏向 f_c，计算当前水面机器人的运动学艏向约束 Kin，公式为

$$
\begin{cases}
f_{kinmin} = f_c - 57.3° \cdot v_c \cdot t / r_g(v_c) \\
f_{kinmax} = f_c + 57.3° \cdot v_c \cdot t / r_g(v_c)
\end{cases}
\tag{6.21}
$$

式中，$r_g(v_c)$ 为当前水面机器人航速 v_c 下最小回转半径，可根据回转试验给出相

应的拟合函数。

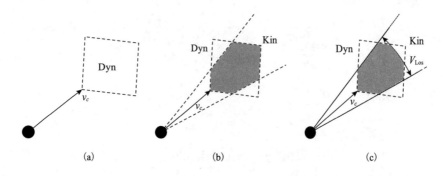

图 6.26　水面机器人的运动约束分析示意图

(3)将当前水面机器人的运动学艏向约束 Kin 及动力学约束 Dyn 取交集，获得如图 6.26(b)中所示的灰色区域。

(4)根据水面机器人距离目标点的距离 d_K，利用 LOS 算法原理计算目标点对水面机器人的航速阈值 V_{Los}，公式为 $V_{Los} = V_{max} \times d_K / (\varDelta + d_K)$，其中 $\varDelta$ 为 LOS 算法的有效距离参数。

(5)将 V_{Los} 与上面的动力/运动约束集合取交集，获得如图 6.26(c)中所示的灰色区域，该区域即为针对水面机器人设计的可行航速矢量集合 U_{RV}。

(6)最后，通过将 U_{RV} 与多个运动障碍的速度障碍集合取交集，获得考虑水面机器人运动/动力学约束条件的可行避碰航速矢量集合 U_{RAV}。由于 LOS 算法是依据水面机器人与目标点的相对距离来确定当前水面机器人的航速，因此目标点较远时，可忽略航速阈值 V_{Los} 的影响。

6.4.3　面向动态拥挤环境的危险规避策略设计

基于 6.4.2 节获得的可行避碰航速矢量集合 U_{RAV}，拟结合启发式算法以选择最优的速度矢量作为期望输出。鉴于动态拥挤环境中情况较复杂，拟改进启发式算法，并结合遵守 COLREGs，设计面向动态拥挤环境的水面机器人危险规避策略。该策略可依据周围环境的拥挤程度进行自适应调整，以满足动态拥挤环境中自主危险规避对实时性的要求。

1. 避碰状态评估

首先，依据水面机器人的当前位置 (x_c, y_c)、航速 v_c、艏向 f_c 和周围障碍物 i 的当前位置 (x_{ob}, y_{ob})、航速 v_{ob} 及运动方向 f_{ob} 信息，评估水面机器人的避碰状态；

依次求解水面机器人与周围障碍物之间的最短碰撞时间 $t_{\min}$，如式(6.22)和式(6.23)所示。

$$t_{\min} = \frac{\sqrt{(x_{ob}-x_c)^2+(y_{ob}-y_c)^2}-L_{ob}}{\sqrt{(v_c\times\sin f_c - v_{ob}\times\sin f_{ob})^2+(v_c\times\cos f_c - v_{ob}\times\cos f_{ob})^2}} \quad (6.22)$$

$$L_{ob} = \frac{a\times b}{2\times\sqrt{a^2\times\sin^2\left(\arctan\left(\frac{y_{ob}-y_c}{x_{ob}-x_c}\right)\right)+b^2\times\cos^2\left(\arctan\left(\frac{y_{ob}-y_c}{x_{ob}-x_c}\right)\right)}} \quad (6.23)$$

式中，a、b 为椭圆障碍物的长轴和短轴。判断 $t_{\min}$ 是否小于水面机器人的反应时间 T_h，将 $t_{\min}$ 小于 T_h 的运动障碍物视为紧急避让障碍。

2. 兼容 COLREGs 的避碰策略设计

当紧急避让障碍物的数量 ≥2 时，意味着需要同时处理多个运动障碍物，拟采用以下两种避碰策略。

(1)共同体原则，即将多个运动障碍的速度障碍集合视为一个整体，进行多个运动障碍的同时避碰。

(2)优先级原则，即在 $t_{\min}$ 中选择最小，也就是最紧迫的障碍进行优先处理，并依据 $t_{\min}$ 从小到大依次处理，直到处理完毕。

优先级原则使得避碰策略更加规范，若要求水面机器人严格地遵守某一规则进行避碰的情况，优先级原则将体现更好的适应性。共同体原则对避碰规则的处理不如优先级原则严谨，但是共同体原则对复杂环境的适应性优于优先级原则。研究表明，复杂环境下使用优先级原则，会严重影响水面机器人的避碰效率。

因此，研究中将避碰策略规定为，当紧急避让障碍的个数 ≤2 时，采用优先级原则进行避障，此时水面机器人可以很好地遵守 COLREGs，降低碰撞风险；而当紧急避让障碍的个数 ≥3 时，航行环境已满足拥挤条件，即适用共同体原则，使水面机器人在保证较高避碰效率的情况下，尽可能地遵守 COLREGs。

依据 COLREGs，分析从运动障碍物的左侧、右侧或后方进行避让机动。确定大致的避碰路径方向 R 后，应该尽可能地选择速度障碍集合上临界碰撞速度矢量 $U(v,R)$。因为结合临界碰撞速度矢量具有两个以下优势。

(1)它可契合动态拥挤环境的外界条件，使得水面机器人的避碰路径更加精准，减少冗余的避碰机动，消除复杂环境下大机动带来的潜在危险。

(2)当水面机器人当前的速度矢量处于速度障碍集合内时，临界碰撞速度矢量的速度方向是最靠近当前水面机器人艏向的一组避让期望艏向输出。对水面机器人的机动性而言，艏向变化(控制)比航速变化(控制)更加困难。因此，尽可能地降低艏向的变化(或保持平稳输出)，是实现复杂环境下实时性避碰的重要因素。

3. 避碰案例分析及期望避让行为求解

结合以上决策过程可解算出期望艏向，并依据可行避碰航速矢量集合 U_{RAV} 与临界碰撞速度矢量 $U(v,R)$ 的包含关系，解算出期望航速，从而获得期望避碰行为输出(即期望艏向/航速)。针对期望避碰行为的解算问题，讨论以下四种案例。

案例 1：包含临界碰撞速度矢量，如图 6.27(a)所示。

(1)最大航速值在期望艏向中。在当前可行避碰航速矢量集合 U_{RAV} 中选择航速最大值作为期望航速，如图 6.27(a)中的 V'_A 所示，其中灰色部分为当前可行避碰航速矢量集合 U_{RAV}，A 到红色线段上任意一个点表示当前的临界碰撞速度矢量。

(2)最大航速值不在期望艏向中。当前的可行避碰航速矢量集合 U_{RAV} 中的最大航速值并不在期望艏向(临界碰撞速度矢量)之中。此时根据任务需要，可以对艏向进行折中妥协，即在航速值最大的速度矢量中选择最靠近临界碰撞艏向的期望艏向；也可对速度进行折中妥协，即放弃可行避碰航速矢量集合 U_{RAV} 中最大航速值，而选择临界碰撞艏向上相对最大航速值作为期望航速输出。本节选择后者，因为临界碰撞速度矢量在动态拥挤环境中是一个不可替代的选择。

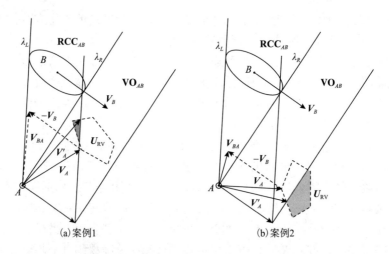

(a)案例1　　　　(b)案例2

图 6.27　水面机器人的避碰示意图之一(见书后彩图)

案例 2：不包含临界碰撞速度矢量，如图 6.27(b)所示。

若在当前的可行避碰航速矢量集合 U_{RAV} 中，不包含该速度障碍集合的临界碰撞速度矢量，即当前水面机器人的航行状态，无法实施满足 COLREGs 的避碰机动，此时讨论两种处理方式。

(1)直接忽略 COLREGs，根据其他规则例如艏向变化最小或速度最大等，直接选择可行的避碰航速矢量。

(2)考虑更长时间的避碰情形,虽然当前状态下无法满足 COLREGs 进行避碰,但是仍可选择最接近 COLREGs 的临界碰撞速度矢量作为输出。好处在于持续一段时间之后,水面机器人可以获得满足 COLREGs 的避碰机动作为输出。

考虑保障复杂拥挤环境中航行安全的要求,水面机器人应优先遵守 COLREGs 以执行尽可能规范的避碰机动,如图 6.27(b)所示。因此,算法中选择第二种处理方式。

案例 3:不包含临界碰撞速度矢量,如图 6.28(a)所示。

现分析是否存在一种可能性,如图 6.28(a)所示,即当前可行避碰航速矢量集合 U_{RAV} 中,虽然不包含某个速度障碍集合的临界碰撞速度矢量,但依然可以执行满足 COLREGs 的避碰机动。答案是否定的,从图 6.28(a)可知,当前水面机器人的航速已经超出速度障碍 VO_{AB} 范围,此时的运动障碍物 B 并不会通过最短碰撞时间 t_{min} 的校验,即本案例实际并不成立。

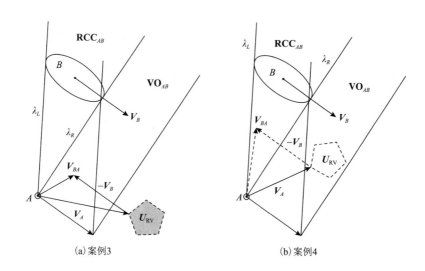

(a)案例3　　　　　　　　　　(b)案例4

图 6.28　水面机器人的避碰示意图之二

案例 4:不包含临界碰撞速度矢量,如图 6.28(b)所示。

考虑一种最不理想的情况,当前可行避碰航速矢量集合为空集($U_{RAV}=\varnothing$),如图 6.28(b)所示。此时可行航速矢量集合被某个速度障碍集合包含,无论采用何种期望输出,均无法实现有效避碰。针对这种情况,考虑两种解决方法。

(1)采用消极的等待策略,即直接指令水面机器人停车,让水面机器人原地等待,直到可行避碰航速矢量集合不为空集为止,再重新启动水面机器人。

(2)类似于案例 2 的第二种处理方式，即直接在可行航速矢量集合中，选择最靠近 COLREGs 所指定一侧临界碰撞速度矢量的可行艏向作为输出。同时，在可行艏向上根据一定要求选择合适的航速输出。求解航速考虑三种方式：①追求最高效率的避碰机动，可选择最大航速；②追求怠速情况下执行最安全的避障机动，则选择可行艏向上最小航速作为输出；③追求水面机器人的运动稳定性，则选择可行艏向上最靠近当前航速的航速作为输出。

算法中选择第二种可行艏向处理方式，并选择最高效率避碰的航速输出。

4. 期望航速矢量集合求解

通过对每个运动障碍物的避碰策略分析及避让行为解算后，可获得一组期望航速矢量集合 U_{out}，该集合中成员的个数与紧急碰撞障碍物的个数 n 相关。

(1)当紧急碰撞障碍物的个数 ≤2 时，采用优先级原则求解可行避碰航速矢量集合 U_{RAV}，即在某一时刻下期望航速矢量集合中只有一组艏向/航速输出。

(2)如果紧急碰撞障碍物的个数 ≥3 时，期望航速矢量集合中每一组艏向/航速输出，对任意一个运动障碍物而言，均满足避碰条件，因为它们均采用共同体原则，从求解的可行避碰航速矢量集合 $U_{RAV}(i)$ 中筛选而来。然而，采用共同体原则导致每组艏向/航速输出，所以不能保证对所有的运动障碍物均满足 COLREGs。

鉴于 COLREGs 不包含多船之间的避让规范，此时算法可以适当地放弃部分规则。比如考虑水面机器人的机动性、航行节能等需求，选择与当前水面机器人艏向最接近的期望航速矢量作为输出。如果最接近当前艏向的期望航速矢量不止一个时，则优选最合适的一个期望航速矢量 $\tilde{U}_{out}$。

(3)考虑一种特殊场景，在拥挤环境下采用共同体原则求解可行避碰航速矢量集合的总集 AU_{RAV} 时，若发现可行避碰航速矢量集合 $U_{RAV}(i)$ 之间没有交集，即总集不存在（$AU_{RAV}=\varnothing$）。此时无论水面机器人采取何种避碰机动，均不能同时对所有运动障碍物采用共同体原则进行有效避碰，应采用优先级原则进行逐个运动障碍物避让或者直接停车（$U_{out}=0$）。

5. 危险规避算法的工作流程

综合上述案例分析及避碰策略设计，动态拥挤环境中危险规避算法的工作流程图如图 6.29 所示。

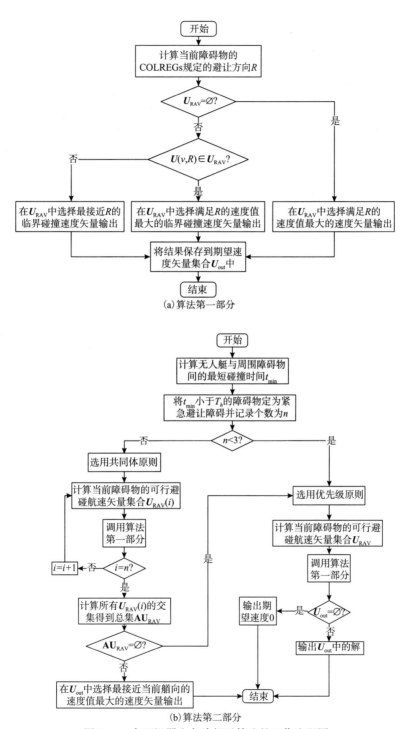

(a) 算法第一部分

(b) 算法第二部分

图 6.29　水面机器人危险规避算法的工作流程图

6.4.4 仿真试验与分析

本节设定三种运动障碍物工况，开展水面机器人基于 COLREGs 的标准速度障碍算法(简称"标准算法")、面向动态拥挤环境的危险规避算法(简称"改进算法")的仿真对比试验研究，检验所提算法的可行性及有效性。同时，为了简化仿真及对比公平性，假设整个避碰过程中水面机器人的感知模块可以准确获取运动障碍物的运动状态。仿真试验的软硬件平台与 6.2.4 节保持一致。

1. 单运动障碍物下对比试验

考虑局部航行环境存在单个运动障碍物的简单情况，标准算法的避碰过程动态效果如图 6.30 所示，改进算法的避碰过程动态效果如图 6.31 所示。

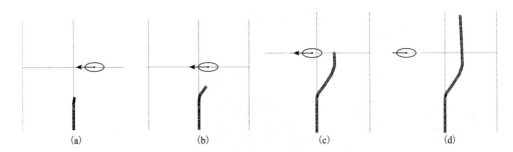

图 6.30　单运动障碍物下标准算法的避碰航迹图

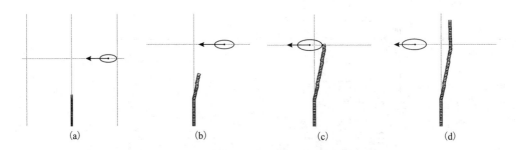

图 6.31　单运动障碍物下改进算法的避碰航迹图

从图 6.30 和图 6.31 可知，运动障碍物从水面机器人的右侧横穿过来，两种算法均遵守 COLREGs。标准算法的避让方式较保守，回转角度过大，不是最优的局部避碰航迹。作为对比，改进算法的避碰航迹平缓，紧贴运动障碍物后方避让，考虑到水面机器人的欠驱动特性，降低了避碰机动难度及局部避碰航迹长度，可实现节能的避碰航行。

2. 简单动态拥挤环境下对比试验

设置局部航行环境中水面机器人正前方航行的障碍物为 1 号，左侧沿水平方向航行的障碍物为 2 号，左侧沿斜上方 45°方向航行的障碍物为 3 号。

案例 1：3 号运动障碍物在发现交通拥挤时，采用主动停车方式等待前方交通拥堵缓和。标准算法的避障过程动态效果如图 6.32 所示，改进算法的避碰过程动态效果如图 6.33 所示。

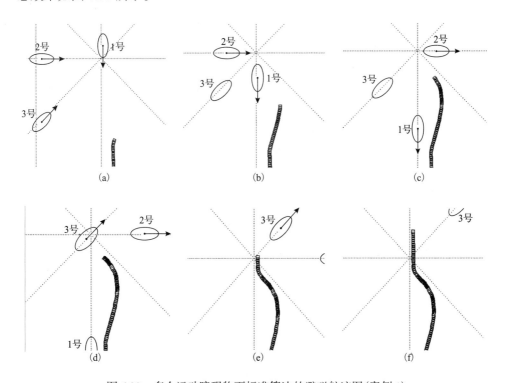

图 6.32 多个运动障碍物下标准算法的避碰航迹图(案例 1)

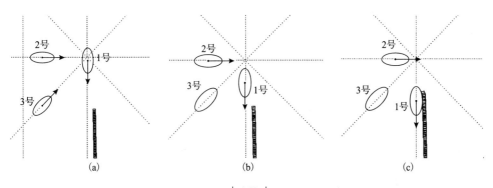

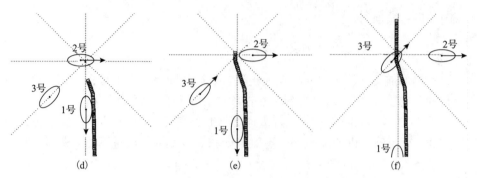

图 6.33　多个运动障碍物下改进算法的避碰航迹图(案例 1)

从图 6.32 和图 6.33 图可知，面临动态拥挤环境时，标准算法下水面机器人的局部避碰航迹更加冗余及复杂，对欠驱动水面机器人而言不仅难以实现，而且避碰效率较低。作为对比，改进算法下水面机器人发现 3 号运动障碍物不构成威胁后，其直接从 3 号运动障碍物前方和 2 号运动障碍物后方避让穿行；3 号运动障碍物发现前方拥堵解除后，便重启继续按照原航迹航行。

案例 2：3 号运动障碍物在发现前方交通拥挤时，直接换向并绕开前方拥挤区域后继续航行。标准算法的避障过程动态效果如图 6.34 所示，改进算法的避碰过程动态效果如图 6.35 所示。

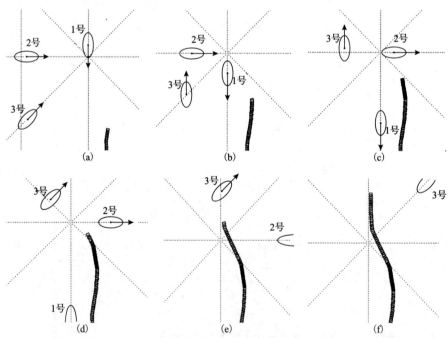

图 6.34　多个运动障碍物下标准算法的避碰航迹图(案例 2)

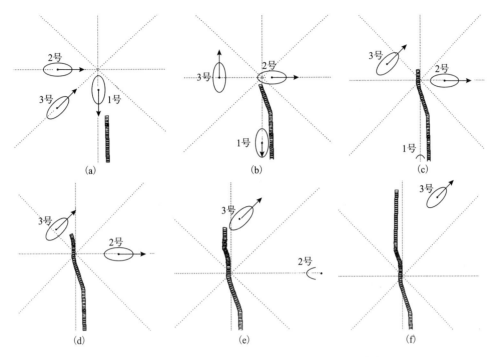

图 6.35　多个运动障碍物下改进算法的避碰航迹图(案例 2)

从图 6.34 和图 6.35 图可知，面临更加复杂的拥挤环境时，标准算法下水面机器人的避碰方式依然是大角度的回转运动，虽然可以实现避碰，但需要水面机器人具有较强的机动性和能耗。作为对比，改进算法下水面机器人在成功避开 1 号和 2 号运动障碍物之后，由于 3 号运动障碍物的换向航行，再次出现在水面机器人的前进方向上，此时水面机器人并没有降速等待，而是选择更加激进的方式从紧贴 3 号运动障碍物的后方穿过，依然满足算法对临界碰撞速度矢量的输出要求。

3. 复杂动态拥挤环境下对比试验

在局部航行环境中设置 5 个运动障碍物，对比分析标准算法与改速度障碍法的实时性、局部避碰航迹长度。两种算法的局部避碰航迹全程图如图 6.36 和图 6.37 所示，其中：实线表示水面机器人从起点到终点的实际航迹，虚线表示从起点到终点的最短航迹；整个局部危险规避过程中，水面机器人面对的所有运动障碍物由 1～5 号椭圆表示。

案例 3：障碍物主动停船，两种算法的航迹对比图如图 6.36 所示，仿真对比结果如表 6.6 所示。

案例 4：障碍物转向绕行，两种算法的航迹对比图如图 6.37 所示，仿真对比结果如表 6.7 所示。

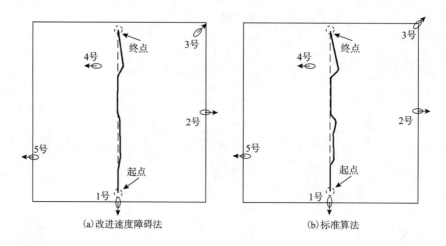

图 6.36　案例 3 中局部避碰航迹全程图

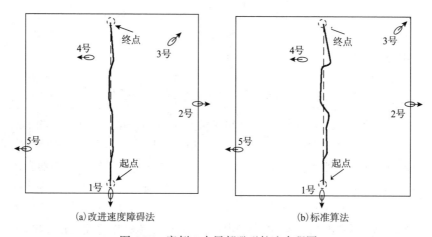

图 6.37　案例 4 中局部避碰航迹全程图

　　两种算法的仿真对比结果如表 6.6 和表 6.7 所示，其中：避碰用时为水面机器人从起点到终点过程的航行时间，该值越小算法实时性越好；航迹长度为从起点到终点实际航迹的长度，该值越小算法精度越高；航迹偏移总量是指实际航迹轨迹与最短航迹构成区域的面积，该值越小算法冗余度越小。

表 6.6　案例 3 中算法仿真对比结果

算法名称	避碰用时/s	航迹长度/m	航迹偏移总量/m²
标准算法	550	469.5	3233.2
改进算法	404	456.8	1683.0

表 6.7   案例 4 中算法仿真对比结果

算法名称	避碰用时/s	航迹长度/m	航迹偏移总量/m²
标准算法	556	478.6	3391.2
改进算法	413	454.5	1495.8

从图 6.36、图 6.37、表 6.6 和表 6.7 可知，相比标准算法，改进算法在实时性、精度及冗余度方面均有提高，显著提升水面机器人的综合避碰性能。尤其是避碰用时和航迹偏移总量，案例 3 中改进算法的避碰用时节约 26.5%、冗余度下降 47.9%；案例 4 中改进算法的避碰用时节约 25.7%、冗余度下降 55.9%。

综合上述仿真对比试验可知，考虑水面机器人运行于复杂动态拥挤环境，对比标准算法，面向动态拥挤环境的危险规避算法对动态拥挤环境的适应能力更强、综合避碰性能更佳。无论是简单环境(单运动障碍物)还是动态拥挤环境(多运动障碍物且做避让机动)，面向动态拥挤环境的危险规避算法均能实现更加妥当的局部避碰机动，且在实时性、精度和冗余度方面均具有更优的性能。仿真对比试验结果验证了该算法的可行性及有效性。

6.4.5   主要结论

针对动态拥挤环境中水面机器人的避碰航行难题，以欠驱动小型水面机器人为研究对象，考虑拥挤航行环境、平台运动特性、COLREGs 等多约束条件，探索动态拥挤环境中水面机器人的危险规避算法，并开展三种局部障碍物环境下仿真对比试验研究，主要结论如下。

(1)阐述水面机器人危险规避需要考虑的因素及难点，梳理几种典型的危险规避算法，并基于速度障碍法分析水面机器人的主要运动特性。

(2)充分考虑水面机器人的运动学及动力学特性约束，分析其可行避碰航速矢量，结合 COLREGs 和椭圆速度障碍法，分析复杂多障碍物环境中避碰局面及避让行为模式；有针对性地设计出避碰策略，提出水面机器人面向动态拥挤环境的危险规避算法。

(3)仿真对比试验表明，对比基于 COLREGs 的标准速度障碍算法，面向动态拥挤环境的危险规避算法具有更好的环境适应性及避碰性能，有利于提升航行安全性及通行效率。仿真对比试验验证了该算法的有效性。

参 考 文 献

[1]   冯爱国, 刘锡祥, 吴炜, 等. 基站雷达与 AIS 引导的水面无人艇遥控系统[J]. 雷达科学与技术, 2017, 15(1): 55-60.

[2] 肖南峰. 智能机器人[M]. 广州: 华南理工大学出版社, 2008: 133-137.

[3] 吴向军. 智能规划中领域知识的提取、推理和应用策略的研究[D]. 广州: 中山大学, 2007.

[4] Li Y, Ma T, Chen P Y, et al. Autonomous underwater vehicle optimal path planning method for seabed terrain matching navigation[J]. Ocean Engineering, 2017, 133(3): 107-115.

[5] Koubaa A, Bennaceur H, Chaari I, et al. Introduction to Mobile Robot Path Planning[M]. Berlin: Springer Press, 2018: 3-22.

[6] Kaluđer H, Brezak M, Petrović I, et al. A visibility graph based method for path planning in dynamic environments[C]//Proceedings of the 34th International Convention MIPRO, New York, 2011: 145-157.

[7] 李翔. 基于泰森多边形原理构建孔隙网络模型[J]. 价值工程, 2016, 35(22): 172-173.

[8] 束强. 基于维诺图和二分图的水面移动基站路径规划方法研究[D]. 合肥: 合肥工业大学, 2016.

[9] 庄佳园, 张磊, 孙寒冰, 等. 应用改进随机树算法的无人艇局部路径规划[J]. 哈尔滨工业大学学报, 2015, 47(1): 112-117.

[10] Čikeš M, Đakulović M, Petrović I, et al. The path planning algorithms for a mobile robot based on the occupancy grid map of the environment-a comparative study[C]//Proceedings of the XXIII International Symposium on Information, New York, 2011: 313-320.

[11] 潘成浩, 郭敏. 基于松弛 Dijkstra 算法的移动机器人路径规划[J]. 计算机与现代化, 2016(11): 20-24.

[12] 吕太之, 赵春霞, 夏平平, 等. 基于同步可视图构造和 A*算法的全局路径规划[J]. 南京理工大学学报, 2017, 41(3): 313-321.

[13] Chen L J, Jin H, Bai J K, et al. Path planning for mobile robots in 3D dynamic environments[J]. Advanced Materials Research, 2012, 408: 1401-1404.

[14] 宋久元, 滕国库, 胡丽霞, 等. 路径规划算法的改进及在车载导航中的应用[J]. 计算机与数字工程, 2010, 38(8): 95-98.

[15] Bentes C, Saotome O. Dynamic swarm formation with potential fields and A* path planning in 3D environment[C]//Proceedings of the Robotics Symposium and Latin American Robotics Symposium, New York, 2012: 74-78.

[16] 何雨枫. 室内微小型无人机路径规划算法研究[D]. 南京: 南京航空航天大学, 2014.

[17] 杨善军, 姜昌金. 一种必经点最短路求解算法[J]. 工业控制计算机, 2017, 30(7): 101-102.

[18] 姜琳. 基于安卓的智慧商城顾客停车服务系统设计与实现[D]. 上海: 上海交通大学, 2016.

[19] 杨杰. 具有端点方向约束的快速航迹规划方法研究[D]. 武汉: 华中科技大学, 2013.

[20] Sidler M, von Rohr C R, Dornberger R, et al. Emotion influenced robotic path planning[C]//Proceedings of the International Conference on Intelligent Systems, New York, 2017: 130-136.

[21] Aharonian F. Very high energy gamma rays from the direction of Sagittarius A*[J]. Astronomy & Astrophysics, 2004, 425(1): 13-17.

[22] 王琼. 船舶动力定位系统的优化与控制策略研究[D]. 大连: 大连海事大学, 2013.

[23] Triharminto H H, Wahyunggoro O, Adji T B, et al. Framework transformation for local information on artificial potential field path planning[C]//Proceedings of the International Conference on Information Technology and Electrical Engineering, New York, 2017: 821-825.

[24] Henkel C, Bubeck A, Xu W, et al. Energy efficient dynamic window approach for local path planning in mobile service robotics[J]. IFAC-Papers On Line, 2016, 49(15): 32-37.

[25] Fiorini P, Shiller Z. Motion planning in dynamic environments using velocity obstacles[J]. The International Journal of Robotics Research, 1998, 17(7): 760-772.

[26] Naeem W, Irwin G W, Yang A. COLREGs-based collision avoidance strategies for unmanned surface vehicles[J]. Mechatronics, 2012, 22(6): 669-678.

[27] Berg V D, Lin M, Manocha, et al. Reciprocal velocity obstacles for real-time multi-agent navigation[C]// Proceedings of the IEEE International Conference on Robotics and Automation, New York, 2008: 1928-1935.

[28] Shah B C, Švec P, Bertaska I R, et al. Resolution-adaptive risk-aware trajectory planning for surface vehicles operating in congested civilian traffic[J]. Autonomous Robots, 2016, 40(10): 1139-1163.

[29] 张洋洋, 瞿栋, 柯俊, 等. 基于速度障碍法和动态窗口法的无人水面艇动态避障[J]. 上海大学学报(自然科学版), 2017, 23(1): 1-16.

[30] Zhang J, Zhang D, Yan X, et al. A distributed anti-collision decision support formulation in multi-ship encounter situations under COLREGs[J]. Ocean Engineering, 2015, 105(9): 336-348.

[31] 付悦文. 小型无人艇的无模型自适应跟踪方法研究[D]. 哈尔滨: 哈尔滨工程大学, 2017.

7

水面机器人回收 UUV 的制导
与控制技术

本章聚焦水面机器人回收 UUV 的任务背景，探讨面向回收 UUV 的水面机器人制导及控制问题。

首先，简要回顾和梳理回收 UUV 技术的研究进展，从制导及控制角度凝练水面机器人回收 UUV 面临的技术难题；然后，基于模糊制导原理和 MFAC 理论，探索水面机器人回收 UUV 的制导及控制策略，设计一种面向回收 UUV 的水面机器人分层柔顺制导方法；接着，针对回收 UUV 任务对水面机器人的高抗扰控制需求，改进控制输入准则函数并提出一类差分型 MFAC 算法，理论证明其系统稳定性；最后，开展制导、艏向/航速控制仿真对比试验研究，检验所提方法的有效性。

7.1 研究背景与进展

近年来，水面机器人在军事及民用等领域获得广泛应用[1]，如海洋环境监测、水文调查、目标搜索等任务[2]。UUV 经过 30 余年的发展，战术技术性能达到较高实用水平，已被逐渐投入装备及应用[3]。近年来，中小型 UUV 凭借隐身性好、体积小、成本低、部署灵活等突出优势[4]，在军事和民用领域获得了较多的应用[5]。然而，中小型 UUV 受制于携带能源有限、续航力较短、海洋环境难以收放等约束[6]，导致其作业范围小、任务效能偏低、实战应用受到诸多限制。

基于水面机器人对 UUV 的自主布放和回收技术，是加深水面机器人与 UUV 协同层次，实现 UUV 快速部署、能源补给及信息交互的基础，属于海洋机器人的一个前沿热点和关键技术。目前，UUV 的主要回收方式包括：水面母船回收 UUV、水面机器人回收 UUV、UUV 水下对接回收等[7]。

(1)水面母船回收 UUV。是指 UUV 执行任务完成后返回预定海域并靠近母船，通过母船上的吊车等设备将 UUV 吊起完成回收。期间需要人员辅助，主要用于大型 UUV 的回收。

(2)水面机器人回收 UUV。利用水面机器人的艇体宽敞空间或搭载专门收放装置等形式，在水面/近水面自主实现对 UUV 的回收作业，具备自主、无人、快捷等优点。

(3)UUV 水下对接回收。通过 UUV 与固定或者移动的回收装置实现类似空/天对接的过程，具有自主、隐蔽、环境影响小等特点。

水面机器人回收UUV的模式，常利用水面机器人对UUV进行收放作业，将任务主体从UUV变为水面机器人，具有更好的UUV平台通用性和任务快捷性。

利用水面机器人布放和回收 UUV,从而实现水面机器人与 UUV 的协同作业，是近年来新涌现的一个研究方向，如图 7.1 所示。在几乎不需要人工监督条件下，水面机器人实现对 UUV 的无人化、快速、远程移动部署，并为其提供导航、通信及控制辅助，这种模式可以显著提升 UUV 的作业范围和效率，并摆脱高风险环境对人员的束缚[8]。

图 7.1　水面机器人与 UUV 协同作业示意图

7.1.1　水面机器人回收 UUV 技术研究进展

得益于决策、制导、控制、通信、感知等先进技术的发展，水面机器人的自主性能日益提升，应用范围越来越广，自主布放和回收载荷是水面机器人一个新的任务目标。

2007 年，美国发布了《海军无人水面艇主计划》，旨在为水面机器人研发提供标准和指明方向，该计划阐述了载荷自动布放和回收技术。表 7.1 为水面机器人可进行布放和回收的载荷(任务类型)，通过水面机器人布放和回收武器装备能直接应用于美国海军的任务，包括反水雷、反潜、海上安全和水面作战等。

表 7.1　水面机器人对载荷布放和回收的任务需求表

任务类型	水面机器人任务需求			
	UUV 或 ROV	水面机器人	导弹	鱼雷
反水雷	布放和回收	—	—	—
反潜	—	—	—	布放
海上安全	布放和回收	布放和回收	—	—
水面作战	—	—	布放	布放

注：ROV（remote operated vehicle，遥控水下机器人）

2011 年，法国造舰局建造的"箭鱼"隐形双体无人猎雷艇（图 7.2）成功进行 UUV 自主布放和回收试验[9]。"箭鱼"采用双体船型，全长 17m、宽 7.5m，最大排水量 30t，双体船设计有助于获得巨大的舱室空间以容纳设备，碳纤维结构能减少对水雷的触发概率。"箭鱼"尾部是一个大任务舱，内置一个无人潜航器投放架，可以搭载一个 Alister18 Twin 潜航器和两个 Alister18 潜航器。

2012 年，Brizzolara 等[10]指出能够布放和回收 UUV 并为 UUV 补充能源的 USV 是真正实现 UUV 持久工作的关键，并探讨一种用于在海上自主布放和回收 UUV 的小水线面双体（small waterplane area twin-hull，SWATH）型水面机器人概念设计，如图 7.3 所示。该艇尺寸较小，具有非传统的船体外形，在船中部能容纳一艘中型 UUV。

图 7.2　"箭鱼"号[9]　　　　　图 7.3　SWATH 型水面机器人[10]

2013 年，Miranda 等[11]评估基于数字超短基线声定位导航时，水面机器人与 UUV 的制导和对接能力。仿真和试验数据表明，水面机器人可控制在目标 1m 精度范围内，这为 UUV 与移动水面平台的归航及对接提供了数据支撑。

2015 年，Pearson 等[12]开发适用于"WAM-V 14"号水面机器人（图 7.4）自主布放和回收 UUV 的高级模糊制导系统，并开展试验研究。该系统包含两层模糊制导控制器，第一层基于 UUV 的位姿信息，输出沿 UUV 航迹前方设定距离的目标点，第二层基于该目标点解算水面机器人的期望艏向、航速。

2016 年，Djapic 等[13]提出将水面机器人、无人机及 UUV 组成异构系统并协同作业，他们提出的"WAM-V"型概念设计如图 7.5 所示。无人机负责通信支持，水面机器人作为无人机及 UUV 的母船，收放无人机及 UUV，从而支持无人机及 UUV 执行更长航时的任务。

图 7.4　"WAM-V 14"号[12]　　　图 7.5　"WAM-V"型概念设计[13]

2016 年，挪威 Kongsberg Maritime 公司公布了其正在建造的"Hrönn"号多用途水面机器人(图 7.6)，该艇可以承担布放和回收小型遥控无人船的工作。2017年，Klinger 等[14]针对水面机器人部署回收 UUV 任务过程中，质量、阻力等模型突变现象，设计一种自适应反步控制器，该方法将水面机器人运动控制系统解耦为艏向/航速控制两个子系统，并开展试验研究。

2017 年，Sarda 等[15]探讨水面机器人布放和回收 UUV 的过程(图 7.7)。布放方式为通过水面机器人上的绞车将 UUV 放入水中，回收方式为通过在 UUV 头部安装卡扣，将其引导至捕捉绳，然后从水中回收到水面机器人上。

 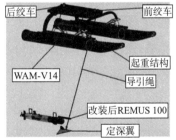

图 7.6　"Hrönn"号　　　　　图 7.7　回收过程示意图[15]

2017 年，Zwolak 等[16]探索"SEA-KIT"号水面机器人作为 UUV 布放和回收和通信定位的支撑平台，由 UUV 负责海图数据采集，实现没有船员支持下无人化的海图测绘，并开展海上试验验证(图 7.8)。

2018 年,杜俊等[17]分析水下动基座回收 UUV 的不同结构,设计一种回收 UUV 的漏斗式装置,可以搭载于水面机器人(图 7.9)。

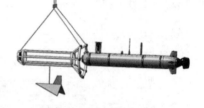

图 7.8　"SEA-KIT"号海上试验[16]　　　图 7.9　漏斗回收装置[17]

2019 年,法国 ECA 公司研发的"检察员 125"号多用途水面机器人亮相,属于"检察员 120"号升级版,如图 7.10、图 7.11 所示。"检察员 125"具有负载自主布放及回收能力,可布放及回收 UUV、ROV 和拖曳声呐等多类载荷。

图 7.10　"检察员 120"号　　　　　图 7.11　"检察员 125"号

7.1.2　回收 UUV 的主要问题分析

研究表明,在真实环境中水面机器人遂行回收UUV的任务,属于一类"大扰动下移动平台的交会对接难题",主要涉及收放装置设计、平台互定位、目标制导、航迹跟踪、试验验证等研究内容,本章聚焦探索以下两个问题。

1. 面向回收 UUV 的水面机器人动态柔顺制导问题

考虑水面机器人回收UUV的特殊任务,制导层面的难题体现在:①动态环境干扰力持续作用下,水面机器人及UUV的航迹调控难,导致动态平台之间的位姿难以有效控制及匹配。②平台动力学特性及严格的时间/空间、末端位姿等多约束条件,如何引导水面机器人以适当的位姿敏捷地追踪或拦截移动目标

(UUV)是一个难点。因此，拟从运动学层次探索动态环境中移动平台的柔顺制导问题。

2. 突变扰动影响下水面机器人的高抗扰运动控制问题

控制层面的难题体现在：①受到回收 UUV、环境强扰动以及移动平台之间瞬态水动力耦合影响，水面机器人动力学模型呈现明显的"突变"现象。对小型水面机器人来说，UUV 质量占相对较大比例，影响更为明显，如佛罗里达大学水面机器人回收 UUV 试验中，REMUS 100 型 UUV 质量为 38.5kg，约占水面机器人质量的 25%。②上述强干扰耦合影响下，如何保持精准、鲁棒的控制是一个难点，若控制算法缺乏良好的鲁棒性及自适应性，将会出现系统性能恶化或失稳。因此，拟从动力学层次研究适应模型特性突变、环境强扰动的运动控制方法。

水面机器人的运动控制技术已在第 1 章进行深入梳理，下面简要回顾水面机器人制导技术的相关研究进展。

7.1.3 制导技术研究进展

制导方法描述了受控对象向目标接近整个动态过程中所应遵循的规律，它决定了水面机器人的航迹特性，也可以称为制导律。水面机器人执行回收UUV任务时，制导方法需要考虑特定的对接约束条件，引导水面机器人以恰当的位姿接近UUV。目前，水面机器人(或船舶)领域最常用的制导律是LOS及其各种改进制导方法。

1. LOS 及其改进制导方法

2013 年，Khaled 等[18]提出用于欠驱动船舶自主操控的综合制导控制系统，制导系统采用变半径视距和围绕航点接近圆的概念，使 LOS 制导方法的视距半径随横向跟踪误差呈指数变化。仿真结果表明，在较大的建模误差和环境干扰影响下，该制导控制系统仍具有良好的跟踪性能。

2016 年，郑体强等提出一种变船长比的模糊 PD 控制算法，根据距离误差及其变化率，自适应调整 LOS 制导方法的视距，实现了直线航迹跟踪，并且设计了风流干扰补偿机制，可以有效抵抗环境干扰[19-20]。2016 年，董早鹏等[21]在 LOS 制导方法中加入跟踪误差函数，使视线角跟随航迹跟踪误差的变化，引导水面机器人更为平滑和快速地收敛至期望航迹。

2016 年，Niu 等[22]构建 "C-Enduro" 号水面机器人的动力学模型，对风和海流影响下，四种常用制导方法的表现进行仿真试验对比及分析，包括 Carrot 跟踪制导、非线性制导、纯追踪和 LOS 联合制导、矢量场法。试验表明，在风和海流影响下，非线性制导的性能最稳定，矢量场法的控制能耗最少。

2017 年，Mu 等[23]提出一种自适应 LOS 制导方法，该方法假设侧滑角无法直接测量，采用自适应方法估计侧滑角，实现侧滑角的实时补偿，然后通过模糊策略进行视距的时变调整。2018 年，陈霄等[24]研究改进的积分 LOS 制导策略，首先引入变积分增益以减小积分饱和及超调现象，然后将视距设为时变量，使水面机器人更加准确地跟踪期望路径。

2017 年，Li 等[25]提出一种矢量场制导方法，用于水面机器人跟踪直线和圆形航迹，通过仿真及实船试验，验证该算法的鲁棒性和有效性。Li 等[26]针对矢量场法和 LOS 方法进行仿真及实船试验。研究表明，LOS 方法的收敛速度更快、误差更小，但控制能耗最多；矢量场法在直线路径跟随时具有优势，LOS 方法在曲线路径跟随时表现更好；两种算法的路径跟随性能依赖于相应的控制参数，有时在各种环境条件下很难调整。因此，需要进一步研究自动调节控制增益的自适应路径跟随方法。

2. 模糊制导方法

1992 年，Rae 等[27]提出一种基于移动目标的模糊制导方法，递归地使目标渐进接近移动潜艇附近的对接锥，解决 UUV 与潜艇的对接控制问题。潜艇以足够慢的速度移动，以便 UUV 能够跟上，随着轨迹误差的减小，UUV 逐渐被引导至目标（对接锥）。潜艇回收 UUV 的制导原理如图 7.12 所示。

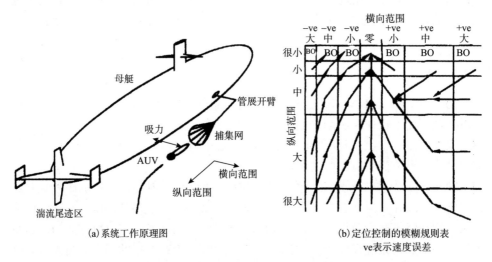

(a) 系统工作原理图　　　　　　　(b) 定位控制的模糊规则表
　　　　　　　　　　　　　　　　　ve表示速度误差

图 7.12　潜艇回收 UUV 的制导原理[24]

2004 年，任洪亮等[28]以航迹偏差和航迹偏差变化率作为模糊输入进行最优舵向的实时解算，以此制导方法进行了 UUV 的航迹跟踪，提高了系统的鲁棒性，并完成了仿真验证。

2012 年,Teo 等[6]提出 UUV 的鲁棒水下对接方法,其中制导方法采用 T-S 型模糊推理,采用横向误差和纵向误差作为模糊输入,以模糊化的期望艏向、速度向量场形式(图 7.13)引导 UUV 实现自动回收。

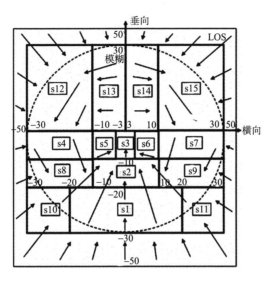

图 7.13　模糊向量图[6]

2012 年,Innocenti 等提出以位置误差为模糊输入,计算期望艏向的模糊制导方法,该方法相对简单、鲁棒性强,并可以应用于简单的避障任务[29-30]。

2015 年,Pearson 等[12]提出一种模糊制导方法,以水面机器人与目标点的横向误差和纵向误差为模糊输入,期望艏向为模糊输出(图 7.14)。以此制导规则进行水面机器人自主回收 UUV 的艏向制导,并开展仿真和试验验证。

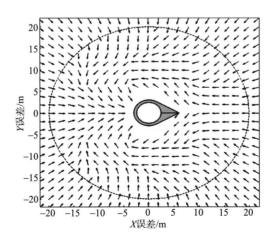

图 7.14　模糊制导图[12]

综上所述，在水面机器人（或船舶）制导领域，LOS 方法因其简单、可靠成为最常用的制导律。许多学者以其为基础研究了大量的改进 LOS 方法，包括加入积分操作、自适应调整视距、模糊调参等，试图输出更平滑的期望舷向，减小横向误差，提升 LOS 方法的制导性能。此外，纯追踪法、矢量场法等制导律也常获应用，选择何种制导律为宜取决于具体的工程需求。

同时，由于模糊控制具有鲁棒、智能、方法灵活等特点，模糊制导策略逐渐被研究与应用；同时，模糊制导可以灵活地根据回收 UUV 的任务需要，有针对性地设计适宜的制导规则，模糊制导在回收制导方面获得了较多研究。

7.2 面向回收 UUV 的水面机器人制导方法

水面机器人执行回收 UUV 的任务时，需要以合适的航迹靠近 UUV。在回收 UUV 时，通常要求水面机器人保持在 UUV 航线上，这就对制导方法的柔顺性、末端时空/位姿约束提出较高要求。本节针对该问题进行探索，首先介绍常用的制导方法原理，然后以模糊制导为末端制导策略，面向回收 UUV 任务探讨适宜的水面机器人分层柔顺制导方法。

7.2.1 制导技术概论

1. 常用制导方法

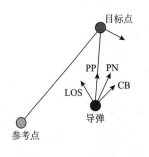

图 7.15 经典制导方法的速度向量图

导弹制导是制导理论研究最为广泛深入的领域，导弹需要根据一定的飞行弹道去追击或者拦截目标[31]，优秀的制导方法不仅可以提高导弹命中率，更可以降低导弹质量、改善导弹性能。导弹的经典制导方法包含 LOS、纯追踪(pure pursuit, PP)、平行接近(constant bearing, CB)、比例导引(proportional navigation, PN)等[31]，这四种制导方法的速度向量如图 7.15 所示。水面机器人的制导过程与导弹制导类似，部分导弹制导方法可以推广应用于水面机器人，如 LOS、PP 等[32]。本节将简要介绍常用的制导方法。

(1)LOS 属于三点制导方法，除了导弹和目标外还需要一个参考点，LOS 制导通过引导导弹在参考点和目标之间的视线上运动以实现拦截[32]。LOS 制导是最常用的几何制导方法，反映出受控对象追踪目标时简单且准确的方向表达，即在期望航迹上构建虚拟目标点（virtual target point，VTP），水面机器人指向虚拟目标点的方向为 LOS 方向，制导律引导水面机器人跟踪不断改变的 VTP，最终 VTP 将水面机器人引导至期望航迹上。LOS 制导原理示意图如图 7.16 所示。

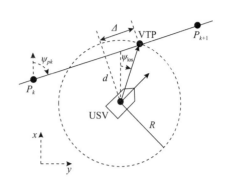

图 7.16　LOS 制导原理示意图

在图 7.16 中，期望航迹由一系列关键航点 $P = (P_1, P_2, \cdots, P_k)$ 构成，其中，$P_k = (x_k, y_k)$，P_k 与 P_{k+1} 代表两个相邻航点，ψ_{pk} 为期望航行方向。水面机器人的位置为 (x, y)，制导方法中引入以 R 为半径、(x, y) 为圆心的制导圆，通常取 $R = n \cdot L_{pp}$，$n > 1$，L_{pp} 为船长。VTP 的位置为制导圆与期望航迹的交点 $(x_{\text{los}}, y_{\text{los}})$，$\Delta$ 为超前距离，d 为偏航距离，ψ_{los} 为视线角。从式 (7.1) 可解得 VTP 的坐标 $(x_{\text{los}}, y_{\text{los}})$。

$$\begin{cases} \dfrac{y_{\text{los}} - y_k}{x_{\text{los}} - x_k} = \dfrac{y_{k+1} - y_k}{x_{k+1} - x_k} = \tan\left(\psi_{pk}\right) \\ (y_{\text{los}} - y)^2 + (x_{\text{los}} - x)^2 = R \end{cases} \tag{7.1}$$

获得 VTP 的坐标后，由式 (7.2) 可解得视线角，即期望艏向。

$$\psi_{\text{los}} = \arctan2(y_{\text{los}} - y, x_{\text{los}} - x) \tag{7.2}$$

其中，函数 $\arctan2(\rho, \sigma)$ 的计算方法为

$$\arctan2(\rho, \sigma) = \begin{cases} \arctan(\rho / \sigma), & \sigma > 0 \\ \pi + \arctan(\rho / \sigma), & \rho \geqslant 0, \sigma < 0 \\ -\pi + \arctan(\rho / \sigma), & \rho < 0, \sigma < 0 \\ \pi / 2, & \rho \geqslant 0, \sigma = 0 \\ -\pi / 2, & \rho < 0, \sigma = 0 \end{cases}$$

上述方法称为定半径圆形 LOS 制导方法。但是存在一个缺点，即水面机器人与期望航迹的偏航距离 d 大于制导圆半径 R 时，该方法面临失效。Niu 等[22]采用定超前距离构建 VTP，避免了定半径圆 LOS 方法的缺点，即不使用制导圆，直接取合适的超前距离 Δ，保证了 VTP 永远在机器人的前方。Lúcia 等[33]令制导圆半径 $R = d + L_{pp}$，这样可保证 R 恒大于偏航距离 d。

(2)PP 又称为追踪曲线法,属于两点制导方法,该方法的弹道比较弯曲,应用简单。它要求制导过程中导弹的速度向量始终指向目标,将 LOS 中 VTP 位置恒取为追踪目标的位置(即为纯追踪法)。这种制导方式类似于自然界中捕食者追逐猎物,总是在尾部追上目标,计算方法为式(7.3),由水面机器人坐标(x,y)与目标点坐标(x_t,y_t)求反正切函数[32]。

$$\psi_d = \arctan 2(y_t - y, x_t - x) \tag{7.3}$$

(3)CB 是一种较为理想的制导方法,亦属于两点制导方法。它要求制导过程中"导弹-目标"的视线始终维持平行状态,角速度为零,该方法弹道平直,可以全向攻击。然而,该方法需要精确获得目标的位姿、航速等多种飞行状态,这在实践中难以实现[32]。

(4)PN 界于 PP 与 CB 之间。它要求制导过程中导弹的艏摇速度与"导弹-目标"视线的艏摇速度成正比,比例越大,弹道越平直[32]。

2. 模糊控制方法

模糊控制是基于丰富经验(专家知识)总结出的控制规则,具有不需要精确模型、易于实现、自适应性好等优点。它与传统控制的最大不同在于:不需要获悉控制对象的精确数学模型,但需要积累控制过程的操作经验或数据[34]。

1965 年,Zadeh 教授提出了模糊集合概念。1974 年,Mamdani 教授研制了第一台模糊控制蒸汽机,掀开了模糊控制的新篇章。1985 年,考虑 Mamdani 型模糊推理的结果必须通过清晰化才能使用,Takagi 和 Sugeno 提出 T-S 型模糊推理模型,T-S 型模糊推理结果是清晰值或输入量的分段函数。20 世纪 80 年代以来,模糊控制理论已在军事、工业等领域获得了广泛应用[34]。

目前,使用较多的是 Mamdani 型、T-S 型模糊推理模型。Mamdani 型模糊推理模型由输入变量的选择及模糊化、模糊知识库、模糊推理、输出变量的清晰化等部分组成,其结构如图 7.17 所示。T-S 型模糊推理模型则省略了清晰化步骤,直接输出可用的结果。

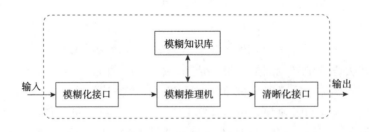

图 7.17 模糊控制结构图

下面简单介绍模糊控制的四个部分[34]。

(1)模糊化。首先，选择与控制输出密切相关的变量作为控制输入，进行模糊化描述；然后，选择合适的隶属度函数，将输入量转化为控制器可以识别的模糊集合。常用的隶属函数有高斯型、三角形、梯形等形式。

(2)模糊知识库。知识库由数据库和规则库组成，数据库包含系统输入和输出变量的模糊集合，规则库包含丰富的操作经验或者专家知识，通过一系列关系词组成了模糊规则。

(3)模糊推理。模糊推理是基于模糊知识库中的蕴含关系和推理规则，采用某种推理方法推导出模糊控制器输出的过程。

(4)清晰化。模糊推理获得的结果仍然是模糊量，因此需要对模糊量进行精确化，从而得到受控系统可以识别的结果，这一步通常被称为清晰化或解模糊。

模糊控制器设计的详细过程不再赘述，更多内容可查阅文献[34]。

7.2.2 面向回收 UUV 的分层柔顺制导方法

1. 回收工况分析及分层制导策略

回收 UUV 过程中(合作目标场景)，通常考虑 UUV 保持匀速直航状态。当水面机器人与 UUV 距离较远时，对制导要求相对较低，进入期望航迹后保持直航即可；如果两者距离较近，则应引导水面机器人以较为垂直的角度接近期望航迹，从而快速地跟踪 UUV 航迹。

水面机器人回收 UUV 的动态过程可分为三种工况：①追踪模式，水面机器人从后方靠近 UUV；②等待模式(类似追踪模式)，水面机器人进入目标航迹的前方等待 UUV；③拦截模式，水面机器人从前方拦截 UUV，相遇航行完成对接。水面机器人回收 UUV 工况的示意图如图 7.18 所示。下面结合图 7.18，逐一进行回收工况分析。

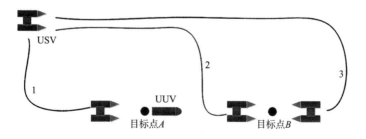

图 7.18　水面机器人回收 UUV 工况的示意图

(1)如果水面机器人从 UUV 后方靠近，可以使水面机器人提前进入 UUV 的航迹，从尾部追上并回收 UUV(如图 7.18 中线路 1)，此时以 UUV 的实时位置(A 点)为期望目标点即可，该工况为追踪模式。

(2)如果水面机器人在 UUV 前方等待 UUV 对接，则需要水面机器人在 UUV 前方合适的虚拟点(B 点)进入航迹，等待 UUV 的后续到来(如图 7.18 中线路 2)。水面机器人以该虚拟点为目标点，该工况类似追踪模式。

(3)如果水面机器人与 UUV 相遇对接，同样需要水面机器人在 UUV 前方一个合适的虚拟点(B 点)进入航迹，与 UUV 保持相向而行(如图 7.18 中线路 3)。水面机器人以虚拟点 B 为目标点，此工况下水面机器人到达目标点 B 后，需要将目标点切换至 A 点，以继续保持与 UUV 的对接航行，该工况为拦截模式。需要说明的是 A 点和 B 点均为动点，与 UUV 相对位置保持不变。

考虑回收 UUV 任务对水面机器人航迹跟踪的要求，即水面机器人在末端(近距离)环节需要与 UUV 保持严格匹配的航迹(强时间及位姿约束)。常用制导方法存在参数调节不够灵活、末端引导欠柔顺或对目标信息要求高等问题。因此，面向回收 UUV 任务需求，下面探索一种水面机器人分层式制导方法。该方法的工作原理图如图 7.19 所示。

图 7.19　分层制导的原理图

在图 7.19 中，远端时采用 LOS、PP 等经典制导方法，以保证水面机器人快速地靠近 UUV；而在末端时采用面向回收 UUV 的末端模糊制导方法。7.2.1 节阐述了 LOS、PP 等经典制导方法原理，下面重点探讨水面机器人回收 UUV 的末端模糊制导方法。

2. 面向回收 UUV 的末端模糊制导方法

在经典制导方案中，LOS 需要不断地规划航点，PP 永远指向目标点的尾部，用于回收 UUV 的末端导引过程中均存在缺陷。随着控制技术的进步，智能控制理论逐渐被应用于制导系统，以弥补、改善经典制导方法面临的不足。模糊控制是一种常用的智能控制方法，具有处理非线性问题及抗扰动等优势。因此，许多学者尝试将模糊控制融合于制导方案设计[35-36]。同时，模糊制导方法具有参数调整灵活、自适应性好的特点，已应用于船舶制导、目标回收制导等领域。本节基于模糊理论探讨面向回收 UUV 的水面机器人末端制导方法。

水面机器人回收 UUV 的期望航迹具有局部线性特征，T-S 型模糊推理模型较适于局部线性的系统，并能逼近任意的非线性系统；T-S 型模糊推理模型输出的是清晰值(或输入量的线性函数)，易于调整并进行数学分析，为此下面拟采用 T-S 型模糊推理模型。

水面机器人、UUV 运行于海洋环境时，可以通过传感器在线测量其位置、艏向及速度等导航数据，这些信息是研究制导方法的基础。定义大地坐标系下水面机器人的水平面内位置、艏向和速度信息为 (X_u,Y_u,ψ_u,V_u)，同理，回收 UUV 所需目标点的水平面内位置、艏向和速度信息为 (X_t,Y_t,ψ_t,V_t)。面向回收 UUV 任务，要求制导方法引导水面机器人有效地跟踪（趋近）目标点，并以恰当的艏向接近 UUV。因此，选择水面机器人与目标点的位置误差 X_e 与 Y_e（图 7.20）作为模糊制导方法的输入信号，将期望艏向 ψ_d 作为输出信号。

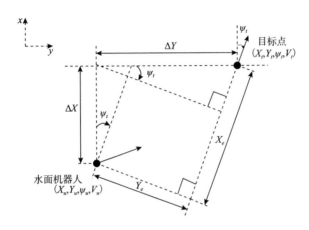

图 7.20　水面机器人与目标点的位置误差关系图

从图 7.20 可知，水面机器人与目标点在大地坐标系下沿 x 轴的误差为 $\Delta X = X_u - X_t$，沿 y 轴误差为 $\Delta Y = Y_u - Y_t$，目标点的艏向为 ψ_t。定义水面机器人与目标点的水平误差 X_e、垂直误差 Y_e 为模糊输入，定义相对该水平轴的水面机器人期望艏向 ψ_f 为输出，即建立以目标点位置为原点，沿目标点艏向为 x 轴，逆时针旋转 90°为 y 轴的目标点动坐标系。X_e,Y_e,ψ_f 为水面机器人在该坐标系下的位置与艏向。

依据图 7.20 中位置误差的相互关系，可获得模糊输入为

$$
\begin{aligned}
X_e &= \Delta X \cdot \cos(\psi_t) + \Delta Y \cdot \sin(\psi_t) \\
Y_e &= \Delta Y \cdot \cos(\psi_t) - \Delta X \cdot \sin(\psi_t)
\end{aligned}
\tag{7.4}
$$

输入量 X_e,Y_e 的模糊论域定义为[-1,1]，隶属度权重论域为[0,1]，模糊描述为 {NB,NS,PS,PB}，即{负大,负小,正小,正大}，X_e 的隶属度曲线关于直线 $X_e = 0$ 轴对称。$X_e < 0$ 的隶属度曲线以及 Y_e 的隶属度曲线如图 7.21 所示。

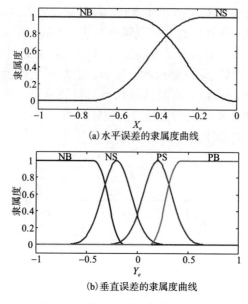

(a) 水平误差的隶属度曲线

(b) 垂直误差的隶属度曲线

图 7.21 位置误差的隶属度曲线图

结合水面机器人回收 UUV 的工况分析，本节设计出追踪模糊制导向量场，如图 7.22(a) 所示，该向量场可以保证水面机器人以合适的位姿追踪目标点。借助模糊制导调整灵活的特点，参考追踪模糊制导的向量场，本节设计出拦截模糊制导向量场，如图 7.22(b) 所示。

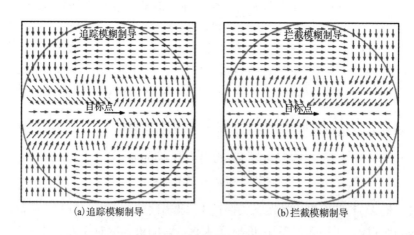

(a) 追踪模糊制导

(b) 拦截模糊制导

图 7.22 末端模糊制导的矢量场示意图

依据图 7.22，可以获得追踪模糊制导规则表(表 7.2)，以及拦截模糊制导规则表(表 7.3)。

表 7.2　追踪模糊制导规则表（ψ_f）　　　　（单位：°）

Y_e	X_e			
	PB	PS	NS	NB
PB	180	180	−180	−90
PS	90	45	−40	−40
NS	−90	−45	40	40
NB	−180	−180	180	90

表 7.3　拦截模糊制导规则表（ψ_f）　　　　（单位：°）

Y_e	X_e			
	PB	PS	NS	NB
PB	90	180	−180	−180
PS	40	40	−45	−90
NS	−40	−40	45	90
NB	−180	−180	180	180

如果一组输入和 m 条规则相关，假设其中第 n 条规则为

Rule^n: If X_e is A_1^n and Y_e is A_2^n, then ψ_f is s_n

如第一条规则为

Rule^1: If X_e is PB and Y_e is PB, then φ_f is 180

采用双输入单输出的 T-S 型模糊推理模型，隶属度函数的权重计算使用乘积法 [式 (7.5)]，最终输出计算采用加权平均法 [式 (7.6)]：

$$\omega_n = A_1^n(X_e)A_2^n(Y_e) \tag{7.5}$$

$$\psi_f = \frac{\sum_{i=1}^{m}\omega_i s_i}{\sum_{i=1}^{m}\omega_i} = \frac{\omega_1 s_1 + \omega_2 s_2 + \cdots + \omega_m s_m}{\omega_1 + \omega_2 + \cdots + \omega_m} \tag{7.6}$$

式中，$A_1^n(X_e)$ 和 $A_2^n(Y_e)$ 分别代表第 n 条规则中控制输入对应的隶属度值；ω_n 为第 n 条规则的权重；s_n 为第 n 条规则的输出，$n \in [0,m]$；ψ_f 为模糊推理结果。

模糊推理的解算结果 ψ_f 是在目标点坐标系下的期望艏向。该艏向需要转换至大地坐标系下才能得到最终期望艏向 ψ_d。追踪或拦截模糊制导方法的艏向转换函数分别如下：

$$\psi_d = \psi_t + \psi_f \tag{7.7}$$

$$\psi_d = \psi_t + \psi_f - 180 \tag{7.8}$$

综上所述，模糊制导方法的工作流程如图 7.23 所示。

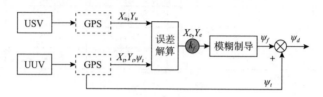

图 7.23　模糊制导的工作流程图

首先，测量水面机器人与 UUV 的实时位置与艏向，利用相对位置误差及式(7.4)解算出 X_e, Y_e；然后，通过量化因子 k_f 将 X_e, Y_e 归一化至模糊论域(即 $k_f \cdot X_e, k_f \cdot Y_e$)；同时，由 T-S 型模糊推理获得相对期望艏向 ψ_f(目标点坐标系)，并最终通过坐标转换获得水面机器人的期望艏向 ψ_d(大地坐标系)。

7.3　制导仿真试验研究与分析

下面开展水面机器人的三种制导方法(LOS、PP、模糊制导)仿真对比试验，检验模糊制导方法的有效性。模糊制导方法的量化因子为 $k_f = 0.015$。考虑到回收 UUV 的三种工况中，等待模式与追踪模式较为相似。因此，下面重点探讨追踪模式及拦截模式。

7.3.1　定航速目标追踪试验

1. 水面机器人位于目标后方

设置目标点航速为 0.3m/s，航行方向为 0°(即定速直航)，起点为 (0m,150m)；水面机器人航速为 0.5m/s，起点为 (0m,0m)，即初始阶段相对位置为水面机器人处于目标的后方。分别开展 LOS、PP 和追踪模糊制导方法的仿真试验研究，制导仿真的试验结果，如图 7.24～图 7.29 所示。

从图 7.24～图 7.29 可知，追踪直航运动的目标时，三种制导方法引导水面机器人的航迹响应具有显著差异。PP 制导下航迹线速度方向总是指向目标点的实时位置，水面机器人航程最短，艏向响应最平缓；LOS 制导下通过跟踪实时规划的航点以间接实现追踪目标，航迹跟踪超调较小；追踪模糊制导下遵循设定的制导方向，以较为垂直的位姿趋近航线并追踪目标，艏向响应范围最大，但较为平缓。

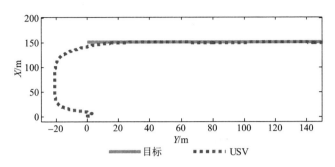

图 7.24　追踪模糊制导下目标追踪

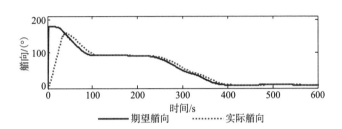

图 7.25　追踪模糊制导下艏向响应

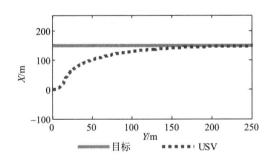

图 7.26　PP 制导下目标追踪

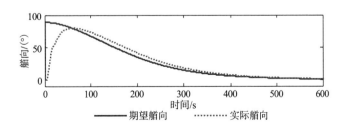

图 7.27　PP 制导下艏向响应

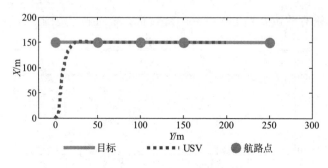

图 7.28　LOS 制导下目标追踪

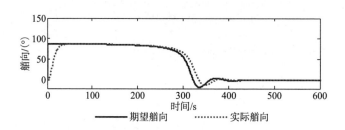

图 7.29　LOS 制导下艏向响应

统计从目标运动至完成追踪过程中目标运动航程，追踪模糊制导约 150m，LOS 制导约 200m，PP 制导约 250m。可见目标跟踪过程中追踪模糊制导的耗时最短，这意味着可以快速地回收 UUV。从航迹跟踪精度的角度来看，模糊制导最优，LOS 制导次之，PP 制导较差，即模糊制导的跟踪性能较好，有助于提升追踪目标的成功率。

2. 水面机器人位于目标正前方

设置目标点航速为 0.3m/s，航行方向为−90°，起点为 (0m,250m) 或 (0m,150m)；水面机器人航速为 0.5m/s，起点为 (0m,0m)，即初始阶段相对位置为水面机器人处于目标的正前方。分别开展 LOS、PP 和追踪模糊制导方法的仿真试验研究，制导的仿真试验结果如图 7.30 所示。

从图 7.30 可知，当水面机器人与目标相对运动时，LOS 制导时引导水面机器人跟踪实时规划的航点以实现对目标的规避及追踪，规避响应幅度较大 (垂向误差约 80m)；PP 制导时先引导水面机器人做小幅度规避，然后追踪目标，规避响应幅度较小 (垂向误差约 5m)，但是耗时最长；追踪模糊制导时引导水面机器人以柔顺的航迹避开目标，并实施目标追踪。统计从目标运动至完成追踪过程中目标运动航程，追踪模糊制导约 80m，LOS 制导约 250m，PP 制导约 300m。可见目标跟踪过程中，追踪模糊制导的耗时最短、机动范围较小，可以快速地回收 UUV。

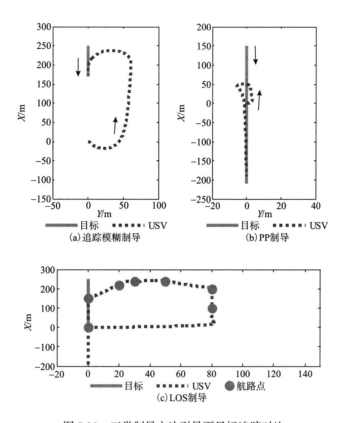

图 7.30 三类制导方法引导下目标追踪对比

7.3.2 变航速目标追踪试验

实践中水面机器人回收 UUV 时，实时跟踪目标过程中，其速度将依据相对位置偏差进行动态调整。距离较远时以较高航速迅速趋近目标，而距离较近时逐渐减速直至适宜的回收航速或者等速追踪。同时，水面机器人、UUV 本身航速也是动态改变的，难以维持某个定常航速。本节选择式(7.9)作为速度调节模型[37]：

$$V_d = V_t + (V_{\max} - V_t)\frac{\text{PL}}{|\text{PL}| + \Delta r} \tag{7.9}$$

式中，V_t 为目标航速；V_d 为水面机器人的期望航速；$V_{\max}$ 为水面机器人的最大航速；PL 为水面机器人与目标点的距离；Δr 为航速响应行为调整系数，Δr 过大会使水面机器人的降速过程太长，过小则会使速度突变。

设置水面机器人的最大航速为 $V_{\max}$=1.5m/s，航速响应行为调整系数为 Δr=1500；目标航速为 V_t=0.5m/s，目标起点为 (−100m,−100m)，初始航行方向为 −45°，之后依次变为 0°、90°及 160°。由于 PP 及追踪模糊制导方法具有直接跟踪的能力，因此可采用变速模型；而 LOS 制导则依然采用航点跟踪。目标追踪的仿真试验结果如图 7.31～图 7.34 所示。

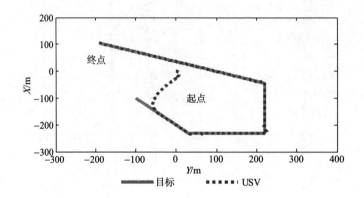

图 7.31　PP 制导下目标追踪

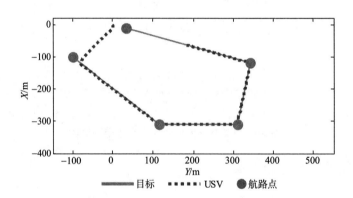

图 7.32　LOS 制导下目标追踪

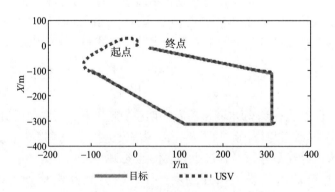

图 7.33　追踪模糊制导下目标追踪

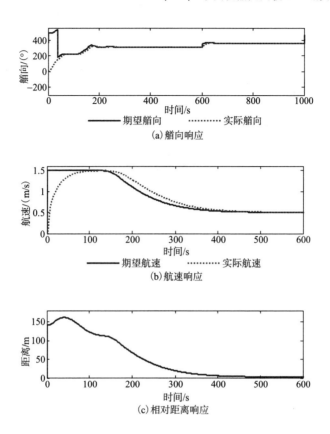

图 7.34   追踪模糊制导下水面机器人的状态响应

从图 7.31～图 7.34 可知，PP、LOS 及追踪模糊制导方法均能引导水面机器人实现目标追踪任务。统计目标追踪耗时，追踪模糊制导最快，LOS 方法次之，PP方法最慢。图 7.34 展示了水面机器人在目标追踪过程中的艏向、航速以及相对距离响应，追踪模糊制导方法引导下水面机器人的艏向、航速以及相对距离均能快速收敛且无超调。

7.3.3   目标拦截试验

依据 7.3.1 节、7.3.2 节的分析可知，LOS 制导要求实时规划航点，即考虑的因素较为复杂；PP 制导只能从尾部追踪目标，无法用于拦截目标工况；相对而言，追踪模糊制导具有参数调节灵活、响应敏捷、工况适应性强等优点。因此，下面仅开展拦截模糊制导的仿真试验研究。

设置水面机器人起点为 (0m,0m)，最大航速为 1m/s；目标起点分别设为(150m,150m) 与 (150m,0m)，航速为 0.5m/s，航行方向为 0°。目标拦截的仿真试验结果如图 7.35 所示。

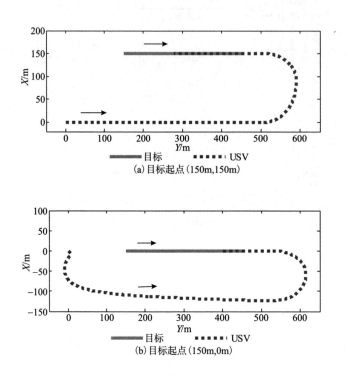

图 7.35　拦截模糊制导下目标拦截结果

从图 7.35 可知，拦截模糊制导可以引导水面机器人稳定地进入目标的前进航迹，保持相对行驶并完成目标拦截任务。目标起点改变，对拦截性能没有明显的影响。

7.3.4　主要结论

本节深入分析水面机器人回收 UUV 的主要工况，阐明常规制导方法在回收UUV 动态过程中存在的局限；面向回收 UUV 任务，基于模糊制导原理，提出水面机器人的分层制导策略，并重点设计出回收 UUV 的末端模糊制导方法；开展定航速/变航速目标追踪、目标拦截的仿真试验研究。主要结论如下。

（1）在定航速及变航速目标追踪工况下，LOS、PP 和模糊制导均能完成目标追踪任务，模糊制导具有最好的追踪性能。同时，模糊制导更适宜解决目标拦截问题。

（2）仿真对比试验表明，PP 制导方法总是倾向于指向水面机器人与目标点的视线方向，即仅从尾部追踪而不能拦截目标；LOS 制导方法依赖实时的航迹规划。

相比而言，末端模糊制导方法具有趋近行为灵活、响应敏捷、适应多种工况等优点，引导水面机器人以可设计的柔顺位姿趋近目标。

(3)值得注意的是，本节所采用的模糊制导规则以及速度调节规律相对简单，仅为验证模糊制导方法的有效性。实践中应针对具体任务要求，设计适宜的模糊制导规则及速度调节规律。

7.4　面向回收 UUV 的差分型 MFAC 艏向控制算法

第 4 章阐述了水面机器人的运动控制原理图(图 4.1)，并详细论述了水面机器人运动控制面临的主要难题。考虑水面机器人艏向控制子系统的动力学特性，第 4 章和第 5 章主要从艏向控制子系统的双环级联、控制器结构叠加、历史信息权重调节、系统输入/输出信息融合等角度，探索 CFDL-MFAC 算法的改进策略，较好地解决其水面机器人艏向控制应用中面临的难题。

本节首先从系统的自衡性角度，分析水面机器人的运动控制问题，阐明航速与艏向控制子系统的属性及标准 MFAC 算法的适用性；然后，面向回收 UUV 对运动控制算法的高抗扰需求，从控制输入准则函数的视角，探讨三种差分型 MFAC 算法改进策略，并分析系统的稳定性，从理论上保障算法推广用于水面机器人的艏向控制子系统。

7.4.1　运动控制系统的自衡性分析

1. 回收 UUV 任务影响下运动控制问题分析

水面机器人不可避免地受到模型摄动、环境干扰等不确定性影响，同时，水面机器人在回收 UUV 过程中，呈现出独特的动力学"突变"特征(如重心/浮心、航态、质量、水动力系数等参数)，主要体现在：①回收 UUV 时，由于相互距离较近，两者的瞬态水动力耦合作用不容忽视；②回收 UUV(载荷)对水面机器人动力学行为的显著影响(如 REMUS 100 型 UUV 约占"WAM-V 14"号水面机器人质量的 25%)。上述因素相互叠加，将严重影响闭环控制系统的控制性能及稳定性。因此，本节聚焦回收 UUV 的任务背景，拟探究对模型摄动不敏感、抗扰动能力强、鲁棒性好的自适应运动控制方法。

MFAC 算法仅利用受控系统 I/O 数据设计控制器[38]，不存在未建模态问题，具备较好的鲁棒性，结构简单、调试方便，是一种潜在的自适应运动控制方法。但是多个角度的分析表明，CFDL-MFAC 算法不直接适于水面机器人的艏向控制子系统，关键在于 CFDL-MFAC 算法是含积分结构的增量式算法，并耦合艏向控制子系统的特殊动力学特性，导致不满足"拟线性"假设 3.6[39-40]，这在本质上归为控制对象动力学特性与控制算法模式的不匹配问题。

2. 艏向及航速控制子系统的自衡性分析

从控制理论分析角度，控制系统可以分为自衡系统和非自衡系统。自衡系统是渐进稳定的；非自衡系统通常存在一个积分环节，当输入为阶跃信号时，系统输出不能达到稳态[41]，典型的非自衡系统包括锅炉汽包[42-43]、四旋翼飞行器[44]、舰船艏向等控制系统。

非自衡系统由于存在积分环节，对系统每一次控制输入进行积分，属于快速的累积扩张过程。然而，MFAC 算法是受控对象的在线辨识、学习和控制策略，呈现为缓慢学习的动态过程。以四旋翼飞行器为例，由于含有纯二阶积分环节，其开环不稳定，属于典型的非自衡系统；CFDL-MFAC 算法无法控制开环不稳定系统，阶跃响应将会振荡发散[44]。因此，MFAC 算法与非自衡系统之间存在"适配性"矛盾，导致该方法不能直接应用于非自衡系统[42,44]。

(1)对于水面机器人的航速控制子系统，若定义水面机器人的推力(或名义推力)为系统输入(控制器输出)、航速为系统输出(控制器输入)，则航速子系统属于自衡系统(艏摇角速度控制子系统亦如此)。

(2)对于水面机器人的艏向控制子系统，若定义水面机器人的舵角(或名义舵角)为系统输入(控制器输出)、艏向为系统输出(控制器输入)，则艏向控制子系统存在由艏摇角速度至艏向的积分环节，具有非自衡系统的典型特性，导致 MFAC 算法不能适用。

非自衡系统的常用解决方案是将其转化为广义自衡系统[42]，或先使用某种控制方法镇定非自衡系统，或着重处理纯滞后环节[45]，或改进控制算法以适应非自衡特征[43]。同理，MFAC 算法推广到非自衡系统的一种研究思路，是将其与 PID 等算法串联使用[44]，但是涉及的控制参数较多，调节参数困难，导致实践中实用性较差。基于上述分析，下面从控制输入准则函数的角度入手，研究 MFAC 算法的改进策略，并理论证明其系统的稳定性。

7.4.2 差分型 CFDL-MFAC 算法

1. 控制方案设计

基于 CFDL 数据模型(3.2)，在标准控制输入准则函数中引入差分项，设计一种新型的控制输入准则函数，由式(7.10)描述，进而提出差分型 CFDL-MFAC (difference type CFDL-MFAC，DCFDL-MFAC)方案。

$$J\big(u(k)\big) = \big|y^*(k+1) - y(k+1)\big|^2 + \lambda\big|u(k) - u(k-1)\big|^2$$
$$+ 2k_r \cdot \frac{\big(y(k+1) - y(k)\big)\big(y(k) - y(k-1)\big)}{T_s} \tag{7.10}$$

式中，$T_s > 0$ 为采样周期；$k_r \geqslant 0$ 为差分项权重系数。引入差分项 $\dfrac{\big(y(k+1) - y(k)\big)\big(y(k) - y(k-1)\big)}{T_s}$ 以加快系统响应并减小跟踪误差。

将模型 (3.2) 代入式 (7.10) 中，求解 $\dfrac{\partial J\big(u(k)\big)}{\partial u(k)} = 0$，对部分常量参数进行归一化处理，得到新的控制算法为

$$u(k) = u(k-1) + \frac{\rho\hat{\phi}(k)}{\lambda + \big|\hat{\phi}(k)\big|^2}\big(y^*(k+1) - y(k)\big) - k_r \cdot \frac{\rho\hat{\phi}(k)}{\lambda + \big|\hat{\phi}(k)\big|^2} \cdot \frac{\Delta y(k)}{T_s} \tag{7.11}$$

依据 3.3.1 节，结合控制算法 (7.11)、PPD 估计算法 (3.14) 及算法重置机制式 (3.16)，可得 DCFDL-MFAC 控制方案为

$$\hat{\phi}(k) = \hat{\phi}(k-1) + \frac{\eta\Delta u(k-1)}{\mu + \Delta u(k-1)^2}\big(\Delta y(k) - \hat{\phi}(k-1)\Delta u(k-1)\big) \tag{7.12}$$

$$\hat{\phi}(k) = \hat{\phi}(1)，\text{如果}\ \big|\hat{\phi}(k)\big| \leqslant \varepsilon\ \text{或}\ \big|\Delta u(k-1)\big| \leqslant \varepsilon\ \text{或}\ \mathrm{sgn}\big(\hat{\phi}(k)\big) \neq \mathrm{sgn}\big(\hat{\phi}(1)\big) \tag{7.13}$$

$$u(k) = u(k-1) + \frac{\rho\hat{\phi}(k)}{\lambda + \big|\hat{\phi}(k)\big|^2}\left(y^*(k+1) - y(k) - k_r\frac{\Delta y(k)}{T_s}\right) \tag{7.14}$$

式中，$\lambda > 0$；$\mu > 0$；$\eta \in (0,1]$；$\rho \in (0,1]$；ε 为充分小正数；$\hat{\phi}(1)$ 为 $\hat{\phi}(k)$ 的初始值；k_r 为差分项权重系数；T_s 为采样周期；$y^*(k+1)$ 为系统的期望输出；$u(k)$ 为 k 时刻的系统输入（控制器输出）；$\Delta u(k) = u(k) - u(k-1)$；$y(k)$ 为 k 时刻的系统输出（控制器输入）；$\Delta y(k) = y(k) - y(k-1)$。对于常规的水面机器人艏向控制子系统，$u(k)$ 为舵角（或名义舵角），$y(k)$ 为艏向。

注 7.1 对于通过控制输入准则函数中引入差分项而提出的差分型控制算法，下面从两个角度进行剖析。

(1) 由于 $\Delta y(k) = -\big(e(k) - e(k-1)\big)$，分析控制算法 (7.11) 中差分项，可得 $\dfrac{\rho\hat{\phi}(k)}{\lambda + \big|\hat{\phi}(k)\big|^2}\left(-k_r\dfrac{\Delta y(k)}{T_s}\right) = \dfrac{\rho\hat{\phi}(k)}{\lambda + \big|\hat{\phi}(k)\big|^2} \cdot \dfrac{k_r}{T_s} \cdot \big(e(k) - e(k-1)\big)$，类似于一种自适应比例项 (参考离散增量式 PI 算法的控制结构)，如表 7.4 中第二列所示。显然，自适应比

例项可显著提升系统的响应速度，减小跟踪误差，有助于消除 MFAC 算法与非自衡系统之间面临的"适配性"矛盾。

(2)考虑研究对象为水面机器人，其艏向控制子系统的状态数据 $\psi(k) \Rightarrow \Delta\psi(k) \Rightarrow y^*(k+1) - y(k), r(k) \Rightarrow \dfrac{\Delta y(k)}{T_s}$，控制算法(7.11)中各项具有清晰的物理意义。对控制算法迭代过程中每一个控制节拍而言，$\dfrac{\rho\hat{\phi}(k)}{\lambda + \left|\hat{\phi}(k)\right|^2}\left(y^*(k+1) - y(k)\right) \Rightarrow$

$\dfrac{\rho\hat{\phi}(k)}{\lambda + \left|\hat{\phi}(k)\right|^2}\Delta\psi(k)$ 类比于比例作用(减小误差、提高开环增益、加速收敛)，差分项

$\dfrac{\rho\hat{\phi}(k)}{\lambda + \left|\hat{\phi}(k)\right|^2}\left(-k_r\dfrac{\Delta y(k)}{T_s}\right) \Rightarrow -k_r\dfrac{\rho\hat{\phi}(k)}{\lambda + \left|\hat{\phi}(k)\right|^2} \cdot r(k)$ 则类比于微分作用(预测控制、减小超调、改善时滞)，如表 7.4 中第三列所示。

表 7.4　差分型 DCFDL-MFAC 算法的两种内涵解释

算法构成	算法结构(离散增量式 PI 算法)	物理意义(艏向控制子系统)
比例项	$\dfrac{\rho\hat{\phi}(k)}{\lambda + \left\|\hat{\phi}(k)\right\|^2} \cdot \dfrac{k_r}{T_s} \cdot (e(k) - e(k-1))$	$\dfrac{\rho\hat{\phi}(k)}{\lambda + \left\|\hat{\phi}(k)\right\|^2}\left(y^*(k+1) - y(k)\right) \Rightarrow \dfrac{\rho\hat{\phi}(k)}{\lambda + \left\|\hat{\phi}(k)\right\|^2}\Delta\psi(k)$
积分项	$\dfrac{\rho\hat{\phi}(k)}{\lambda + \left\|\hat{\phi}(k)\right\|^2} \cdot e(k)$	—
微分项	—	$-k_r\dfrac{\rho\hat{\phi}(k)}{\lambda + \left\|\hat{\phi}(k)\right\|^2}\dfrac{\Delta y(k)}{T_s} \Rightarrow -k_r\dfrac{\rho\hat{\phi}(k)}{\lambda + \left\|\hat{\phi}(k)\right\|^2} \cdot r(k)$

水面机器人 DCFDL-MFAC 艏向控制方案的算法工作流程如算法 7.1 所示。

算法 7.1　DCFDL-MFAC 艏向控制算法

条件　　期望艏向 $\psi^*(k)$，实际艏向 $\psi(k)$

初始化　$\lambda, \mu, \eta, \rho, \varepsilon, k_r$　　　　　　　　　// DCFDL-MFAC 算法的控制参数

　　　　　$\hat{\phi}(1), \hat{\phi}(2)$　　　　　　　　　　　// PPD 初值

重复

　　　　　$\Delta y(k) \leftarrow y(k) - y(k-1)$　　　　　//输出误差更新

　　　　　$\hat{\phi}(k) \leftarrow \hat{\phi}(k-1) + \dfrac{\eta\Delta u(k-1)}{\mu + \Delta u(k-1)^2}\left(\Delta y(k) - \hat{\phi}(k-1)\Delta u(k-1)\right)$　// PPD 更新

如果 $\left|\Delta u(k-1)\right| \leqslant \varepsilon$ 或 $\left|\hat{\phi}(k)\right| \leqslant \varepsilon$ 或 $\mathrm{sgn}\left(\hat{\phi}(k)\right) \neq \mathrm{sgn}\left(\hat{\phi}(1)\right)$ //PPD 重置机制

结束

$$\hat{\phi}(k) \leftarrow \hat{\phi}(1)$$

$$u(k) \leftarrow u(k-1) + \frac{\rho\hat{\phi}(k)}{\lambda + \left|\hat{\phi}(k)\right|^2}\left(y^*(k+1) - y(k) - k_r\frac{\Delta y(k)}{T_s}\right) \quad //控制器输出更新$$

$$k = k+1 \quad\quad //更新控制节拍$$

终止   停止指令

综上所述，DCFDL-MFAC 控制算法的结构简单，易于工程实现，下面深入分析 DCFDL-MFAC 控制方案的稳定性。

2. 系统稳定性分析

定理 7.1 针对非线性系统 (3.1)，在满足假设 3.1、假设 3.2、假设 3.5 及假设 3.6 情况下，当 $y^*(k+1) = y^* = \mathrm{const}$ 时，选择差分项权重系数 $0 \leqslant k_r < k_{r\max}$，采用 DCFDL-MFAC 方案式 (7.12)～式 (7.14)，则存在一个正数 $\lambda_{\min} > 0$，使得当 $\lambda > \lambda_{\min}$ 时有：

(1) 系统输出跟踪误差单调收敛，且 $\lim\limits_{k\to\infty}\left|y^* - y(k+1)\right| = 0$；

(2) 闭环系统 BIBO 稳定，即输出序列 $\{y(k)\}$ 和输入序列 $\{u(k)\}$ 是有界的。

证明 定义系统的跟踪误差为

$$e(k+1) = y^* - y(k+1) \tag{7.15}$$

(1) 定理 7.1 中第一个结论的证明。

将式 (3.2) 和式 (7.12) 代入式 (7.15)，两边取绝对值，可得下式：

$$\left|e(k+1)\right| = \left|y^* - y(k+1)\right| = \left|y^* - y(k) - \phi(k)\Delta u(k)\right| = \left|e(k) - \phi(k)\Delta u(k)\right|$$

$$= \left|e(k) - \phi(k)\cdot\left(\frac{\rho\hat{\phi}(k)}{\lambda + \left|\hat{\phi}(k)\right|^2}\left(y^* - y(k)\right) - \frac{k_r\rho\hat{\phi}(k)}{\lambda + \left|\hat{\phi}(k)\right|^2}\frac{\Delta y(k)}{T_s}\right)\right|$$

$$= \left|e(k) - \phi(k)\cdot\frac{\rho\hat{\phi}(k)}{\lambda + \left|\hat{\phi}(k)\right|^2}\left(\left(y^* - y(k)\right) - k_r\frac{y(k) - y(k-1)}{T_s}\right)\right|$$

$$= \left|e(k) - \phi(k)\cdot\frac{\rho\hat{\phi}(k)}{\lambda + \left|\hat{\phi}(k)\right|^2}\left(e(k) + k_r\frac{e(k) - e(k-1)}{T_s}\right)\right|$$

$$= \left| e(k) - (1+\frac{k_r}{T_s})\frac{\rho\hat{\phi}(k)\phi(k)}{\lambda+\left|\hat{\phi}(k)\right|^2}e(k) + \frac{k_r}{T_s}\frac{\rho\hat{\phi}(k)\phi(k)}{\lambda+\left|\hat{\phi}(k)\right|^2}e(k-1) \right|$$

$$\leqslant \left| 1-(1+\frac{k_r}{T_s})\frac{\rho\hat{\phi}(k)\phi(k)}{\lambda+\left|\hat{\phi}(k)\right|^2} \right|\cdot\left|e(k)\right| + \left|\frac{k_r}{T_s}\frac{\rho\hat{\phi}(k)\phi(k)}{\lambda+\left|\hat{\phi}(k)\right|^2}\right|\cdot\left|e(k-1)\right| \quad (7.16)$$

令 $\dfrac{\rho\hat{\phi}(k)\phi(k)}{\lambda+\left|\hat{\phi}(k)\right|^2}=a$ ，式 (7.16) 可简写为

$$|e(k+1)| \leqslant \left|1-(1+\frac{k_r}{T_s})a\right|\cdot|e(k)| + \left|\frac{k_r}{T_s}a\right|\cdot|e(k-1)| \quad (7.17)$$

令 $0\leqslant\left|1-(1+\frac{k_r}{T_s})a\right|=d_1$, $0\leqslant\left|\frac{k_r}{T_s}a\right|=d_2$ ，式 (7.17) 可继续简化为

$$|e(k+1)|\leqslant d_1|e(k)|+d_2|e(k-1)| \quad (7.18)$$

将式 (7.18) 逐步向 $k\to1$ 进行推导，每一步中都存在两种可能，即 $|e(k-n)|\geqslant|e(k-n-1)|$ 或 $|e(k-n)|<|e(k-n-1)|$, $n=0,1,2,\cdots,k$ ，考虑以下两种极限情况。

情况 1：每一步中均满足 $|e(k-n+1)|\geqslant|e(k-n)|$ ，可得

$$\begin{aligned}|e(k+1)| &\leqslant d_1|e(k)|+d_2|e(k-1)| \\ &\leqslant (d_1+d_2)|e(k)| \\ &\leqslant (d_1+d_2)^2|e(k-1)| \\ &\vdots \\ &\leqslant (d_1+d_2)^k|e(1)| \end{aligned} \quad (7.19)$$

情况 2：每一步中均满足 $|e(k-n+1)|<|e(k-n)|$ ，可得

$$\begin{aligned}|e(k+1)| &\leqslant d_1|e(k)|+d_2|e(k-1)| \\ &\leqslant (d_1+d_2)|e(k-1)| \\ &\leqslant (d_1+d_2)^2|e(k-3)| \\ &\vdots \\ &\leqslant \begin{cases}(d_1+d_2)^{k/2}|e(1)|, & k=2,4,6\cdots \\ (d_1+d_2)^{(k-1)/2}|e(2)|, & k=3,5,7\cdots\end{cases}\end{aligned} \quad (7.20)$$

上述结果可以归纳为

$$|e(k+1)|\leqslant(d_1+d_2)^n|e(m)| \quad (7.21)$$

式中，$m=1$ 或 $m=2$；n 为整数，当 $k=2,4,6,\cdots$ 时，$n=k/2$，当 $k=3,5,7,\cdots$ 时，$n=(k-1)/2$。

若存在参数 λ 与 k_r，使得 $0 \leqslant (d_1+d_2) < 1$，则有 $\lim\limits_{k\to\infty}|e(k+1)|=0$ 恒成立，即需要满足条件 $0 < \left|1-(1+\dfrac{k_r}{T_s})a\right|+\left|\dfrac{k_r}{T_s}a\right| < 1$。

不等式 $0 < \left|1-(1+\dfrac{k_r}{T_s})a\right|+\left|\dfrac{k_r}{T_s}a\right| < 1$ 等价于下式成立：

$$\left|1-(1+\frac{k_r}{T_s})a\right|+\left|\frac{k_r}{T_s}a\right| < 1 \tag{7.22}$$

引理 3.4 中已证明 $\hat{\phi}(k)$ 的有界性（$0 < \hat{\phi}(k) \leqslant \bar{b}$），且 $\hat{\phi}(k)\phi(k) \geqslant 0$ 成立[38]。参数满足 $\rho \in (0,1], k_r \geqslant 0, T_s > 0$，有 $a=\dfrac{\rho\hat{\phi}(k)\phi(k)}{\lambda+\left|\hat{\phi}(k)\right|^2} > 0$，即不等式 (7.22) 等价于

$$\left|1-(1+\frac{k_r}{T_s})a\right| < 1-\frac{k_r}{T_s}a \tag{7.23}$$

对于不等式 (7.23)，讨论以下两种情况。

情况 1：若 $1-(1+k_r/T_s)a < 0$，即满足 $k_r > (T_s/a-T_s)$。有 $(1+k_r/T_s)a-1 < 1-(k_r/T_s)a \Rightarrow k_r < (T_s/a-T_s/2)$，得系数 k_r 满足条件 $(T_s/a-T_s) < k_r < (T_s/a-T_s/2)$ 时，不等式 (7.23) 成立。

情况 2：若 $1-(1+k_r/T_s)a \geqslant 0$，即满足 $k_r \leqslant T_s/a-T_s$，有 $1-(1+k_r/T_s)a < 1-(k_r/T_s)a \Rightarrow a > 0$，已知 $a > 0$ 恒成立，得系数 k_r 满足条件 $k_r \leqslant (T_s/a-T_s)$ 时，不等式 (7.23) 亦成立。

合并上述两种情况，可得系数 k_r 满足条件 $k_r < (T_s/a-T_s/2)$ 时，有不等式 (7.23) 恒成立。

由于 $\rho \in (0,1]$，令 $\lambda_{\min} \geqslant \bar{b}^2/4$，利用不等式 $\alpha^2+\beta^2 \geqslant 2\alpha\beta$，选取 $\lambda > \lambda_{\min}$，则必存在一个常数 $0 < M < 1$，使得下式成立：

$$0 < M \leqslant \frac{\rho\hat{\phi}(k)\phi(k)}{\lambda+\left|\hat{\phi}(k)\right|^2} \leqslant \frac{\hat{\phi}(k)\phi(k)}{\lambda+\left|\hat{\phi}(k)\right|^2} \leqslant \frac{\bar{b}\hat{\phi}(k)}{\lambda+\left|\hat{\phi}(k)\right|^2} \leqslant \frac{\bar{b}\hat{\phi}(k)}{2\sqrt{\lambda}\hat{\phi}(k)} < \frac{\bar{b}}{2\sqrt{\lambda_{\min}}} \leqslant 1 \tag{7.24}$$

即参数 $\lambda > \lambda_{\min} \geqslant \bar{b}^2/4$ 时，$0 < a=\dfrac{\rho\hat{\phi}(k)\phi(k)}{\lambda+\left|\hat{\phi}(k)\right|^2} < 1$ 成立。

参数满足 $\lambda > \lambda_{\min} \geqslant \bar{b}^2 / 4$ 和 $0 \leqslant k_r < (T_s / a - T_s / 2) = k_{r\max}$ 时，可使得 $\lim\limits_{k \to \infty} |e(k+1)| \leqslant \lim\limits_{n \to \infty} (d_1 + d_2)^n |e(m)| = 0$ 成立。定理 7.1 的结论(1)得证，即系统输出跟踪误差 $e(k+1)$ 是收敛的。

注 7.2 上述证明过程表明，差分项权重系数 k_r 满足条件 $0 \leqslant k_r < (T_s / a - T_s / 2)$ 时，可使定理 7.1 的结论(1)成立，并获得系数 k_r 的取值范围。分析表明，差分项权重系数 k_r 与权重因子 λ、步长因子 ρ、采样周期 T_s 以及控制系统时变 PPD 参数 $\hat{\phi}(k)$ 等密切相关，上述研究有助于指导实际控制系统的设计与参数调节。因此，选择适宜的 k_r 值，并配合恰当的 DCFDL-MFAC 控制参数，才能实现理想的控制性能。

(2)定理 7.1 中第二个结论的证明。

接下来，证明定理 7.1 的结论(2)。由于 $y^*(k+1)$ 为常数，输出跟踪误差 $e(k)$ 的收敛性可得 $y(k)$ 有界。

应用不等式 $(\sqrt{\lambda})^2 + |\hat{\phi}(k)|^2 \geqslant 2\sqrt{\lambda}\hat{\phi}(k)$ 及 $\lambda > \lambda_{\min}$，由式(7.14)可得

$$
\begin{aligned}
|\Delta u(k)| &= \left| \frac{\rho\hat{\phi}(k)}{\lambda + |\hat{\phi}(k)|^2} e(k) + \frac{k_r}{T_s} \frac{\rho\hat{\phi}(k)}{\lambda + |\hat{\phi}(k)|^2} (e(k) - e(k-1)) \right| \\
&\leqslant (1 + \frac{k_r}{T_s}) \cdot \left| 1 + \frac{\rho\hat{\phi}(k)}{\lambda + |\hat{\phi}(k)|^2} \right| \cdot |e(k)| + \frac{k_r}{T_s} \cdot \left| \frac{\rho\hat{\phi}(k)}{\lambda + |\hat{\phi}(k)|^2} \right| \cdot |e(k-1)| \\
&\leqslant (1 + \frac{k_r}{T_s}) \cdot \left| 1 + \frac{\rho\hat{\phi}(k)}{2\sqrt{\lambda}\hat{\phi}(k)} \right| \cdot |e(k)| + \frac{k_r}{T_s} \cdot \left| \frac{\rho\hat{\phi}(k)}{2\sqrt{\lambda}\hat{\phi}(k)} \right| \cdot |e(k-1)| \\
&\leqslant (1 + \frac{k_r}{T_s}) \cdot \left| 1 + \frac{\rho}{2\sqrt{\lambda_{\min}}} \right| \cdot |e(k)| + \frac{k_r}{T_s} \cdot \left| \frac{\rho}{2\sqrt{\lambda_{\min}}} \right| \cdot |e(k-1)| \\
&= N_1 |e(k)| + N_2 |e(k-1)|
\end{aligned}
\tag{7.25}
$$

式中，$N_1 = (1 + k_r / T_s) \cdot \left| 1 + \rho / (2\sqrt{\lambda_{\min}}) \right|$，$N_2 = (k_r / T_s) \cdot \left| \rho / (2\sqrt{\lambda_{\min}}) \right|$ 为有界常数。

针对后续推导的需要，将式(7.21)等价于

$$
|e(k)| \leqslant (d_1 + d_2)^n |e(m)|
\tag{7.26}
$$

式中，$m = 1$ 或 $m = 2$；n 为整数，当 $k = 4, 6, 8, \cdots$ 时，$n = (k-2)/2$，当 $k = 3, 5, 7, \cdots$ 时，$n = (k-1)/2$。

由式(7.25)和式(7.26)，可得

$$\begin{aligned}
|u(k)| &\leqslant |u(k)-u(k-1)| + |u(k-1)| \\
&\leqslant |u(k)-u(k-1)| + |u(k-1)-u(k-2)| + |u(k-2)| \\
&\leqslant |\Delta u(k)| + |\Delta u(k-1)| + \cdots + |\Delta u(2)| + |u(1)| \\
&\leqslant N_1|e(k)| + N_2|e(k-1)| + \cdots + N_1|e(2)| + N_2|e(1)| + |u(1)| \\
&\leqslant N_1\left((d_1+d_2)^n|e(m)| + (d_1+d_2)^{n-1}|e(m)| + \cdots + (d_1+d_2)|e(m)|\right) \\
&\quad + N_2\left((d_1+d_2)^{n-1}|e(m)| + (d_1+d_2)^{n-2}|e(m)| + \cdots + (d_1+d_2)|e(m)|\right) \\
&\quad + N_1|e(2)| + N_2|e(1)| + N_2|e(2)| + |u(1)| \\
&= N_1\left(d_3^{\,n}|e(m)| + d_3^{\,n-1}|e(m)| + \cdots + d_3|e(m)|\right) + |u(1)| + N_1|e(2)| \\
&\quad + N_2\left(d_3^{\,n-1}|e(m)| + d_3^{\,n-2}|e(m)| + \cdots + d_3|e(m)|\right) + N_2|e(1)| + N_2|e(2)| \\
&\leqslant (N_1+N_2)\frac{d_3}{1-d_3}|e(m)| + N_1|e(2)| + N_2|e(2)| + N_2|e(1)| + |u(1)|
\end{aligned} \tag{7.27}$$

从式(7.27)可证 $u(k)$ 有界,即定理 7.1 的结论(2)得证。

定理 7.1 已证明了 DCFDL-MFAC 方案用于离散时间非线性系统时,常值期望信号下镇定问题的稳定性、单调收敛性。

同理,时变期望信号下跟踪问题亦可推广理论证明。首先,考虑建立以下增广系统:

$$z(k+1) = f\left(y(k),\cdots,y(k-n_y),u(k),\cdots,u(k-n_u)\right) - y^*(k+1)$$

针对该增广系统,应用上述 DCFDL-MFAC 及证明过程,感兴趣的读者可以讨论其稳定性和单调收敛性问题。

7.4.3　二阶差分型 PFDL-MFAC 算法

同理,直接给出二阶差分型 PFDL-MFAC(difference type PFDL-MFAC,DPFDL-MFAC)方案:

$$\boldsymbol{\Phi}_{p,2}(k) = \boldsymbol{\Phi}_{p,2}(k-1) + \frac{\eta \cdot \Delta \boldsymbol{U}_2(k-1) \cdot \left(\Delta y(k) - \boldsymbol{\Phi}_{p,2}^{\mathrm{T}}(k-1)\Delta \boldsymbol{U}_2(k-1)\right)}{\mu + \left\|\Delta \boldsymbol{U}_2(k-1)\right\|^2} \tag{7.28}$$

$$\begin{aligned}
u(k) = u(k-1) &+ \frac{\rho_1 \cdot \hat{\phi}_1(k)}{\lambda + \left|\hat{\phi}_1(k)^2\right|}\left(y^*(k+1) - y(k) - k_r \cdot \frac{\Delta y(k)}{T_s}\right) \\
&- \frac{\rho_2 \cdot \hat{\phi}_1(k)\hat{\phi}_2(k)\Delta u(k-1)}{\lambda + \left|\hat{\phi}_1(k)^2\right|}
\end{aligned} \tag{7.29}$$

$$\boldsymbol{\Phi}_{p,2}(k) = \boldsymbol{\Phi}_{p,2}(1)$$

$$\text{如果} \left\| \boldsymbol{\Phi}_{p,2}(k) \right\| \leqslant \varepsilon \text{ 或 } \left\| \Delta \boldsymbol{U}_2(k-1) \right\| \leqslant \varepsilon \text{ 或 } \operatorname{sgn}\left(\hat{\phi}_1(k)\right) \neq \operatorname{sgn}\left(\hat{\phi}_1(1)\right) \quad (7.30)$$

式中，$\lambda > 1$；$\mu > 0$；$\eta \in (0,2]$；$\rho_i \in (0,1], i=1,2$；ε 为充分小正数；$\boldsymbol{\Phi}_{p,2}(1)$ 为 $\boldsymbol{\Phi}_{p,2}(k)$ 的初始值；$\boldsymbol{\Phi}_{p,2}(k) = \left[\hat{\phi}_1(k) \quad \hat{\phi}_2(k)\right]^{\mathrm{T}}$；$\Delta \boldsymbol{U}_2(k-1) = \left[\Delta u(k-1) \quad \Delta u(k-2)\right]^{\mathrm{T}}$；权重系数 $\boldsymbol{\rho} = \left[\rho_1 \quad \rho_2\right]^{\mathrm{T}}$，其他参数与 7.4.2 节中 DCFDL-MFAC 方案的参数相同。

7.4.4　一阶差分型 FFDL-MFAC 算法

同理，亦直接给出一阶差分型 FFDL-MFAC(difference type FFDL-MFAC，DFFDL-MFAC)方案：

$$\boldsymbol{\Phi}_{f,1,1}(k) = \boldsymbol{\Phi}_{f,1,1}(k-1) + \frac{\eta \cdot \Delta \boldsymbol{U}_{1,1}(k-1) \cdot \left(\Delta y(k) - \boldsymbol{\Phi}_{f,1,1}^{\mathrm{T}}(k-1)\Delta \boldsymbol{U}_{1,1}(k-1)\right)}{\mu + \left\|\Delta \boldsymbol{U}_{1,1}(k-1)\right\|^2} \quad (7.31)$$

$$u(k) = u(k-1) + \frac{\rho_2 \cdot \hat{\phi}_2(k)}{\lambda + \left|\hat{\phi}_2(k)\right|^2}\left(y^*(k+1) - y(k) - k_r \cdot \frac{\Delta y(k)}{T_s}\right)$$
$$- \frac{\rho_1 \cdot \hat{\phi}_1(k)\hat{\phi}_2(k)\Delta y(k)}{\lambda + \left|\hat{\phi}_2(k)\right|^2} \quad (7.32)$$

$$\boldsymbol{\Phi}_{f,1,1}(k) = \boldsymbol{\Phi}_{f,1,1}(1)$$

$$\text{如果} \left\| \boldsymbol{\Phi}_{f,1,1}(k) \right\| \leqslant \varepsilon \text{ 或 } \left\| \Delta \boldsymbol{U}_{1,1}(k-1) \right\| \leqslant \varepsilon \text{ 或 } \operatorname{sgn}\left(\hat{\phi}_2(k)\right) \neq \operatorname{sgn}\left(\hat{\phi}_2(1)\right) \quad (7.33)$$

式中，$\lambda > 1$；$\mu > 0$；$\eta \in (0,2]$；$\rho_i \in (0,1], i=1,2$；ε 为充分小正数；$\boldsymbol{\Phi}_{f,1,1}(1)$ 为 $\boldsymbol{\Phi}_{f,1,1}(k)$ 的初始值；$\boldsymbol{\Phi}_{f,1,1}(k) = \left[\hat{\phi}_1(k) \quad \hat{\phi}_2(k)\right]^{\mathrm{T}}$；$\Delta \boldsymbol{U}_{1,1}(k-1) = \left[\Delta y(k-1) \quad \Delta u(k-1)\right]^{\mathrm{T}}$；权重系数 $\boldsymbol{\rho} = \left[\rho_1 \quad \rho_2\right]^{\mathrm{T}}$，其他参数与 7.4.2 节中 DCFDL-MFAC 方案的参数相同。

　　注 7.3　标准型 MFAC 算法的关键参数为 λ (控制输入权重因子)[38]，而差分型 MFAC 算法的关键参数为 λ 及 k_r (差分项权重系数)。如果令 $k_r = 0$，上述三种差分型 MFAC 算法，将简化为标准型 MFAC 算法，即标准型 MFAC 算法本质上是相应差分型 MFAC 算法的一种特殊形式。可见上述三种差分型 MFAC 算法，丰富和发展了 MFAC 的理论体系。

7.5 艏向及航速控制仿真试验研究与分析

本节以"海豚-I"号水面机器人为研究对象，分别开展水面机器人的艏向、航速控制仿真试验研究，检验理论研究方法的有效性。

7.5.1 艏向控制的试验方案设计

本节基于"海豚-I"号数学模型开展艏向控制仿真对比试验，以测试差分型 MFAC 算法用于水面机器人艏向控制的有效性及可行性。针对艏向控制子系统(4.13)，仿真中选择"海豚-I"号标称的艏向操纵性参数。从 2.3.3 节可知，"海豚-I"号艏向操纵性标称模型的参数为 $K=0.2866, T=0.4102, \alpha=0.0085$（航速约 1.08 m/s 时）。仿真试验方案包括以下三个部分。

（1）标准 MFAC 算法与差分型 MFAC 算法的对比试验，验证改进方法的有效性。

（2）不确定性影响下差分型 MFAC 算法与 PID 算法的对比试验，验证改进方法的自适应性及鲁棒性。

（3）面向水面机器人回收 UUV 的工程背景，通过模型突变等效模拟回收 UUV 过程中呈现的水面机器人质量"突变"现象。开展模型突变影响下差分型 MFAC 算法、PID 算法的对比试验，验证改进方法的稳定性、抗扰动性。

仿真试验中，艏向控制子系统的初始状态为 $\psi_0=0°, r_0=0°/s$、期望艏向为 160°。设置 PID 算法的控制参数为 $k_p=1.2, k_i=0.001, k_d=0.2$。MFAC 算法的参数较多（多为权重系数），但对控制性能的影响较小，因此采取统一的参数 $\eta=1$，$\mu=100, \varepsilon=0.001$。除 $k_r=0$ 外，标准 MFAC 算法与对应的差分型 MFAC 算法的参数一致（如 CFDL-MFAC 与 DCFDL-MFAC 相同）。差分型 MFAC 算法的控制参数如表 7.5 所示。

表 7.5 标准及差分型 MFAC 算法的参数表

算法名称	ϕ	ϕ_2	ρ_1	ρ_2	λ	k_r
CFDL-MFAC	0.6（即 ϕ）	—	0.4（即 ρ）	—	10	—
PFDL-MFAC	0.6	0.1	0.4	0.6	10	—
FFDL-MFAC	0.6	0.1	0.5	0.4	20	—
DCFDL-MFAC	0.6（即 ϕ）	—	0.4（即 ρ）	—	10	8
二阶 DPFDL-MFAC	0.6	0.1	0.4	0.6	10	8
一阶 DFFDL-MFAC	0.1	0.6	0.5	0.4	20	12

7.5.2 艏向控制的仿真试验研究

1. 有效性验证试验

开展艏向镇定控制的仿真试验，检验差分型 MFAC 算法的有效性。分别使用三种标准 MFAC 算法（CFDL-MFAC、PFDL-MFAC、FFDL-MFAC）与对应的三种差分型 MFAC 算法（DCFDL-MFAC、二阶 DPFDL-MFAC、一阶 DFFDL-MFAC）进行对比。艏向控制的仿真试验结果如图 7.36～图 7.38 所示。

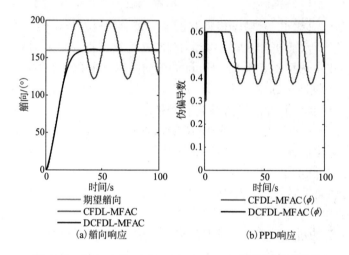

图 7.36　CFDL-MFAC 与 DCFDL-MFAC 算法的对比试验

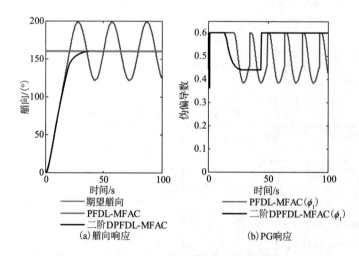

图 7.37　PFDL-MFAC 与二阶 DPFDL-MFAC 算法的对比试验

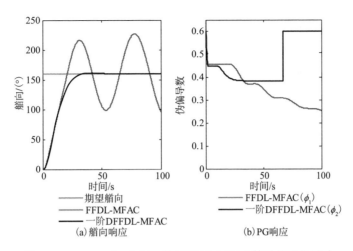

图 7.38　FFDL-MFAC 与一阶 DFFDL-MFAC 算法的对比试验

从图 7.36～图 7.38 可知，在三种标准 MFAC 算法作用下，水面机器人的艏向阶跃响应均呈现出等幅振荡现象，无法收敛，PPD（或 PG）响应也持续振荡（或未收敛），不能完成艏向镇定任务。试验表明，标准 MFAC 算法不能直接用于艏向控制。三种差分型 MFAC 算法则驱使水面机器人的艏向平滑地收敛于期望艏向、PPD（或 PG）响应收敛于某个稳态值，初步地验证了三种差分型 MFAC 算法的可行性。

2. 扰动影响下对比试验

（1）理想条件下试验（案例 1）：开展理想条件（标称模型且无扰动影响）下艏向控制的仿真对比试验。为了后续仿真对比的公平性，试验中已通过手动参数调节，使得差分型 MFAC 算法、PID 算法的控制性能较为一致。艏向控制的仿真试验结果如图 7.39 所示。从图 7.39 可知，四种算法均能使得艏向响应快速地收敛到期望

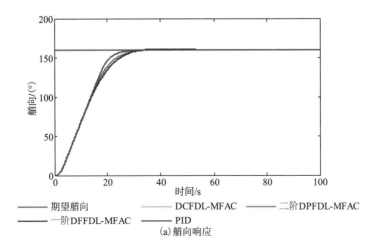

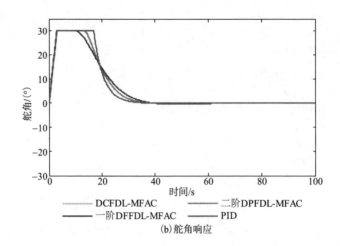

(b)舵角响应

图 7.39　理想条件下艏向及舵角响应(案例 1)(见书后彩图)

艏向、无超调现象，具有相似的艏向控制性能；艏向进入稳态后，舵角值输出均为 0°。

(2)噪声扰动下试验(案例 2)：依据 4.1 节中分析，水面机器人的位姿数据通常源于磁罗经、GPS、组合导航等传感器在线测量数据，然而测量误差及噪声干扰影响难以避免[46]。这些噪声将影响艏向控制子系统动态 I/O 测量数据的平滑性及可靠性。因此，下面考虑噪声干扰下 PID 算法、差分型 MFAC 算法的鲁棒性和自适应性。不失一般性，设定均值为 0、方差为 10°的高斯白噪声作为噪声干扰输入。艏向控制的仿真试验结果如图 7.40 所示。

从图 7.40 可知，受到噪声的不利影响，PID 算法的艏向响应存在约 20°的超调，稳定阶段的平均误差为 3.14°，具有小幅振荡，且舵角输出振荡明显、无法收

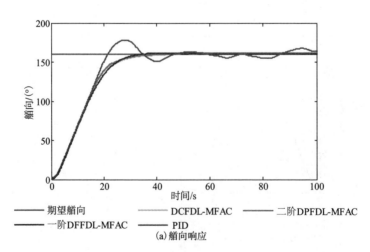

(a)艏向响应

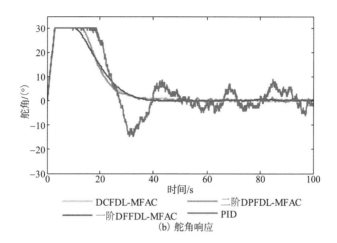

(b) 舵角响应

图 7.40   噪声干扰下艏向及舵角响应(案例 2)(见书后彩图)

敛，这意味着持续的舵机操纵及航行能耗，并影响了艏向的控制精度。作为对比，三种差分型 MFAC 算法的艏向响应均能稳定、平滑地收敛至期望艏向，且舵角输出非常光顺，其中一阶 DFFDL-MFAC 算法的舵角输出最稳定。这有利于实践中舵机响应期望舵角、减小机械的磨损，并在保持艏向精度的情况下节能地航行。

(3)模型摄动下试验(案例 3)：实践中水面机器人的模型参数会随着航速、吃水等因素改变而变化，因此讨论模型摄动下艏向控制性能非常重要。通过在模型参数 K, T 中叠加随机变量，以模拟模型参数摄动。工况 1： $K=0.2866+1 \cdot \mathrm{rand}(1)$, $T=0.4102+1 \cdot \mathrm{rand}(1)$ 。工况 2： $K=0.2866+2 \cdot \mathrm{rand}(1)$, $T=0.4102+2 \cdot \mathrm{rand}(1)$ 。艏向控制的仿真试验结果如图 7.41 和图 7.42 所示。

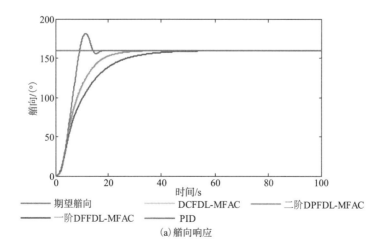

(a) 艏向响应

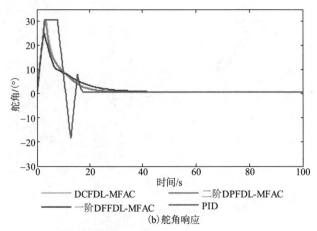

(b) 舵角响应

图 7.41 模型摄动下艏向及舵角响应(工况 1)(见书后彩图)

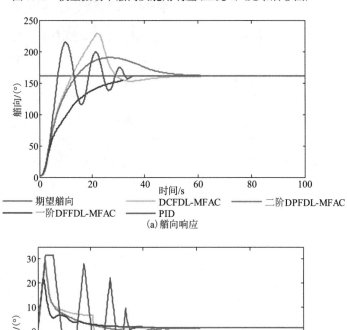

(a) 艏向响应

(b) 舵角响应

图 7.42 模型摄动下艏向及舵角响应(工况 2)(见书后彩图)

从图 7.41 和图 7.42 可知，工况 1 时(考虑+1 模型摄动影响)，PID 算法的艏向响应出现了较大超调，差分型 MFAC 算法则可以使艏向较好地收敛，保持较好的控制性能。工况 2 时(考虑+2 模型摄动影响)，PID 算法的艏向响应超调大于 40°、振荡明显，多次振荡衰减后才能收敛。对比之下，DCFDL-MFAC 与二阶 DPFDL-MFAC 算法的艏向响应均没有振荡，但是超调较大；一阶 DFFDL-MFAC 可以稳定地收敛至期望艏向。

上述仿真试验结果表明，对比 PID 算法，差分型 MFAC 算法具有更好的鲁棒性和自适应性，在较大范围模型摄动影响下仍能维持控制性能，尤其是一阶 DFFDL-MFAC 算法对模型摄动的影响不敏感，综合性能最佳。

3. 模型突变下对比试验

水面机器人布放和回收 UUV 任务过程中，水面机器人的质量会发生较大突变(小型水面机器人执行该任务时，这种影响将更为显著)。如佛罗里达大学回收 UUV 外场试验中，UUV 约占水面机器人质量的 25%。2012 年，美国海军利用水面机器人总计发射了六枚导弹，总载荷减小约 204kg。若导弹齐射，受到质量及发射后坐力等影响，水面机器人的动态特性将突变，即使导弹单枚间歇发射，水面机器人的质量也将有较大改变[47]。

优良的控制方法应当具有较强的鲁棒性及抗扰动能力，对模型变化不敏感并保障控制系统的稳定性。水面机器人的艏向镇定过程中，通过引入模型突变量以模拟模型瞬态改变，从而检验所提方法的稳定性及抗扰动能力。考虑均值为 0、方差为 2° 的高斯白噪声作为干扰输入，仿真时间在 100s 时，叠加模型突变，突变幅值包括以下三种工况。

(1)工况 1：$K=0.2866+1$，$T=0.4102+1$。艏向控制的仿真试验结果如图 7.43 所示。

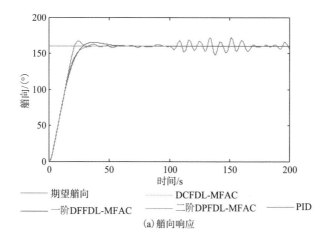

(a) 艏向响应

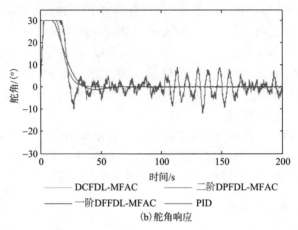

(b)舵角响应

图 7.43　模型突变下艏向及舵角响应（工况 1）（见书后彩图）

(2)工况 2：K=0.2866+2, $T = 0.4102 + 2$。艏向控制的仿真试验结果如图 7.44 所示。

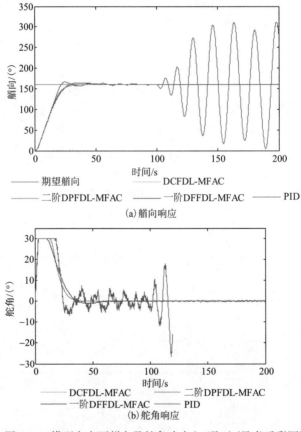

(a)艏向响应

(b)舵角响应

图 7.44　模型突变下艏向及舵角响应（工况 2）（见书后彩图）

(3)工况 3：K=0.2866+10，T=0.4102+10，α=0.0085+2。艏向控制的仿真试验结果如图 7.45 所示。

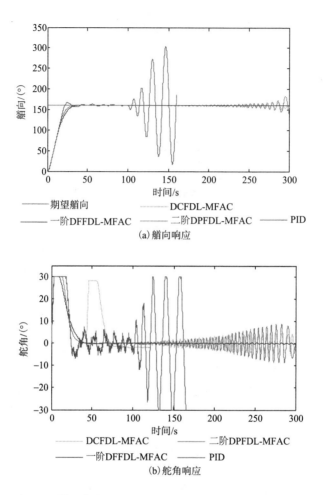

(a) 艏向响应

(b) 舵角响应

图 7.45　模型突变下艏向及舵角响应(工况 3)(见书后彩图)

从图 7.43～图 7.45 可知，工况 1 时(模型+1 突变)，PID 算法的艏向响应在模型突变后出现明显的振荡，逐渐趋于稳定但难以收敛；作为对比，三种差分型 MFAC 算法均具有较好的抗干扰能力，并于突变前后维持一致的控制性能。工况 2 时(模型+2 突变)，三种差分型 MFAC 算法仍能保持较好的控制性能，保障系统的稳定性；作为对比，PID 算法的艏向响应在突变后剧烈振荡、并失稳。工况 3 时(模型+10 突变)，PID 算法在突变后发散不可控；DCFDL-MFAC 和二阶 DPFDL-MFAC 算法的艏向响应持续小幅振荡、难以收敛，只有一阶 DFFDL-MFAC 算法仍能保持较好的控制性能，具备最好的稳定性及抗扰动能力。

采用 RMS 衡量不同控制方法的控制性能及稳定性。艏向控制误差、舵角响应的 RMS 计算结果如表 7.6 和表 7.7 所示。

表 7.6　模型突变下艏向控制误差 RMS 对比　　　　（单位：°）

算法名称	工况 1（模型+1）	工况 2（模型+2）	工况 3（模型+10）
DCFDL-MFAC	0.11	0.12	2.27
二阶 DPFDL-MFAC	0.11	0.13	4.13
一阶 DFFDL-MFAC	0.07	0.14	0.15
PID	4.96	失稳	失稳

表 7.7　模型突变下舵角响应 RMS 对比　　　　（单位：°）

算法名称	工况 1（模型+1）	工况 2（模型+2）	工况 3（模型+10）
DCFDL-MFAC	0.15	0.16	2.29
二阶 DPFDL-MFAC	0.17	0.19	3.34
一阶 DFFDL-MFAC	0.04	0.05	0.14
PID	4.09	失稳	失稳

从表 7.6 及表 7.7 可知，受到较大模型突变的影响，PID 算法出现了显著振荡甚至失稳现象；差分型 MFAC 算法对模型突变的敏感性较低，控制系统的稳定性及抗扰动性更好。即使受到较大的模型突变干扰，三种差分型 MFAC 算法的艏向与舵角响应均能保持一致，具有高抗扰能力，其中一阶 DFFDL-MFAC 算法具有最佳的综合控制性能。考虑到实践中水面机器人存在的模型参数摄动、风浪流扰动、载荷突变等耦合作用，控制方法具备的高抗扰能力及鲁棒性有着显著的实用价值。

7.5.3　航速控制的仿真试验研究

本节基于"海豚-I"号水面机器人的航速数学模型，开展航速控制仿真对比试验研究。从 2.3.3 节可知，航速标称模型参数为：$k_1 = -0.006$，$k_2 = 0.159$，$k_3 = 0.004$。

考虑到航速控制子系统满足标准 MFAC 算法的所有假设条件，因此，研究中应用 CFDL-MFAC 算法、一阶 FFDL-MFAC 算法和 PID 算法三种方法开展航速控制仿真对比试验。期望航速均为 1m/s。PID 算法的控制参数为 $k_p = 0.2$，$k_i = 0.01$，$k_d = 0.1$；CFDL-MFAC 算法的控制参数为 $\eta = 1$，$\mu = 100$，$\rho = 1$，$\varepsilon = 0.001$，$\phi = 0.5$，$\lambda = 2$；一阶 FFDL-MFAC 算法的控制参数为 $\phi_1 = \phi_2 = 0.5$，$\rho_1 = 0.4$，$\rho_2 = 1$，其他参数与 CFDL-MFAC 算法相同。下面开展三种案例下仿真对比试验。

1. 理想条件下对比试验

案例 1：开展理想条件(标称模型且无扰动影响)下，航速控制的仿真对比试验。为了后续仿真对比的公平性，试验中已通过手动参数调节，使得三种算法的控制性能保持一致。航速控制的仿真试验结果如图 7.46 所示，数据图中一阶 FFDL-MFAC 简称 FFDL-MFAC。从图 7.46 可知，三种方法作用下，航速响应均能快速、无超调地收敛于期望航速，具有近乎相同的控制性能。

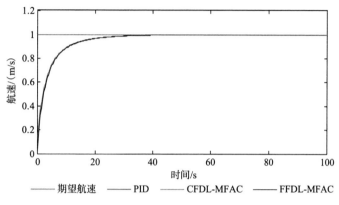

图 7.46 理想条件下航速响应(案例 1)(见书后彩图)

2. 噪声干扰下对比试验

案例 2：考虑到"海豚-I"号实际最高航速为 1.2m/s。因此不失一般性，设定均值为 0、方差为 0.1m/s 的高斯白噪声作为噪声干扰输入。航速控制的仿真试验结果如图 7.47 所示。从图 7.47 可知，三种算法在噪声干扰下仍能较好地收敛到期望航速，但是 CFDL-MFAC 及 FFDL-MFAC 算法的航速响应更平稳，控制精度更高。

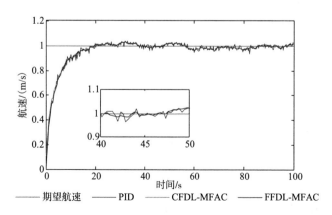

图 7.47 噪声扰动下航速响应(案例 2)(见书后彩图)

3. 不确定性影响下对比试验

案例 3：不失一般性，同时加入噪声及模型摄动以模拟不确定性影响。考虑均值为 0、方差为 0.1m/s 的高斯白噪声作为噪声干扰输入；同时，通过在模型参数 k_2 中叠加随机变量，以模拟模型参数摄动，即令 $k_2 = 0.16 + 0.1 \cdot \mathrm{rand}(1)$。航速控制的仿真试验结果如图 7.48 所示。从图 7.48 可知，受到不确定性的影响，PID 算法的航速响应波动较大，两种 MFAC 算法的航速响应波动较小、更为光顺。

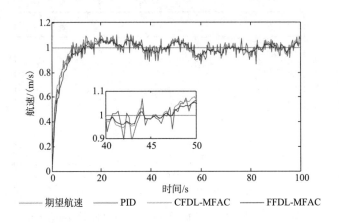

图 7.48　模型摄动下航速响应(案例 3)(见书后彩图)

三种方法作用下航速控制误差的 RMS 如表 7.8 所示。从图 7.46～图 7.48 及表 7.8 可知，对比 PID 算法，CFDL-MFAC 及 FFDL-MFAC 算法的抗干扰能力更强，综合控制性能更佳。

表 7.8　航速控制误差的 RMS 对比　　　　　（单位：m/s）

算法名称	噪声干扰	不确定性影响
CFDL-MFAC	0.018	0.040
FFDL-MFAC	0.017	0.032
PID	0.019	0.049

7.5.4　主要结论

7.4 节从系统的自衡性视角，结合水面机器人艏向、航速控制子系统的动力学特性，分析水面机器人运动控制应用中标准 MFAC 算法存在的固有局限，立足于控制输入准则函数设计，探讨差分型 MFAC 算法的控制方案，并理论分析系统的稳定性。7.5 节重点开展艏向、航速控制的仿真试验研究。主要结论如下：

（1）系统自衡性理论分析、艏向/航速控制仿真试验均表明，标准 MFAC 算法可用于水面机器人的航速控制子系统，但是不直接用于水面机器人的艏向控子系统。

（2）引入差分项设计新的控制输入准则函数，以调节系统 I/O 动态行为，提出三种差分型 MFAC 方案，并证明了 DCFDL-MFAC 方案的系统稳定性；同时，标准 MFAC 算法是对应差分型 MFAC 算法的一种特殊形式。上述改进策略为 MFAC 算法推广于水面机器人提供了一种新思路。

（3）标称模型、扰动影响及模型突变下艏向控制的对比试验表明，三种差分型 MAFC 算法均优于 PID 算法，对较大范围内不确定性影响具有鲁棒性及自适应性（一阶 DFFDL-MFAC 算法的综合性能及抗扰动能力最优），能够满足水面机器人回收 UUV 任务对控制性能的需求。同时，航速控制的对比试验表明，对比 PID 算法，两种 MFAC 算法具有更好的控制性能。

参 考 文 献

[1] Azzeria M, Adnanb F, Zaina M. Review of course keeping control system for unmanned surface vehicle[J]. Jurnal Teknologi (Sciences & Engineering), 2015, 74(5): 11-20.

[2] Liu Z X, Zhang Y M, Yu X, et al. Unmanned surface vehicles: An overview of developments and challenges[J]. Annual Reviews in Control, 2016, 41(1): 71-93.

[3] 高剑, 李勇强, 李璐琼, 等. 基于航路点跟踪的 AUV 回收控制[J]. 火力与指挥控制, 2013, 38(8): 103-106.

[4] 刘淮. 应用前景广阔的无人水下航行器[J]. 船舶工业技术经济信息, 2004, 19(12): 23-27.

[5] 郭凤水, 袁思鸣, 刘强. 军用 UUV 使命任务和装备性能分析[J]. 中国舰船研究, 2007, 2(5): 80-84.

[6] Teo K, An E, Beaujean P J. A robust fuzzy autonomous underwater vehicle (AUV) docking approach for unknown current disturbances[J]. IEEE Journal of Oceanic Engineering, 2012, 37(2): 143-155.

[7] 杨咚. 水下无人航行器回收技术研究[J]. 科技广场, 2013, 26(5): 177-182.

[8] Klinger W B, Bertaska I R, Ellenrieder K D V. Experimental testing of an adaptive controller for USVs with uncertain displacement and drag[C]//Proceedings of the OCEANS 2014 MTS/IEEE, New York, 2014: 1-10.

[9] 雨墨. 法国隐身双体无人猎雷艇[J]. 兵器知识, 2014, 26(4): 56-59.

[10] Brizzolara S, Chryssostomidis C. Design of an unconventional ASV for underwater vehicles recovery: Simulation of the motions for operations in rough seas[C]//Proceedings of the ASNE International Conference on Launch & Recovery, Cambridge, 2012: 1-8.

[11] Miranda M, Beaujean P P, An E, et al. Homing an unmanned underwater vehicle equipped with a DUSBL to an unmanned surface platform: A feasibility study[C]//Proceedings of the OCEANS 2013 MTS/IEEE, New York, 2013: 1-10.

[12] Pearson D, An E, Dhanak M, et al. High-level fuzzy logic guidance system for an unmanned surface vehicle (USV) tasked to perform autonomous launch and recovery (ALR) of an autonomous underwater vehicle (AUV)[C]// Proceedings of the IEEE/OES Autonomous Underwater Vehicles (AUV), New York, 2015: 1-15.

[13] Djapic V, Galdorisi G, Jones A, et al. Heterogeneous autonomous mobile maritime expeditionary robots[J]. Naval Engineers Journal, 2016, 126(4): 87-91.

[14] Klinger W B, Bertaska I R, Ellenrieder K D V, et al. Control of an unmanned surface vehicle with uncertain

displacement and drag[J]. IEEE Journal of Oceanic Engineering, 2017, 42(2): 458-476.

[15] Sarda E I, Dhanak M R. A USV-based automated launch and recovery system for AUVs[J]. IEEE Journal of Oceanic Engineering, 2017, 42(1): 37-55.

[16] Zwolak K, Simpson B, Anderson B, et al. An unmanned seafloor mapping system: The concept of an UUV integrated with the newly designed USV SEA-KIT[C]//Proceedings of the OCEANS 2017 MTS/IEEE, New York, 2017: 1-6.

[17] 杜俊, 谷海涛, 孟令帅, 等. 面向 USV 的 UUV 自主回收装置设计及其水动力分析[J]. 工程设计学报, 2018, 25(1): 35-42.

[18] Khaled N, Chalhoub N G. A self-tuning guidance and control system for marine surface vessels[J]. Nonlinear Dynamics, 2013, 73(1/2): 897-906.

[19] 郑体强, 王建华, 赵梦铠, 等. 风干扰下基于变船长比的无人水面艇航迹跟踪方法[J]. 计算机测量与控制, 2016, 24(3): 163-167.

[20] Zhu J, Wang J H, Zheng T Q, et al. Straight path following of unmanned surface vehicle under flow disturbance[C], Proceedings of the OCEANS 2016 MTS/IEEE, New York, 2016: 1-7.

[21] 董早鹏, 万磊, 廖煜雷, 等. 基于非对称模型的欠驱动 USV 航迹跟踪控制[J]. 中国造船, 2016, 57(1): 116-126.

[22] Niu H L, Lu Y, Savvaris A, et al. Efficient path following algorithms for unmanned surface vehicle[C]//Proceedings of the OCEANS 2016 MTS/IEEE, New York, 2016: 1-7.

[23] Mu D D, Wang G F, Fan Y S, et al. Adaptive los path following for a podded propulsion unmanned surface vehicle with uncertainty of model and actuator saturation[J]. Applied Sciences, 2017, 7(12): 1232.

[24] 陈霄, 刘忠, 张建强, 等. 基于改进积分视线导引策略的欠驱动无人艇航迹跟踪[J]. 北京航空航天大学学报, 2018, 44(3): 489-499.

[25] Li Z, Bachmayer R, Vardy A. Vector field path following control for unmanned surface vehicles[C]//Proceedings of the OCEANS 2017 MTS/IEEE, New York, 2017: 1-9.

[26] Li Z, Bachmayer R, Vardy A. Path-following control for unmanned surface vehicles[C]//Proceedings of the IEEE/RSJ International Conference on Intelligent Robots and Systems (IROS), New York, 2017: 4209-4216.

[27] Rae G J S, Smith S M, Anderson D T, et al. A fuzzy rule based docking procedure for two moving autonomous underwater vehicles[C]//Proceedings of the 1993 American Control Conference, San Francisco, CA, USA, 1992: 580-584.

[28] 任洪亮, 李莉, 边信黔. 基于模糊航向制导的 AUV 航迹控制方法研究[J]. 应用科技, 2004, 31(12): 43-45.

[29] Innocenti M, Pollini L, Turra D. A fuzzy approach to the guidance of unmanned air vehicles tracking moving targets[J]. IEEE Transactions on Control Systems Technology, 2008, 16(6): 1125-1137.

[30] Pollini L, Ferri G, Innocenti M. Fuzzy guidance for unmanned ground vehicles: Theory and experiments[C]// Proceedings of the AIAA Guidance, Navigation & Control Conference & Exhibit, Reston, 2012: 1-10.

[31] 刘兴堂. 导弹制导控制系统的分析、设计与仿真[M]. 西安: 西北工业大学出版社, 2006.

[32] Breivik M, Fossen T I. Applying missile guidance concepts to motion control of marine craft[J]. IFAC, 2007, 40(17): 349-354.

[33] Lúcia M, Fossen T I, Soares C G. Path following control system for a tanker ship model[J]. Ocean Engineering, 2007, 34(14/15): 2074-2085.

[34] 石辛民, 郝整清. 模糊控制及其 MATLAB 仿真[M]. 北京: 清华大学出版社, 2008.

[35] Creaser P A, Stacey B A, White B A. Evolutionary generation of fuzzy guidance law[C]//Proceedings of the

UKACC International Conference on Control, Swansea. London, 1998: 883-888.

[36] 李红霞. 拦截大机动目标的模糊导引律研究[D]. 沈阳: 东北大学, 2013: 2-9.

[37] 王锦川. 自主式水面航行器导航与制导算法的研究[D]. 大连: 大连海事大学, 2014: 44-46.

[38] 侯忠生, 金尚泰. 无模型自适应控制: 理论与应用[M]. 北京: 科学出版社, 2013.

[39] Liao Y L, Jiang Q Q, Du T P, et al. Redefined output model-free adaptive control method and unmanned surface vehicle heading control[J]. IEEE Journal of Oceanic Engineering, 2019, 10.1109/JOE.2019.2896397: 1-10.

[40] 廖煜雷, 杜廷朋, 付悦文, 等. 无人艇重定义无模型自适应舯向控制方法与试验[J]. 哈尔滨工程大学学报, 2020, 41(1): 37-43.

[41] 胡寿松. 自动控制原理[M]. 北京: 科学出版社, 1993.

[42] 李传庆. 非自衡系统的无模型自适应控制[J]. 控制工程, 2010, 17(S1): 36-38.

[43] 邹涛, 刘红波, 李少远. 锅炉汽包水位非自衡系统的预测控制[J]. 控制理论与应用, 2004, 21(3): 386-387.

[44] 郑健. 基于无模型自适应控制方法的四旋翼飞行器姿态调整[D]. 北京: 北京交通大学, 2015.

[45] 冀晓翔. 非自衡时滞对象的 PID 控制研究[D]. 西安: 陕西科技大学, 2012.

[46] 李小毛, 王文涛, 柯俊, 等. $\alpha\text{-}\beta$ 滤波在无人测量艇航向导航中的研究[J]. 仪器仪表学报, 2017, 38(7): 1747-1755.

[47] Annamalai A S K, Sutton R, Yang C, et al. Robust adaptive control of an uninhabited surface vehicle[J]. Journal of Intelligent & Robotic Systems, 2015, 78(2): 319-338.

8

水面机器人样机设计及实船试验研究

本章针对第 7 章阐述的制导与控制方法，考虑理论方法的有效性检验、应用推广等迫切需求，基于"海豚-IB"号水面机器人原型样机，于 2019 年开展系列实船试验研究。首先，介绍"海豚"系列水面机器人的系统构成及软硬件设计方案；然后，简要阐述实船试验的方案设计及控制参数；最后，利用"海豚-IB"号原型样机，先后开展水池试验、外场试验研究，并对相关试验数据进行深入分析，达到了预期研究目标。

8.1 "海豚"系列水面机器人样机设计

8.1.1 总体性能及系统构成

1. 总体性能

2016 年以来，课题组自主研制出"海豚-I"号小型双体水面机器人，后续又在"海豚-I"号基础上，研制出"海豚-IB"、"海豚-II"及"海豚-III"等系列水面机器人，该系列具有体积小、模块化、耐波性好、收放便捷、经济性好等优点。"海豚-I"号及"海豚-IB"号的主要性能指标如表 8.1 所示。

表 8.1 主要性能参数表

指标	"海豚-I"号	"海豚-IB"号
单浮体/m	≈2.0	≈2.1
浮体直径/m	≈0.25	≈0.4
浮体间距/m	1.1	1.3
操纵方式	双推进器+舵板(选配：单推进器+舵板)	矢量推进(推进器+内置舵机)
质量/kg	55	35.0(标准吃水)
最高航速/(m/s)	1.2	1.5

2. 系统构成与主要功能

"海豚"系列水面机器人设计之初充分考虑了理论算法物理实现与外场试验、理论与工程融合等需求。下面以"海豚-IB"号原型样机为例,阐述"海豚"系列水面机器人的系统构成原理,如图 8.1 所示。水面机器人由船体、智能控制、推进与操纵、导航、无线远程通信、能源、状态监测、监测载荷、远程监控等若干分系统有机构成。基于系统工程思想进行设计,确保各分系统之间有效协调工作,并形成一个有机整体,从而有效实现预期任务。

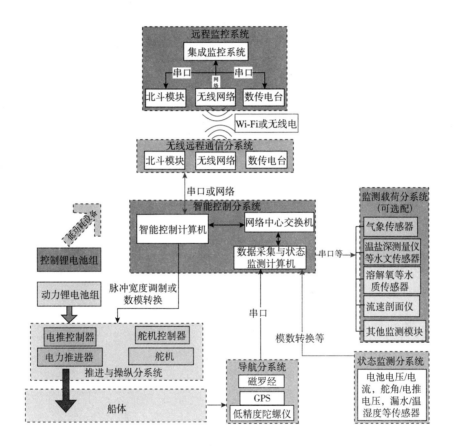

图 8.1 "海豚"系列水面机器人的系统构成图

"海豚"系列水面机器人的船体采用浅吃水双体船型,以利于提高航行安全性及搭载能力。船体甲板可部署 1~2 个独立防水舱以布置一系列设备(如磁罗经、导航主机、北斗模块、数传电台、计算机、电池等非防水设备),并有较大开阔空间搭载导航天线、通信天线、摄像机、水文/气象传感器等外置仪器设备。船体尾部搭载推进器、舵机等装置以实现推进与操纵。能源分系统采用可充电锂电池组,为电力设备(如传感器、控制系统、推进器、舵机等)供电,并预留充电接口。调试中采用数传电台方式进行无线操控,自主航行时则利用卫星通信、数传电台等方式进行远程监控与干预。

依据功能的不同,将水面机器人划分为几个主要的分系统,其分系统构成与功能描述如下。

远程监控:指令下达、状态监测、指挥控制、无线通信、调试等模块。

船体:双体小艇。

推进与操纵:矢量推进装置,含电力推进器、舵机及传动机构等。

能源:动力锂电池组、控制锂电池组、电源转化及管理模块等。

无线远程通信:数传电台、北斗卫星通信、无线局域网(wireless fidelity,Wi-Fi),可根据需求配置图像电台等模块。

导航:GPS、磁罗经、陀螺仪等。

智能控制:硬件核心为基于高级精简指令集计算机(advanced RISC machine,ARM)的嵌入式计算机,软件为 Linux 嵌入式操作系统。在该控制系统上,编制和运行运动控制、位姿测量、环境感知、数据处理、智能决策等模块。

状态监测:实时监控舱内电池电压/电流、漏水、环境温湿度、舵角及电推电压等信息。

监测载荷:标配雷达、摄像机、气象站、温盐深仪等监测传感器。预留载荷电气接口以兼顾多种环境监测作业需求,可扩展搭载声学多普勒流速剖面仪(acoustic Doppler current profiler,ADCP)、溶解氧计、水听器等仪器。

针对"海豚"系列水面机器人,下面从硬件、软件开发角度,重点阐述控制系统的硬件及软件设计问题。

8.1.2 控制系统的硬件及软件设计

1. 控制系统的硬件设计

"海豚"系列水面机器人的控制系统以基于 ARM 的嵌入式计算机为硬件核心(集成 400 MHz 的 ARM9 内核),具有功耗低、计算能力强、可靠性高、易于扩展等特点,在功能和计算性能上可满足工程需求。板载资源集成多种类型的外设接口,如模数转换器(analog-to-digital converter,ADC)、串口、以太网、通用串行总线(universal serial bus,USB)接口、通用型输入输出(general-purpose imput output,GPIO)接口、脉冲宽度调制(pulse width modulation,PWM)等。

软件采用 Linux 嵌入式操作系统及开发环境,该系统性能稳定、可剪裁、支持多线程及多任务,由于系统开源,设计者可根据个性化需求修改源代码。目前,ARM、Linux 已广泛用于汽车、船舶、机器人及工业控制领域。

"海豚"系列水面机器人控制系统的硬件原理图如图 8.2 所示。该系统除了主控 ARM 模块外，还可以搭载多种仪器设备，主要的功能模块介绍如下。

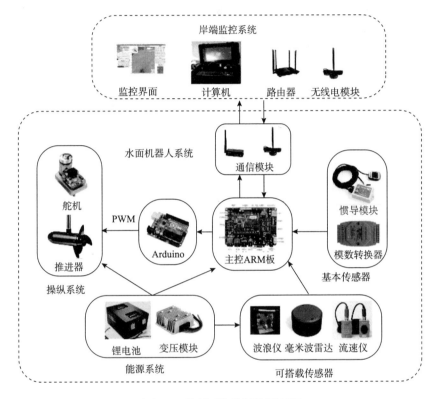

图 8.2　控制系统的硬件原理图

（1）导航模块。含 GPS、磁罗经和低精度陀螺仪（可根据任务需求搭载高精度导航设备），在线获取水面机器人的位姿、速度/角速度、加速度等运动信息，支持串口及以太网通信。

（2）推进与操纵模块。含矢量推进装置（电力推进器、舵机及传动机构等）及驱动器，采用 USB、PWM 等通信，接收控制指令以操控水面机器人航行，并反馈执行器状态。

（3）气象站模块。用于获取水面机器人所处环境的风速、风向、温度、湿度、大气压等气象数据，也能为运动控制提供数据支撑，支持串口通信。

（4）状态监测模块。包括多种电流传感器、电压传感器、模数转换（analog-to-digital conversion，A/D）模块等，实时采集推进器、控制模块、能源模块等电压/电流信息，支持串口通信。

（5）无线通信模块。含无线数传电台、Wi-Fi、北斗卫星通信等，实现水面机器人本体与岸端监控之间的实时信息交互，支持串口、以太网等多种通信。

(6)环境感知模块。含毫米波雷达、摄像机等，负责水面环境(障碍物)、目标的实时探测，支持系统的危险规避、目标探测及自主作业，还可依据需求搭载激光雷达、超声波雷达等探测设备。

(7)环境监测模块。含水温计、浊度计、测深仪等，预留接口以搭载水听器、波浪仪等环境观测仪器。

2. 控制系统的软件设计

1)嵌入式自主控制软件

针对"海豚"系列水面机器人的自主控制与作业需求，结合 Linux 嵌入式开发环境及 C 语言，本节研发出一套水面机器人嵌入式自主控制软件。该软件可分为通信、导航、智能决策、运动控制、环境感知、执行器等功能模块，各模块相互协调、相互协作以实现水面机器人的自主安全航行与作业。基于时空分解体系结构和行为响应体系结构相结合的思想[1-4]，将水面机器人嵌入式自主控制软件(控制系统)分为控制层、通信层、感知层和执行层，这四部分构成的分层控制系统如图 8.3 所示。

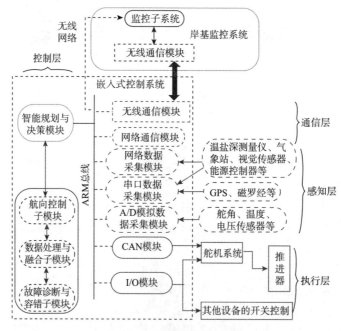

图 8.3　控制系统的软件原理图

CAN(controller area network)：控制器局域网

各层主要构成和功能如下。

(1)控制层。可分为智能决策子层和运动控制子层，其中：①智能决策子层是水面机器人的"大脑"，依据任务、环境及自身状态生成目标指令，包括任务决策、航迹规划、危险规避、特殊使命任务等模块；②运动控制子层结合环境、位姿信息和目标指令，生成所需的控制指令，它包含运动制导、航速与艏向控制、故障诊断与容错控制等子模块，是嵌入式控制系统的核心。

(2)通信层。负责整个系统的通信功能、信息编码及解码，包括水面机器人本体同监控分系统的信息交互(涉及无线通信模块)、本体内部各功能模块的通信；通信层包含串口的无线通信接口、传输控制协议/互联网协议(TCP/IP)的网络通信接口、ARM 总线的通信接口等。

(3)感知层。即环境感知模块、导航模块，负责水面机器人所处环境及位姿的感知、理解与识别，兼具特定任务的载荷控制。它由 A/D 卡、串口板和网络等数据处理模块组成，具有传感器数据的采集、解算、数据处理与融合、存储等功能，并将感知信息传至控制层。

(4)执行层。即执行器及设备控制模块，负责控制指令的理解与下达，实现对舵机、推进器等执行机构和各类设备的控制，主要由 I/O、PWM、Arduino 等模块组成。

2)监控分系统的监控软件

监控分系统主要由计算机、无线通信模块、监控软件、专用通信协议等组成，其中监控软件的显示界面如图 8.4 所示。监控分系统的软件界面包含多个区域：全局地图区域、通信模式选择区域、水面机器人控制系统传回的报文信息显示区域、控制模式选择区域、控制参数输入区域、水面机器人状态信息显示区域、水面机器人设备开关控制区域等。考虑到开发平台通用性、实用性等因素，岸基监控分系统采用 X86 架构计算机，在 Windows 操作系统中基于 MATLAB GUI 环境设计、开发专用的监控软件。

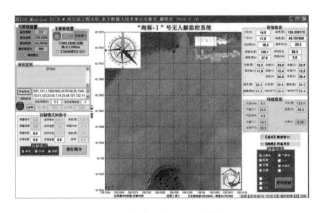

图 8.4　监控分系统的监控软件界面

监控软件的主要功能如下。

(1)接收并解析水面机器人控制系统反馈的状态信息,并合理地显示于监控界面[如风速、风向等气象数据通过文本框显示,艏向、纵倾角等姿态数据通过可视化的指针方位显示,位置(经纬度)数据通过平面或卫星地图上航点显示]。

(2)捕捉用户在界面操作中的数据(如用户地图中点击动作时截获目标点的经纬度信息)。

(3)实现不同通信方式的切换(卫星、网络、无线电等模式)。

(4)实现不同控制模式的切换,完成控制参数设定、航点设置、任务指令等。

(5)将用户的指令按照特定通信协议处理后,利用通信分系统发送至水面机器人控制系统。

(6)存储发出的指令信息与接收到的状态信息。

(7)下达水面机器人的各类设备开关指令。

8.2 实船试验方案设计

8.2.1 试验场地概况

2019年夏季和秋季,以"海豚-IB"号水面机器人为实验平台,针对第7章提出的制导与控制方法,进行系列化的试验研究。试验地点为哈尔滨工程大学综合实验水池与哈尔滨市松花江真实水域环境,如图8.5所示。

图 8.5　水池及外场试验场地

从图 8.5 可知:①水池试验场地处于室内,测试便捷、环境平静、扰动小,但面积较小;水池试验主要进行航行测试、系统集成与联调、艏向控制等试验科目。②外场试验场地位于哈尔滨市区松花江湾,水域开阔、易于观测、通导条件好、有风浪流等真实环境干扰影响;外场试验可以开展操纵性、遥控、航速控制、艏向控制、回收目标等试验科目。

8.2.2 试验方案及参数

依据实船试验验证需求及研究进度安排，有针对性地制订"海豚-IB"号水面机器人的水池及外场试验方案，如图 8.6 所示。

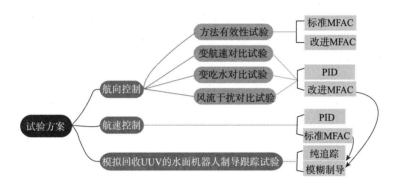

图 8.6 实船验证的试验方案

1. 水池试验方案

综合实验水池的面积有限，主要试验如下。

(1)设定航速(模型无摄动及平静环境的标准工况)。差分型 MFAC 算法的艏向控制测试，初步检验所提方法的有效性，并将各种方法的参数调整至较优，节约外场试验时间。

(2)改变航速(模拟水面机器人的模型参数摄动)。开展艏向控制对比试验，并与 PID 算法对比，以检验所提方法在航速改变时的控制性能。

2. 外场试验方案

开展所提方法的艏向控制试验、回收目标模拟试验，并与 PID 方法进行对比，主要试验如下。

(1)变吃水影响(模拟回收 UUV 对水面机器人的模型"突变"特性)。改变"海豚-IB"号水面机器人的吃水进行艏向控制试验，验证差分型 MFAC 算法对模型改变是否敏感及其抗扰动性能。

(2)风浪流干扰影响(不同气象条件下外场环境具有明显差异)。不同海况下开展艏向控制试验，验证所提方法的鲁棒性和自适应性。

(3)开展基于标准 MFAC 算法的水面机器人航速控制试验。

(4)回收目标模拟试验(模拟水面机器人回收 UUV 时末端目标追踪场景)。开展融合动态柔顺制导及差分型 MFAC 算法的目标追踪试验，综合验证所提方法的有效性。

3. 实船试验中控制参数

为了保证对比的公平性，各方法的艏向/航速控制参数已手动调至较优状态（表 8.2），在没有显著干扰的情况下，水池(外场)试验中水面机器人的艏向响应均能较好地收敛至期望值。表 8.2 中未列举的其他艏向/航速控制参数，与 7.5 节中艏向/航速仿真试验时保持一致。

表 8.2 实船试验时艏向/航速控制的主要参数

控制类别	方法名称	控制参数
艏向控制	PID	$k_p = 2.5, k_i = 0.01, k_d = 0.8$
	DCFDL-MFAC	$\rho = 1, k_r = 5, \lambda = 7$
	二阶 DPFDL-MFAC	$\rho_1 = 1, \rho_2 = 0.5, k_r = 5, \lambda = 7$
	一阶 DFFDL-MFAC	$\rho_1 = 0.5, \rho_2 = 1, k_r = 5, \lambda = 5$
航速控制	PID	$k_p = 0.5, k_i = 0.01, k_d = 0.1$
	CFDL-MFAC	$\rho = 1, \lambda = 0.2$
	一阶 FFDL-MFAC	$\rho_1 = \rho_2 = 1, \lambda = 0.2$

8.3 艏向及航速控制试验

8.3.1 艏向控制试验

1. 水池环境中方法的有效性验证试验

水面机器人的航速设置为 1.4m/s，期望艏向为−120°，试验中控制方法包括三种标准 MFAC 算法及其对应的差分型 MFAC 算法。水池环境中艏向控制的对比试验结果如图 8.7～图 8.9 所示。

由图 8.7～图 8.9 可知，在基本参数一致的情况下，标准 MFAC 算法应用于水面机器人艏向控制时，呈现出持续振荡现象，难以收敛；对应的差分型 MFAC 算法则可使艏向响应收敛于期望值，收敛过程平缓、无超调，稳态误差≤3°，即引入差分型可以显著改善动态性能。同时，可以通过调整差分型权重参数，加快收敛。上述对比试验有力地验证了差分型 MFAC 算法的有效性。

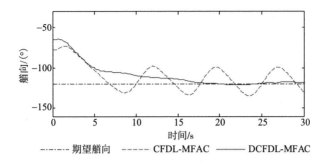

图 8.7　DCFDL-MFAC 算法的艏向控制对比试验（水池环境）

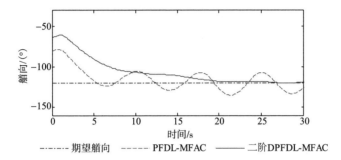

图 8.8　二阶 DPFDL-MFAC 算法的艏向控制对比试验（水池环境）

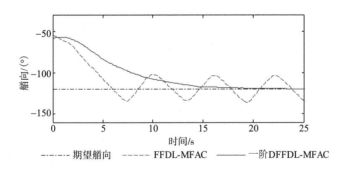

图 8.9　一阶 DFFDL-MFAC 算法的艏向控制对比试验（水池环境）

2. 水池环境中变航速对比试验

考虑到二阶 DPFDL-MFAC 算法是 DCFDL-MFAC 算法的多维扩展形式，水面机器人的艏向控制试验中发现，两种方法的控制性能基本一致，因此后续试验中不讨论二阶 DPFDL-MFAC 算法。艏向控制试验中保持控制参数不变，使用 DCFDL-MFAC 算法、一阶 DFFDL-MFAC 算法与 PID 算法进行对比试验。水面机器人航速分别设为 0.9m/s 及 1.4m/s。水池环境中变航速下艏向控制的试验结果如图 8.10～图 8.12 所示。

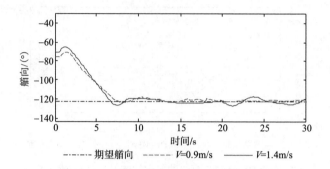

图 8.10　PID 算法变航速下艏向控制试验(水池环境)

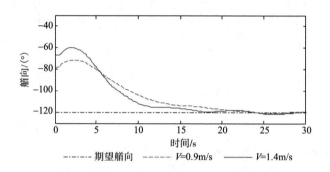

图 8.11　DCFDL-MFAC 算法变航速下艏向控制试验(水池环境)

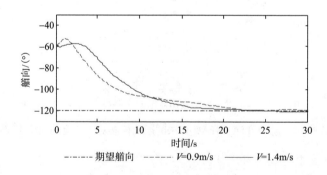

图 8.12　一阶 DFFDL-MFAC 算法变航速下艏向控制试验(水池环境)

由图 8.10～图 8.12 可知，航速改变后，PID 算法作用下艏向响应的收敛性变差、跟踪误差变大；作为对比，DCFDL-MFAC 算法、一阶 DFFDL-MFAC 算法的艏向响应收敛性较好、对航态变化不敏感，仍能保持一致的控制性能。

　　注 8.1　RMS 为数据偏离均值的平方和平均后的方根，可用来衡量控制方法响应曲线的平稳性。由于实船试验中测量数据的静差较大，RMS 难以真实反映控制方法的收敛性。因此,本节加入均方根误差(root mean square error,RMSE)以衡量控制方法的收敛性。RMSE 是数据偏离期望值的平方和平均后的方根,RMSE 越小,表明响应数据相对于期望值的收敛程度越高。

  航向控制误差的 RMS 及 RMSE 统计结果如表 8.3 所示。从表 8.3 可知,航速改变后,DCFDL-MFAC 和一阶 DFFDL-MFAC 算法的 RMS、RMSE 变化较小,后者更优;而 PID 算法则发生了较大改变(RMS 增加 275%、RMSE 增加 28%)。因此,差分型 MFAC 算法的控制性能稳定,自适应性较强。

表 8.3   航向控制误差的 RMS/RMSE 对比　　　　　　(单位:°)

方法名称	RMS		RMSE	
	V=0.9m/s	V=1.4m/s	V=0.9m/s	V=1.4m/s
PID	1.19	4.46	1.65	2.11
DCFDL-MFAC	0.76	1.71	0.88	1.28
一阶 DFFDL-MFAC	0.69	1.19	0.96	1.04

3. 外场环境中变吃水对比试验

  小型水面机器人回收 UUV 时,UUV 引起的系统质量变化、水动力扰动是一个重要影响因素,如佛罗里达大学研究的 UUV 质量约占水面机器人质量的 25%。因此外场试验中,通过在“海豚-IB”号水面机器人的船体上增加质量块、拖曳浮球等方式(图 8.13),模拟改变系统的吃水、航态及阻力,以检验模型“突变”影响下,差分型 MFAC 算法的抗扰动能力及系统稳定性。外场试验中,增加的质量为 7kg,约为水面机器人质量的 20%(标准吃水时)。

(a)增加质量块(变吃水)　　　　　　　　(b)拖曳浮球(变阻力)

图 8.13   水面机器人的变吃水/变阻力示意图(外场环境)

  外场试验环境中,设定航速为 1.3m/s,期望航向为–90°。标准吃水时航向控制的试验结果如图 8.14 所示,变吃水时航向控制的试验结果如图 8.15 所示。

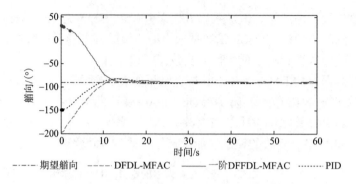

图 8.14 标准吃水时艏向控制试验(外场环境)

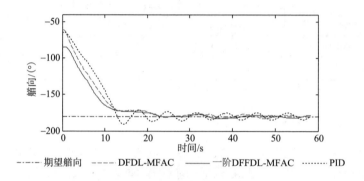

图 8.15 变吃水时艏向控制试验(外场环境)

从图 8.14 可知,在标准吃水时,三种算法作用下艏向响应均能收敛至期望值,具有相似的控制性能。从图 8.14 和图 8.15 可知,受到水面机器人显著的吃水变化影响,PID 算法的艏向响应振荡较大、难以收敛,控制性能变差;作为对比,DCFDL-MFAC 和一阶 DFFDL-MFAC 算法的艏向响应稳定地收敛,并保持较好的控制性能。艏向控制误差的 RMS 及 RMSE 统计结果如表 8.4 所示。

表 8.4 艏向控制误差的 RMS / RMSE 对比   (单位:°)

方法名称	RMS		RMSE	
	正常状态	变吃水	正常状态	变吃水
PID	1.23	16.63	1.38	4.08
DCFDL-MFAC	1.35	2.88	1.28	1.74
一阶 DFFDL-MFAC	1.32	2.33	1.19	1.53

从表 8.4 可知,吃水改变后,DCFDL-MFAC、一阶 DFFDL-MFAC 算法的 RMS 和 RMSE 均远小于 PID 算法。上述对比试验表明,差分型 MFAC 算法对模型"突

变"影响不敏感,具有更好的系统稳定性及出色的抗干扰能力。

4. 外场环境中风浪流干扰对比试验

真实环境中运行的水面机器人不可避免地受到风浪流等环境干扰影响,因此,需要在不同海况下检验控制方法的控制性能及抗环境干扰能力。

(1)平静海况下,风力约 1 级、水流流速较小、波浪 0~1 级,如图 8.16(a)所示。艏向控制的外场试验结果如图 8.14 所示。

(2)较高海况下,风力 3 级(阵风 4 级)、流速较大、波浪 2~3 级,如图 8.16(b)所示。两组艏向控制的外场试验结果如图 8.17 和图 8.18 所示。

(a)0~1级海况　　　　　　　　　(b)2~3级海况

图 8.16　不同海况时试验环境对比图

从图 8.14 可知,平静海况下,三种方法的艏向均可收敛值期望值,无振荡,稳定误差约为 1°。从图 8.17 和图 8.18 可知,即使受到较高海况的不利影响,DCFDL-MFAC、一阶 DFFDL-MFAC 算法仍能保持良好的艏向控制性能,稳态误差≤2°,振荡较小;作为对比,PID 算法的艏向响应呈现较大的持续振荡,无法收敛,控制性能及精度明显下降,已不能满足控制要求。

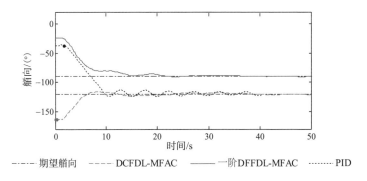

图 8.17　第一组艏向控制试验(2~3 级海况)

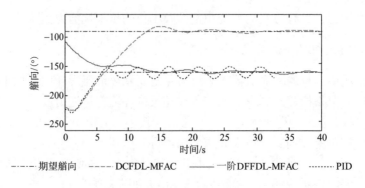

图 8.18　第二组艏向控制试验(2～3 级海况)

艏向控制误差的 RMS 及 RMSE 统计结果如表 8.5 所示，其中平静海况(0～1 级海况)的数据源至图 8.14，较高海况(2～3 级海况)的数据源至图 8.17 和图 8.18 中两组数据的平均值。

表 8.5　艏向控制误差的 RMS / RMSE 对比　　　　　(单位：°)

方法名称	RMS		RMSE	
	0～1 级海况	2～3 级海况	0～1 级海况	2～3 级海况
PID	1.23	6.62	1.32	4.08
DCFDL-MFAC	1.35	2.48	1.28	1.78
一阶 DFFDL-MFAC	1.32	2.22	1.19	1.88

从表 8.5 可知，对比平静海况，受到较高海况下风浪流扰动力作用，PID 算法的 RMS 增加 438%、RMSE 增加 209%，已不能满足艏向的稳定控制需求；DCFDL-MFAC 算法的 RMS 增加 84%、RMSE 增加 39%，一阶 DFFDL-MFAC 算法的 RMS 增加 68%、RMSE 增加 58%，虽然精度有一定下降，但是响应平稳收敛，振荡较小，仍能满足艏向控制要求(一阶 DFFDL-MFAC 算法的综合性能最佳)。上述对比试验表明，差分型 MFAC 算法对风浪流等环境干扰的敏感性较低，抵御环境干扰力的性能更强。

本节的艏向控制对比试验结果表明，借助 MFAC 算法独特的数据驱动控制机制及自适应优势，差分型 MFAC 算法对变航速、变吃水、变海况等工况下不确定性影响的敏感性较低，具有更强的抗扰动能力和系统稳定性，维持了良好的控制性能；作为对比，PID 算法对不确定性影响非常敏感，对工况改变的适应性及鲁棒性差，甚至出现失稳现象，需要重新调节参数。

8.3.2 航速控制试验

本节开展水面机器人的航速控制试验，试验中采用 CFDL-MFAC 算法、一阶 FFDL-MFAC 算法和 PID 算法三种方法。三种控制方法的控制参数如表 8.2 所示。

案例 1：期望航速设置为 1.4m/s，开展两组航速控制的对比试验，如图 8.19 和图 8.20 所示。

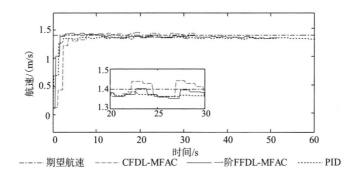

图 8.19 第一组航速控制试验(案例 1)

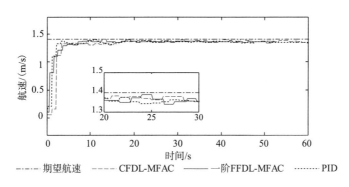

图 8.20 第二组航速控制试验(案例 1)

案例 2：期望航速设置为 1.2m/s，开展两组航速控制的对比试验，如图 8.21 和图 8.22 所示。

由图 8.19～图 8.22 可知，三种控制方法作用下，水面机器人的航速响应可以在 5 秒以内达到期望航速、超调小于 0.2m/s；对比 PID 算法的控制响应，CFDL-MFAC、一阶 FFDL-MFAC 算法在稳态段的控制性能更优。

航速控制误差的 RMS 及 RMSE 统计结果如表 8.6 所示，其中案例 1(1.4m/s)的数据源至图 8.19 和图 8.20 中两组数据的平均值，案例 2（1.2m/s）的数据源至图 8.21 和图 8.22 中两组数据的平均值。

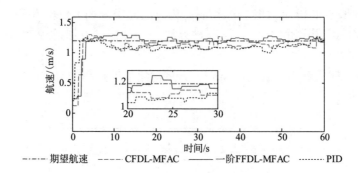

图 8.21　第一组航速控制试验（案例 2）

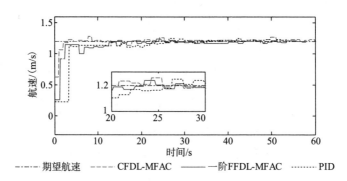

图 8.22　第二组航速控制试验（案例 2）

表 8.6　航速控制误差的 RMS / RMSE 对比　　　（单位：m/s）

方法名称	RMS		RMSE	
	V=1.4m/s	V=1.2m/s	V=1.4m/s	V=1.2m/s
PID	0.012	0.046	0.049	0.077
CFDL-MFAC	0.028	0.037	0.054	0.059
一阶 FFDL-MFAC	0.016	0.038	0.035	0.043

　　结合图 8.19～图 8.22、表 8.6 可知，对比 PID 算法，CFDL-MFAC、一阶 FFDL-MFAC 算法具有更小的 RMS 和 RMSE，航速响应的收敛性更好、输出更稳定。良好的航速与艏向控制性能是实现水面机器人航迹跟踪的基础保障，因此，使用上述 MFAC 算法有助于提升航迹跟踪、目标跟踪的控制精度。

8.4 回收目标模拟试验

本节开展水面机器人的目标追踪试验，以模拟水面机器人回收 UUV 的动态过程。试验中假定拟回收 UUV 保持某一定速直航状态，目标航迹为 UUV 的实时位置。依据目标的实时位置和艏向、水面机器人的实时位姿，设定制导律解算出水面机器人的期望艏向/航速。艏向/航速控制器则负责跟踪相应期望值，引导水面机器人趋近期望的目标点，从而逐步实现目标追踪。艏向控制中采用一阶 DFFDL-MFAC 算法，航速控制中采用一阶 FFDL-MFAC 算法，相应的控制参数与 8.2 节保持一致。

1. 纯追踪制导下回收目标试验

案例 1：纯追踪制导，设置目标速度为 0.8m/s，航行方向为–120°，目标追踪的外场试验结果如图 8.23 所示。

从图 8.23 可知，在纯追踪制导方法引导下，水面机器人的艏向始终指向动态航行中目标点[图 8.23(d)]，水面机器人的航速及艏向响应收敛快、超调小，稳定地跟踪期望值[图 8.23(c)和(d)]，使得水面机器人具有较强的航迹跟踪能力，最终较快地趋近目标[图 8.23(a)和(b)]。

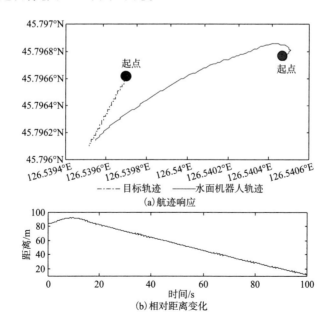

(a)航迹响应

(b)相对距离变化

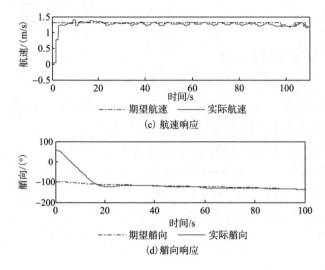

(c) 航速响应

(d) 艏向响应

图 8.23　纯追踪制导下目标追踪状态响应(案例 1)

2. 末端模糊制导下回收目标试验

案例 2：面向回收 UUV 的末端模糊制导。①设置目标速度为 0.8m/s，航行方向为 90°，目标追踪的外场试验结果如图 8.24 所示；②设置目标速度为 0.8m/s，航行方向为-120°，目标追踪的外场试验结果如图 8.25 所示。

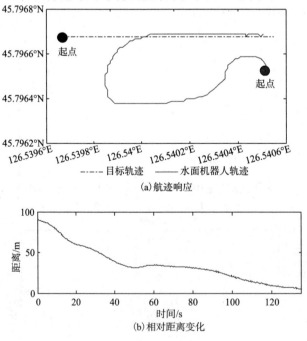

(a) 航迹响应

(b) 相对距离变化

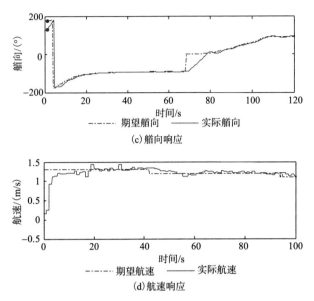

(c) 艏向响应

(d) 航速响应

图 8.24 第一组模糊制导下目标追踪状态响应(案例 2)

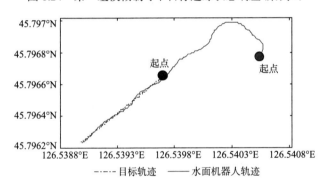

图 8.25 第二组模糊制导下目标追踪航迹响应(案例 2)

从图 8.24 和图 8.25 可知,模糊制导方法引导水面机器人按照专门设计的末端模糊制导向量方向平稳地趋近目标,不需要特意实时规划航点,比较适合末端的敏捷、柔顺制导。对比图 8.23(a)及图 8.25 可知,末端目标追踪阶段,末端趋近行为、目标航迹跟踪性能、目标追踪速度等方面,模糊制导方法优于纯追踪制导方法,较长时间跟踪目标航迹有利于实现回收目标。结合工程实践、机器人特性,模糊制导方法便于对末端趋近动态行为进行分析、设计与优化,有助于实现工程应用。

3. 分层柔顺制导下回收目标试验

案例 3:面向回收 UUV 的分层制导方法,试验中水面机器人与目标点相对距离 >

30m 时,采用纯追踪制导;相对距离≤30m 时,采用面向回收 UUV 的末端模糊制导。设置目标速度为 0.8m/s、航行方向为 90°,目标追踪的外场试验结果如图 8.26 所示。

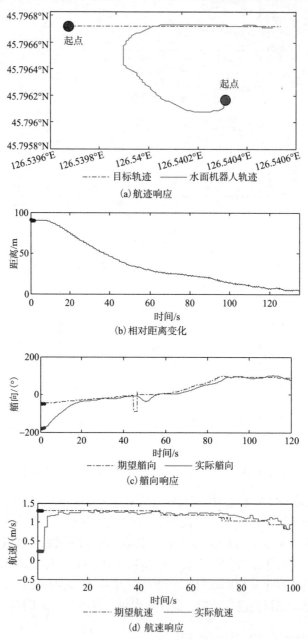

图 8.26 面向回收 UUV 的分层制导下目标追踪航迹响应(案例 3)

从图 8.26 可知，水面机器人在分层柔顺制导的引导下，较好地实现了运动目标追踪任务。对比图 8.24 和图 8.26 可知，远端采用纯追踪方法使得整体的航迹更加光顺、艏向响应平缓，改善了模糊制导方法存在的期望艏向变化剧烈、机动范围大等问题，同时，对比图 8.23 和图 8.26 可知，末端模糊制导方法引导下，对目标航迹的跟踪精度高、航段保持长且趋近行为柔顺。

综合上述试验结果，验证了融合分层柔顺制导、差分型 MFAC 算法的水面机器人制导及控制策略是有效且实践可行的，有望应用于水面机器人自主回收 UUV 任务。

8.5　实船试验研究总结

本章探讨了"海豚"系列水面机器人的系统构成、控制系统软硬件设计方案，面向水面机器人回收 UUV 的任务背景，利用"海豚-IB"号水面机器人开展实船试验研究，设计出实船试验方案。考虑变航速、变吃水、变海况等试验工况，完成系列化的艏向、航速控制对比试验，并开展三种制导模式下回收目标模拟试验。主要结论如下。

(1)"海豚-IB"号水面机器人完成了多次水池及外场试验任务，充分检验"海豚"系列水面机器人设计方案的有效性和可靠性；作为实船验证平台，有力推动了理论算法的物理验证、工程实践应用。

(2)借助 MFAC 算法独特的数据驱动控制机制及自适应特征，差分型 MFAC 算法对变航速、变吃水、变海况等典型不确定性影响的敏感性较低，具有更强的抗扰性和稳定性，并维持良好的控制性能，解决了标准 MFAC 算法与艏向控制子系统的"适配性"矛盾；作为对比，PID 算法受不确定性影响显著，对工况改变的适应性及鲁棒性差，甚至出现失稳现象，需要重新调节参数。

(3)实船试验中采用面向回收 UUV 的分层柔顺制导策略，结合纯追踪制导及末端模糊制导方法的各自优势，分阶段引导水面机器人实现目标追踪。在距离目标较远时使用纯追踪，具有需要目标的信息量少、参数简单、艏向响应稳定等优点；近距离时使用末端模糊制导，具有航迹跟踪柔顺、趋近行为易设计、目标航段保持长等优点。

(4)上述实船对比试验表明，融合分层柔顺制导和高抗扰差分型 MFAC 算法的水面机器人制导及控制策略，可以完成水面机器人的回收目标模拟任务，验证了水面机器人回收 UUV 技术的可行性和有效性。

参 考 文 献

[1] Demetrious G A. A hybrid control architecture for an autonomous underwater vehicle[D]. Lafayette: University of Southwestern Louisiana, 1998.

[2] 甘永. 水下机器人运动控制系统体系结构的研究[D]. 哈尔滨: 哈尔滨工程大学, 2007.

[3] Gat E. Reliable goal-directed reactive control for real world autonomous mobile robots[D]. Blacksburg: Virginia Polytechnic Institute and State University, 1991.

[4] 刘海波. 智能机器人神经心理模型研究[D]. 哈尔滨: 哈尔滨工程大学, 2005.

索　引

彩　　图

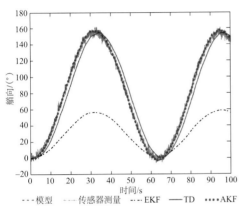

图 4.4　艏向数据滤波结果

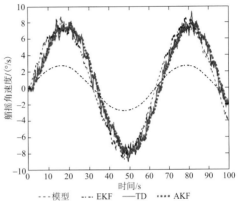

图 4.5　艏摇角速度数据滤波结果

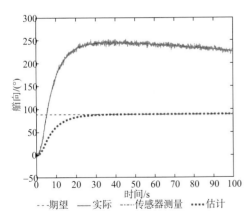

图 4.9　不确定性影响下艏向响应（PID）

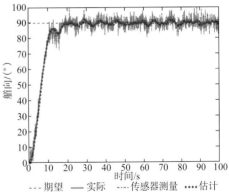

图 4.11　不确定性影响下艏向响应
（CFDL-MFAC-AVG）

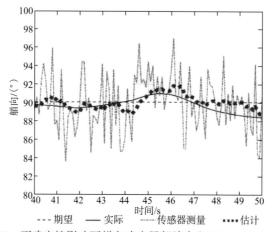

图 4.12 不确定性影响下艏向响应局部放大(CFDL-MFAC-AVG)

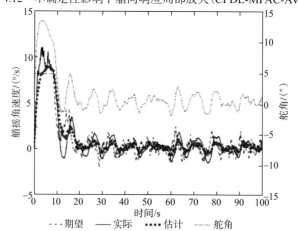

图 4.13 不确定性影响下艏摇角速度响应(CFDL-MFAC-AVG)

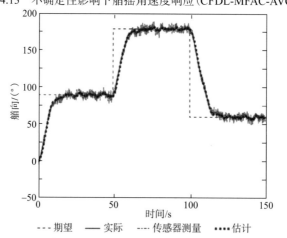

图 4.14 不确定性影响下艏向跟踪响应(CFDL-MFAC-AVG)

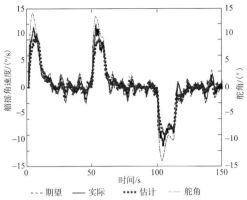

图 4.15 不确定性影响下艏摇角速度跟踪响应
（CFDL-MFAC-AVG）

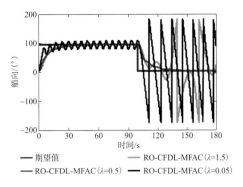

图 5.2 参数 λ 改变时艏向响应曲线
（RO-CFDL-MFAC）

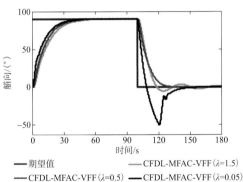

图 5.3 参数 λ 改变时艏向响应曲线
（CFDL-MFAC-VFF）

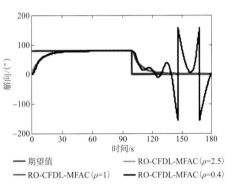

图 5.4 参数 ρ 改变时艏向响应曲线
（RO-CFDL-MFAC）

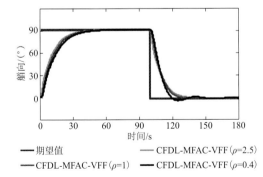

图 5.5 参数 ρ 改变时艏向响应曲线
（CFDL-MFAC-VFF）

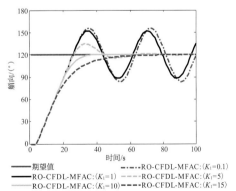

图 5.11 不同 K_1 下艏向响应曲线
（RO-CFDL-MFAC 算法）

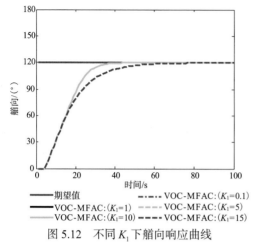

图 5.12　不同 K_1 下艏向响应曲线
（VOC-MFAC 算法）

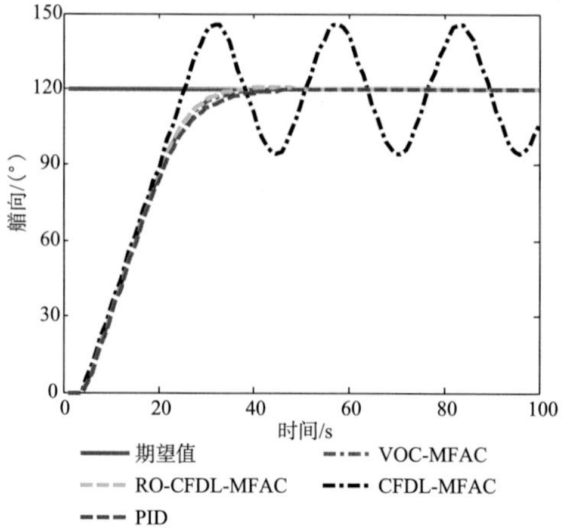

图 5.13　标称模型下艏向响应曲线

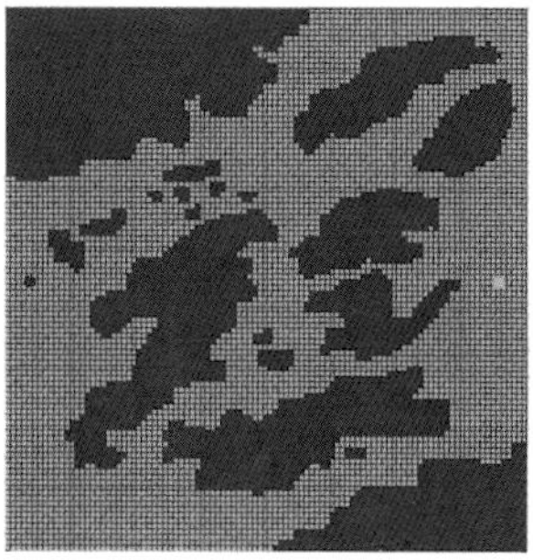

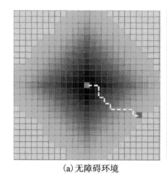

图 6.4　全局网格化地图的示意图

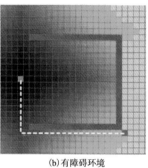

(a)无障碍环境　　　　(b)有障碍环境

图 6.5　Dijkstra 算法的示意图

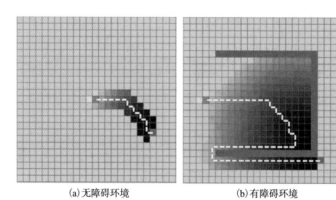

(a)无障碍环境　　　　　　(b)有障碍环境

图 6.6　BFS 算法的示意图

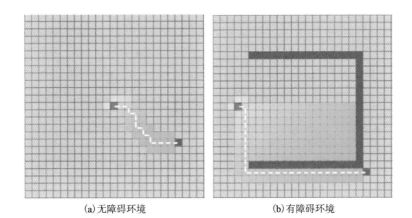

(a)无障碍环境   (b)有障碍环境

图 6.7   A*算法的示意图

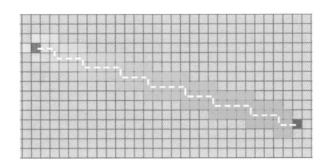

图 6.9   基于曼哈顿距离的路径规划示意图

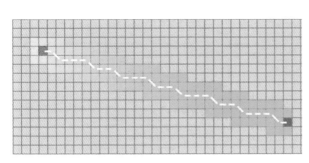

图 6.10   基于对角线距离的路径规划示意图

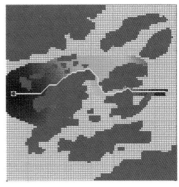

图 6.13   传统 A*算法的试验结果

 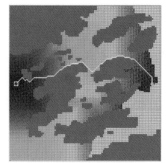

（a）节能Simple A算法的试验结果　　　　　　　（b）节能A*算法的试验结果

图 6.14　静水中改进 A*算法的试验结果

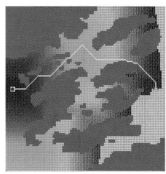 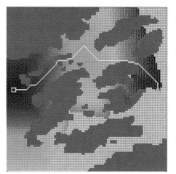

（a）节能Simple A算法　　　　　　　　　（b）节能A*算法

图 6.15　海流流速 0.3m/s 中改进 A*算法的试验结果

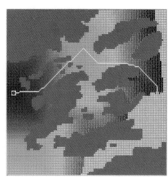 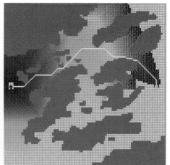

（a）节能Simple A算法　　　　　　　　　（b）节能A*算法

图 6.16　海流流速 0.6m/s 中改进 A*算法的试验结果

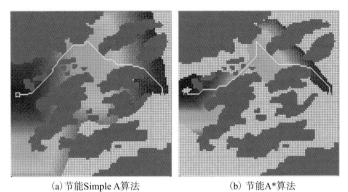

(a) 节能Simple A算法   (b) 节能A*算法

图 6.17 海流流速 1.2m/s 中改进 A*算法的试验结果

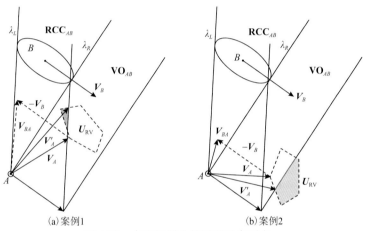

(a)案例1   (b)案例2

图 6.27 水面机器人的避碰示意图之一

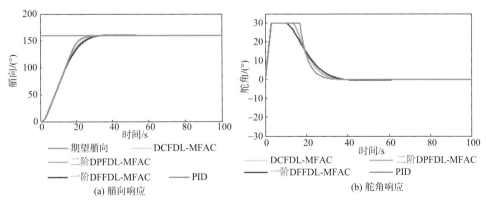

(a) 艏向响应   (b) 舵角响应

图 7.39 理想条件下艏向及舵角响应(案例 1)

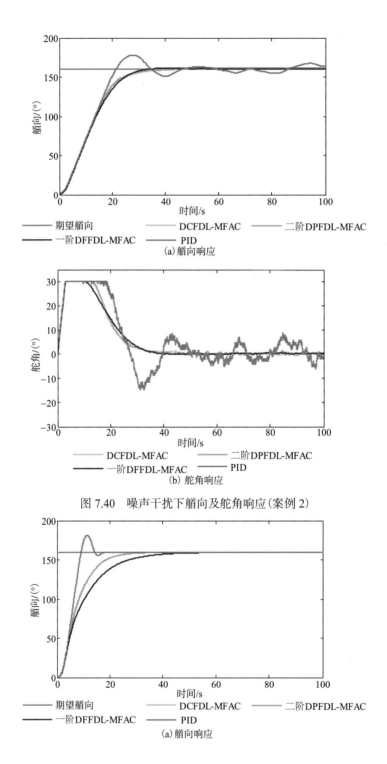

(a) 艏向响应

图 7.40 噪声干扰下艏向及舵角响应(案例 2)

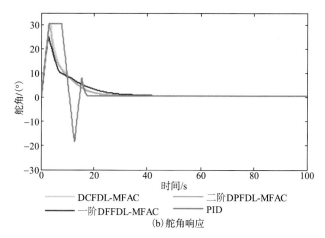

(b)舵角响应

图 7.41　模型摄动下艏向及舵角响应(工况 1)

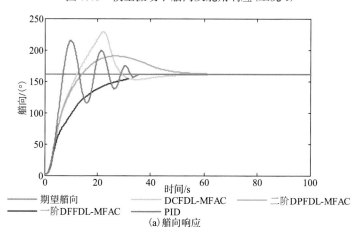

(a)艏向响应

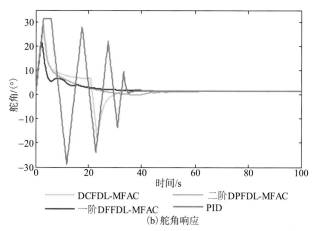

(b)舵角响应

图 7.42　模型摄动下艏向及舵角响应(工况 2)

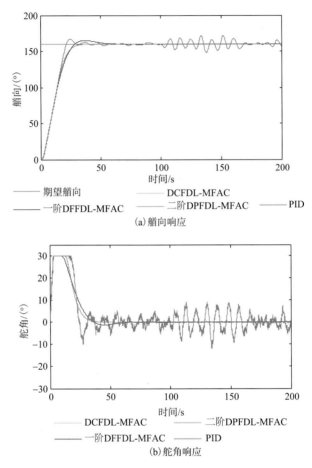

(a) 艏向响应

(b) 舵角响应

图 7.43　模型突变下艏向及舵角响应(工况 1)

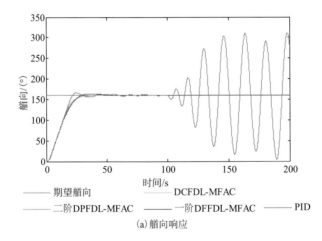

(a) 艏向响应

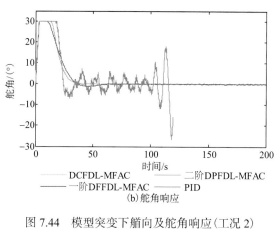

图 7.44　模型突变下艏向及舵角响应（工况 2）

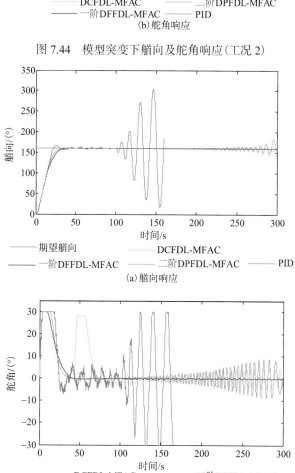

图 7.45　模型突变下艏向及舵角响应（工况 3）

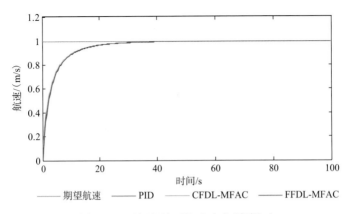

图 7.46　理想条件下航速响应(案例 1)

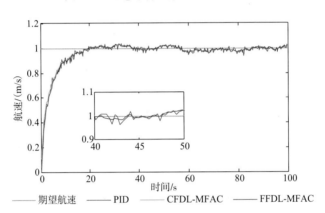

图 7.47　噪声扰动下航速响应(案例 2)

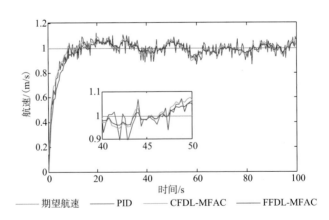

图 7.48　模型摄动下航速响应(案例 3)